国家级实验教学示范中心配套教材

仪器分析实验

（第二版）

主　编　贾　琼　马玖彤　黄臻臻
副主编　刘　磊　陈晓欣　宋乃忠　梁宏伟

科学出版社
北　京

内 容 简 介

本书共21章，包括实验室一般知识，数据处理和分析仪器、方法评价，原子发射光谱法，原子吸收光谱法与原子荧光光谱法，紫外-可见吸收光谱法，圆二色光谱法，分子荧光光谱法与化学发光分析法，红外光谱法，激光拉曼光谱法，气相色谱法，液相色谱法，毛细管电泳法与离子色谱法，电化学分析法，激光粒度分析法，热重分析法与差热分析法，核磁共振波谱法，质谱法，X射线衍射分析法，综合实验，设计性实验，仪器分析相关信息资源。全书共编写了49个实验，包括37个基本操作实验、6个综合实验和6个设计性实验。

本书可作为高等学校生命科学、药学、环境、材料、地学等非化学化工类专业的仪器分析实验教材，也可供相关专业研究人员参考。

图书在版编目（CIP）数据

仪器分析实验 / 贾琼，马玖彤，黄臻臻主编. —2版. —北京：科学出版社，2022.4

国家级实验教学示范中心配套教材

ISBN 978-7-03-072063-4

Ⅰ. ①仪… Ⅱ. ①贾… ②马… ③黄… Ⅲ. ①仪器分析-实验-教材 Ⅳ. ①O657-33

中国版本图书馆CIP数据核字（2022）第059077号

责任编辑：丁 里 / 责任校对：杨 赛

责任印制：赵 博 / 封面设计：迷底书装

科学出版社 出版

北京东黄城根北街16号

邮政编码：100717

http://www.sciencep.com

北京中石油彩色印刷有限责任公司印刷

科学出版社发行 各地新华书店经销

*

2016年3月第 一 版 开本：787×1092 1/16

2022年4月第 二 版 印张：17 1/2

2025年2月第九次印刷 字数：459 000

定价：59.00元

(如有印装质量问题，我社负责调换)

第二版前言

本书第一版自 2016 年 3 月出版至今已有近 6 年时间，已印刷 5 次。根据使用本书第一版的教师和学生的反馈，以及分析化学学科的发展，本书编写组于 2021 年对全书进行了修订，调整了部分章节的结构，并增加了一些新的内容，如数据处理和分析仪器、方法评价，圆二色光谱法，激光拉曼光谱法，激光粒度分析法，设计性实验，仪器分析相关信息资源等。

参加本书编写工作的人员有(按姓名笔画排序)：马玖彤(第 11～13 章)、刘磊(第 16～18 章)、宋乃忠(第 3、4 章)、陈晓欣(第 8～10 章)、贾琼(第 1、7 章)、黄臻臻(第 2、6、14、21 章)、梁宏伟(第 5、15 章)，综合实验和设计性实验(第 19、20 章)由全体编写人员共同编写。黄臻臻负责部分插图绘制及校对工作。全书最后由贾琼修改定稿。

在本次修订过程中，参考了国内外出版的一些教材和著作，引用了其中某些数据和图表，在此向有关作者表示由衷感谢。

感谢科学出版社丁里编辑对本书出版的指导、关心和支持。

此次再版虽力求精益求精，但限于编者的学识和水平，书中难免存在疏漏和不妥之处，恳请使用本书的读者不吝赐教。

编　者

2021 年 12 月于长春

第一版前言

仪器分析实验是仪器分析课程的重要组成部分，是高等学校药学、环境科学、材料科学、地学和生命科学等专业的基础课。在科学研究、临床医学疾病检测、工农业生产、环境监测和药物分析等方面，仪器分析方法以极快的速度发展、壮大并形成经验型的测试体系。为满足科技发展进程和本科人才培养的需要，编者根据仪器分析实验教学大纲的要求，吸收了近年来仪器分析教材、仪器分析实验教材和教学实践中的经验编写了本书。

全书涵盖 16 章，共编写了 43 个实验。内容包括实验室一般知识、原子发射光谱法、原子吸收光谱法与原子荧光光谱法、紫外-可见吸收光谱法、分子荧光光谱法与化学发光分析法、红外光谱法、气相色谱法、液相色谱法、毛细管电泳法与离子色谱法、电化学分析法、热重分析法与差热分析法、核磁共振波谱法、质谱法、X 射线衍射分析法、综合实验和附录。每章先简要介绍仪器的原理、仪器结构和分析方法，然后安排几个基本操作实验，在各章后的附录中给出该仪器操作说明。本书安排了两个层次的实验，即基本操作实验和综合实验。基本操作实验总计 38 个，综合实验总计 5 个。编写综合实验的宗旨是依照学生所在的不同学院及不同专业，设计了多个仪器联合分析物质的实验。

参加本书编写工作的有(按姓名笔画排序)：马玖彤(第 8 章、第 9 章、第 10 章)、刘磊(第 12 章、第 13 章、第 14 章)、宋乃忠(第 2 章、第 3 章)、陈晓欣(第 6 章、第 7 章)、贾琼(第 1 章、第 5 章)、梁宏伟(第 4 章、第 11 章)，第 15、16 章由全体编写人员共同编写。黄臻臻负责部分插图绘制及校对工作。全书最后由贾琼修改定稿。天津科技大学刘继锋教授在百忙之中审阅了书稿，提出了许多宝贵意见，在此表示衷心的感谢。

在本书编写过程中，参考了国内外出版的一些教材和著作，引用了其中某些数据和图表，在此向有关作者表示由衷感谢。

尽管全体编者付出了极大的热情和努力，但由于水平有限，书中的疏漏和不当之处在所难免，恳请读者批评指正。

编　者

2015 年 10 月于长春

目　录

第 1 章　实验室一般知识

1.1　仪器分析实验基本要求

1. 认真预习

实验前必须对实验内容进行充分认真的预习，写好预习报告，做好实验安排。预习报告内容包括：实验目的、实验原理、仪器和试剂、实验步骤和注意事项。

预习时，针对实验原理部分，应结合理论相关内容，查阅参考资料，做到实践与理论融会贯通。对于操作步骤中初次接触的仪器，应认真查阅实验教材中相关操作方法，了解这些操作的规范要求，保证实验中仪器操作规范化。

2. 爱护仪器

仪器分析实验使用的都是大型贵重仪器，要爱护仪器设备，对初次接触的仪器应了解其基本原理，仔细阅读仪器的操作规程，认真听从指导教师的指导。未经允许不可私自开启设备，以防损坏仪器。

3. 注意安全

实验时必须注意安全，遵守实验室有关规章制度。实验过程中，要细心、谨慎，严格按照仪器操作规程进行操作。若仪器设备发生故障或损坏时，首先要切断电源和气源，并立即报告指导教师进行处理。

4. 遵守纪律和保持整洁

严格遵守实验纪律，不缺席，不迟到早退。实验中保持安静。保持实验室内整洁，保证实验台面干净、整齐。

5. 实验结束后的整理

实验结束后，清洗玻璃器皿，仪器复原，整理清洁实验台面和地面，关好水、电、门窗，填写使用登记记录本。实验结束后经指导教师检查、批准后方可离开实验室。

6. 书写实验报告

实验报告格式包括姓名、日期、实验题目、实验目的、实验原理、仪器和试剂、实验步骤、注意事项、数据与结果处理、讨论和回答思考题。

1.2　分析试样的准备及处理

选择有代表性样品送到实验室进行分析，并确保分析结果的准确性。气体、液体、固体、植物和生物、人体试样的采集和处理的经验性方法介绍如下。

1. 气体试样

1) 常压取样

(1) 使用吸筒和抽气泵等吸气装置，使盛气瓶产生真空，再自由吸取气体样品。这种方法吸取的气体样品无需处理即可用于分析。

(2) 某些气体试样可以被吸附在固体吸附剂或过滤器上，以用于实验研究。固体吸附剂常用硅胶、氧化铝、活性炭、分子筛、有机聚合物等。这种方法吸附的气体样品需要通过加热或用适当的溶剂萃取后才能用于分析。

2) 气体样品压力低于常压取样

将取样器抽成真空，连接取样管进行取样。

3) 气体样品压力高于常压取样

使用球胆或盛气瓶取样。

2. 液体试样

液体试样一般使用塑料或玻璃取样器。当检测液体试样中的微量金属元素时，必须选用塑料取样器。当检测液体试样中的有机物时，必须选用玻璃取样器。液体试样适合大多数仪器方法的分析，原始液体试样一般不需要额外处理即可用于分析测定。

(1) 体积较小的液体试样。在搅拌下直接用试剂瓶或取样管取样。

(2) 存储在大容器中的液体试样。使用搅拌器搅拌，也可以采用无水、无油污等杂质的空气深入容器底部充分搅拌，再用内径约 1 cm、长 80～100 cm 的玻璃管在容器的各个不同部位和不同深度取样，混合均匀后以备测试分析。

(3) 密封式容器的液体试样。先弃去前面一部分，再接取供分析的液体试样。

(4) 一批中分几个小容器分装的液体试样。先分别将各容器中试样混合均匀，然后按照规定取样量取样，从各容器中取近等量试样置于一个试样瓶中，混合均匀供分析。

(5) 水管中的液体样品。先放去一段水管内的水，取一根橡皮管一端套在水管上，另一端插入取样瓶底部，待瓶中装满水并溢出瓶口少量，以供分析。

(6) 管网中的水样。一般需定时收集 24 h 试样，混合均匀后作为分析试样。

(7) 江、河、池、湖等水源中取样。根据分析目的以及水系的具体情况选择好取样地点，用取样器在不同深度各取一份水样，混合均匀后作为分析试样。

(8) 若水中或其他待测液体样品中有悬浮物时，需要先进行滤膜过滤。

(9) 当测定更低含量组分时，可预富集处理。

3. 固体试样

固体物料种类繁多，试样的性质和均匀程度差别较大。

(1) 谷物、水泥、化肥等组成均匀的物料，可用探料钻插入固体样品内部钻取。

(2) 矿石、焦炭、土壤、块煤等大块物料样品，组分不均匀，大小相差大。采样时应以适当间距，从各个不同部分按照全部物料的千分之一至万分之三采集小样。极不均匀的物料可以放大取样量至五百分之一，取样深度可以参考 0.3～0.5 m 深度。一般取样份数越多，试样的组成越具有代表性，但人力、物力消耗将增大。

根据固体试样的组成、特性和分析目的，需要选择合适的方法对固体试样进行处理。常见固体试样的处理方法举例说明如下。

1) 土壤样品和水系沉积物

(1) 硼酸盐碱熔法：以偏硼酸锂为熔剂，在 950℃熔融 20～30 min，硝酸浸取。测定元素为 Si、Al、Fe、Ca、Mg、K、Na、Ti、P、Ba、Sr、V。

(2) 氢氧化钠碱熔法：用 NaOH 在 720℃熔融约 15 min，去离子水浸取。测定元素为 Se、Mo、B、As、Si、S、Pb、P、Ge、Sn、Cr、K。

(3) 盐酸-硝酸-氢氟酸-高氯酸全消解法：这是最常用的土壤样品的处理方法，测定除 Si 和 B 以外的全部元素。具体步骤如下：

a. 称量 0.25 g 样品，在 105℃干燥后，置于 50 mL 聚四氟乙烯(PTFE)烧杯中，用少量水润湿，加入 15 mL 盐酸，盖上 PTFE 表面皿，在电热板上加热煮沸 20～30 min。应于通风橱内操作，小心有酸雾。

b. 在烧杯中加入 5 mL 硝酸，盖上 PTFE 表面皿，加热煮沸约 1 h。用水吹洗，取下表面皿，继续加热，蒸发至剩余约 10 mL。

c. 在烧杯中加入 15 mL 氢氟酸和 1 mL 高氯酸，盖上 PTFE 表面皿，加热分解 1～2 h，用水吹洗，取下表面皿，继续加热 2 h，蒸发至不再产生白烟。用水吹洗杯壁，滴加 5 滴高氯酸，蒸发至不再产生白烟。

d. 在烧杯中加入 7 mL 1+1 盐酸(1 体积浓盐酸和 1 体积水混合液)，加热浸取，冷却，转移至 50 mL 容量瓶中，加 7%盐酸稀释，定容摇匀。

e. 立即将上述液体转移至干燥的有盖塑料瓶中备用，以免残余的氢氟酸腐蚀容量瓶。

2) 岩石粉末样品

(1) 氢氟酸-硝酸-高氯酸混合酸分解法：称取 40 mg 岩石粉末样品，置于高压溶样器。加入 2 mL 氢氟酸-硝酸-高氯酸混合酸(体积比 1.25∶0.5∶0.25)，在 200℃溶解 2 d。样品溶液蒸发至高氯酸冒烟后，加入 2 mL 1+1 硝酸，200℃恒温 4 h。用 1%硝酸稀释定容样品。

(2) $Li_2B_4O_7$-H_3BO_3 碱熔法：称取 40 mg 小于 200 目的岩石标准样，置于铂坩埚中，加 0.1 g $Li_2B_4O_7$ 和 0.1 g H_3BO_3，在 1100℃熔融 20 min。用 7%硝酸浸取熔体，用 4%硝酸稀释定容至 200 mL。

4. 植物和生物试样

(1) 植物试样应根据研究或分析需要，于适当部位和不同生长发育阶段采样。采集好后用水洗净，置于干燥通风处晾干，或用干燥箱烘干。

(2) 新鲜植物试样应立即进行处理和分析。当天未分析完的试样应暂时置于冰箱内低温保存。

(3) 测定生物试样中的氨基酸、维生素、有机农药、酚、亚硝酸等在生物体内易发生转化、降解或不稳定的成分时，应采用新鲜试样进行分析。

(4) 干样的分析：先将风干或烘干后的试样粉碎，根据分析方法的要求，通过 40～100 号筛，混合均匀备用，避免所用器皿带来污染。

(5) 植物试样的含水量高，在进行干样分析时，其鲜样采集量应为所需干样量的 5～10 倍。

5. 人体试样

人体试样可以分为均匀样品和非均匀样品。均匀样品包括血浆、血清、全血、唾液、胆汁、乳汁、淋巴液、脑脊液、汗液、尿液和性腺分泌液等体液。非均匀样品包括脑、心、肺、胃、肝、脾、肾、肠、子宫、睾丸、肌肉、皮肤、脂肪、组织、粪便排泄物等。几种常见人体试样的处理方法举例说明如下。

1) 血液样品

(1) 血浆。将采集的血液置于含有抗凝剂的试管中，混合后以 2500～3000 rpm 离心分离 5 min 使血细胞分离出来，分取上清液即为血浆。抗凝剂临床常用 EDTA、肝素、草酸盐、枸橼酸盐、氟化钠等。血浆为全血的一半量，血浆中药物浓度既反映了药物在靶器官的存在状况，又较好地体现了药物浓度和治疗作用之间的关系。血浆是临床疾病诊断最常用的生物样品。

(2) 血清。采取的血样在室温下放置 30～60 min，待凝结出血饼后，用玻璃棒或细竹棒轻轻地剥去血饼，以 2000～3000 rpm 离心分离 5～10 min，分取上清液即为血清。血清只为全血的 20%～30%。血浆及血清中的药物浓度测定值通常是相同的。血清成分更接近组织液的化学成分，测定血清中的药物含量比全血更能反映机体的具体状况。

(3) 全血。将采集的血液置于含有抗凝剂的试管中，保持血浆和血细胞均相状态，即为全血。全血不易保存，血细胞中含有影响测定的干扰物质，故很少采用全血测定药物浓度。

采血时的保存注意事项：①血浆或血清样品必须置于硬质玻璃试管中完全密塞后保存；②采血后及时分离出血浆或血清再储存。若不预先分离，血凝后冰冻保存。冰冻有时引起细胞溶解将妨碍血浆或血清的分离，有时因溶血影响药物浓度。

2) 尿液样品

尿液主要成分为约 97%的水，其余为盐类、尿素、尿酸、肌酐等，一般没有蛋白质、糖和血细胞。体内药物清除主要是通过尿液排出，大部分药物以原型从尿中排泄。尿液取样方便，并对机体无损伤。

若收集 24 h 的尿液不能立即测定时，为防止尿液生长细菌，使尿液中化学成分发生变化，应加入防腐剂置于冰箱中保存。常用防腐剂为浓盐酸、冰醋酸、甲苯、二甲苯、氯仿、麝香草酚。每种尿液防腐剂都有其用量和适用测定成分的规定。例如，利用甲苯等可以在尿液的表面形成薄膜，适用于尿肌酐、尿糖、蛋白质、丙酮等生化项目的测定；利用乙酸等改变尿液的酸碱性抑制细菌生长，适用于 24 h 尿醛固酮的测定。

3) 唾液样品

唾液是由腮腺、颌下腺、舌下腺和口腔黏膜内许多分散存在的小腺体分泌液组成的混合液。唾液的相对密度为 1.003～1.008，pH 为 6.2～7.6。如果唾液分泌量增加，则趋向碱性，接近血液 pH。有些药物在唾液中的浓度可以反映游离型药物在血浆中的浓度。在刺激少的安静状态下，漱口后 15 min 采集唾液样品，立即测量除去泡沫部分的体积，以 3000 rpm 离心分离 10 min，取上清液直接测定或冷冻保存，解冻后，为避免误差，应充分搅拌均匀后再测定。

4) 组织样品

(1) 匀浆化法：在组织样品中加入一定量的水或缓冲溶液，在刀片式匀浆机中匀浆，获得组织匀浆，使被测药物溶解，取上清液萃取。

(2) 沉淀蛋白法：在组织匀浆中加入蛋白沉淀剂，沉淀蛋白质后取上清液萃取。

(3) 酶水解：在组织匀浆中加入适量的酶和缓冲溶液，水浴水解一定时间，待组织液化后，过滤或离心，取上清液萃取。常用酶为枯草菌溶素。

(4) 酸水解或碱水解：在组织匀浆中加入适量的酸或碱，水浴水解一定时间，待组织液化后，过滤或离心，取上清液萃取。

5) 头发样品

一般采集枕部发样 0.05 g，使用中性洗涤剂浸泡 10 min，弃去洗涤剂，用去离子水漂洗 3 次，用丙酮浸泡并搅拌 10 min，再用去离子水漂洗 3 次，干燥并保存于干燥器内。头发样品中待测物的提取方式包括甲醇提取、酸水解、碱水解、酶水解，其中酶水解方法较为常用。

第 2 章　数据处理和分析仪器、方法评价

数据处理是仪器分析实验的重要环节。实验数据的处理是在正确记录实验数据后，经科学的运算而获得测量结果的过程，通常包括实验数据的表达、分析和统计学处理等。在仪器分析领域，对分析仪器和分析方法的评价是选择合适的分析体系、获得准确分析结果的必要前提。

2.1　实验数据的处理

2.1.1　实验数据的表达

实验的原始数据是指在实验过程中直接获得的数据，包括实验参数、仪器测量值、取样量等。实验原始数据可通过列表法、作图法、数学方程式等方法阐明数据之间的相互关系和变化规律，以便进一步解析实验现象，获得准确、可靠的分析结果。常用的实验数据表达方法包括列表法、作图法和数学方程式法。

1. *列表法*

列表法是将实验数据依据一定的形式和顺序以表格的方式进行记录和呈现。列表法可以简单、明确地表示出实验原始数据之间的对应关系，便于发现数据的变化规律，有助于检查和发现实验中的问题，也便于日后对实验数据进行查找和复核。采用列表法表达实验数据时应注意以下几点：

(1) 合理设计表格形式，以便于记录、检查、运算和分析。目前，科技类文献和资料中多采用三线制表格。三线制表格通常仅包含顶线、底线和栏目线，表两侧没有竖线。其中，顶线和底线为粗线，栏目线为细线，必要时可另加辅助线。

(2) 表格中涉及的各物理量，其符号、单位及数值的数量级都要表示清楚。一般来说，同一列数据的单位相同时，单位置于表头，即表格的第一行。每个数据后不再书写单位。

(3) 表中数据要正确反映测量结果的有效数字和不确定度。表格中不但可以列出实验原始数据，还可列入计算过程中的一些中间结果和最后结果。

(4) 可以在表格上方标注表题，也可以在表格下方加上补充标注。

2. *作图法*

作图法是将实验数据各变量之间的关系或变化规律绘制成图的表达方式。通常是把实验数据描述为因变量和自变量依从关系的曲线图。作图法具有简明、形象、直观、便于比较实验结果等优点。从图中可以方便读出极值点、转折点、平台区、周期性、变化率等数据特性。作图法的基本原则包括以下几点：

(1) 根据实验数据的函数关系选择适当的坐标系，如直角坐标系、单对数坐标系、双对数坐标系、极坐标系等。坐标系应确定合适比例，横、纵坐标的比例要恰当，以保持图线居中为宜。需标明物理量符号、单位和刻度值，有时还需注明测试条件、测试日期和分析人员姓名等。

(2) 对于双变量系统，通常选择横坐标为自变量、纵坐标为因变量。坐标系的原点不一定是变量的零点，可根据测试范围进行选择。

(3) 当一张图上同时表达两组或两组以上的测量值时，可用不同符号(如+、×、·、△)加以区别，以免混淆。连线时，要考虑数据点位置，使曲线呈光滑曲线(含直线)，并使数据点均匀分布在曲线的两侧，且尽量贴近曲线。个别偏离过大的数据点要重新审核。

3. 数学方程式法

在仪器分析实验中，也常将实验数据各变量之间的关系用数学函数关系式表达。通常以待测物质的含量为自变量，以仪器的响应信号值为因变量。在大多数情况下，待测物质的含量与仪器响应值在一定范围内呈线性关系，或者经适当变化后能够呈线性关系，再通过计算机软件处理后，即可得到相应的数学方程式。许多分析方法都是利用相应的数学表达式计算出待测组分的含量。

目前很多分析仪器的配套软件中都包含数据处理软件，可以非常方便地获得实验数据的数学表达式。若仪器未包含相关数据处理软件，可借助 Excel 或 Origin 等软件进行数据处理。Excel 是微软办公套装软件的重要组成部分，包含数据的基本处理、函数计算、数据透视表等多模块功能，可以进行各种数据的处理、统计分析和辅助决策操作。Origin 是由 OriginLab 公司开发的一个科学绘图、数据分析软件，支持在 Microsoft Windows 下运行。Origin 支持各种 2D/3D 图形。Origin 中的数据分析功能包括统计、信号处理、曲线拟合及峰值分析。Origin 中的曲线拟合是采用基于 Levernberg-Marquardt 算法(LMA)的非线性最小二乘法拟合。Origin 具有强大的数据导入功能，支持多种格式的数据，包括 ASCII、Excel、NI TDM、DIADem、NetCDF、SPC 等。图形输出格式多样，如 JPEG、GIF、EPS、TIFF 等。内置的查询工具可通过 ADO 访问数据库。

2.1.2　有效数字

有效数字是分析工作中实际能测得的数字，有效数字既能表示量的多少，又可以反映测量的准确程度。有效数字的位数直接影响测定的相对误差。在测量准确度的范围内，有效数字位数越多，表明测量越准确。但是，超出了测量准确度的范围，过多的数字位数不仅没有意义，而且是错误的。确定有效数字位数的原则如下：

(1) 不同分析仪器所需记录的有效数字位数不同。有效数字包括全部可靠数字和一位不确定数字在内，应只保留一位不确定的数字。例如，色谱分析中的保留时间一般记录至 0.01 min；精度为 10 mg 的天平，有效数字记录至 0.01 g；精度为 0.1 mg 的分析天平，有效数字应记录至 0.0001 g。若某次天平读数为 0.1367 g，其中小数点后的前三位数字 0.136 都是可靠数字，最后一位，即 0.1367 中的“7”由于受随机误差的影响，一般视为不确定的数字。需要注意的是，不确定的数字也是由仪器信号读数给出的，但由于难以控制且无法避免的偶然因素(如温度、气流、气压、电流的微小变化)造成的随机误差而存在一定的不确定性。

(2) 从左端第一位不是 0 的数字开始，0～9 都是有效数字。例如，0.0035 包含 2 位有效数字，而 0.3500 则包含 4 位有效数字。

(3) 不能因改变单位而改变有效数字的位数。例如，2.3 L 的单位由 L 换算为 mL 时，应记录为 2.3×10^3 mL，而不是 2300 mL。

(4) 常数、系数等自然数的有效数字位数可认为没有限制。

(5) 对数、pH 的有效数字位数由小数部分确定，其整数部分仅代表方次。例如，pH = 9.27，其有效数字为 2 位。

(6) 有效数字运算中的修约规则遵循“四舍六入五成双”的原则，即当被修约数字小于等于 4 时，应舍去；大于等于 6 时，则进位。若被修约数字为 5，当前面一位数是奇数时，则进位，当前面一位数是偶数时，则舍去。当进行加减运算时，计算结果的有效数字位数与小数点后位数最少的数据保持一致；当进行乘除运算时，计算结果的有效数字位数与有效数字位数最少的数据保持一致。

2.1.3　常用的定量分析方法

1. 工作曲线法

工作曲线法也称外标法或直接比较法，是一种简便、快速的定量分析方法。首先配制一系列不同浓度的待测组分标准溶液，经过与样品相同的处理方式后，测定并记录仪器的响应信号值。以标准溶液的浓度为自变量，以仪器信号为因变量，绘制工作曲线并推导线性回归方程。然后，在与标准样品一致的测试条件下测定仪器对样品的信号响应值，将测定值代入线性回归方程，即可计算出样品中待测组分的含量。可应用 Excel 或 Origin 等软件计算线性回归方程。以 Excel 为例，首先在工作表的 A、B 两列分别输入或导入标准溶液浓度和仪器响应信号值。如图 2-1 所示，A 列为标准溶液浓度，B 列为响应信号值。

	A	B	C	D
1	0.1	0.069		
2	0.2	0.141		
3	0.3	0.209		
4	0.4	0.281		
5	0.5	0.356		
6	0.6	0.418		
7	0.7	0.492		
8				

图 2-1　输入实验数据

选中 A、B 两列数据，单击“插入”菜单，在图标类型中选择所要创建的图表类型。一般选择“散点图”(图 2-2)。

图 2-2　选择图表类型

在绘制的散点图中选择任意一个数据点，右键单击该数据点，选择“设置趋势线格式”，在出现的对话框中选择“线性”、“显示公式”和“显示 R 平方值”，则线性回归方程和线性相关系数 R^2 将显示在图中(图 2-3)。还可进一步加入图的标题、坐标轴名称和单位等。

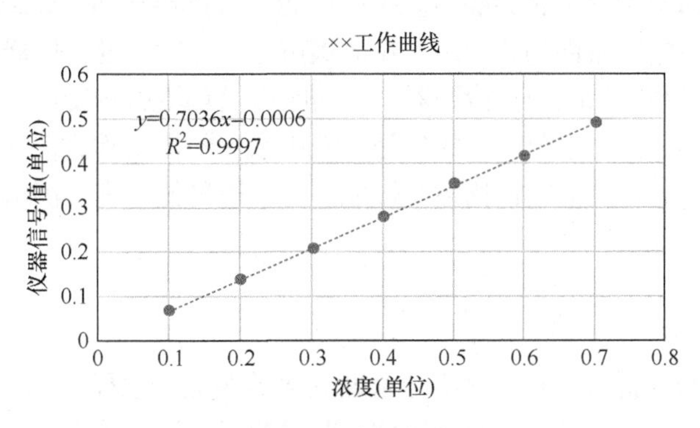

图 2-3　拟合工作曲线

2. 标准加入法

标准加入法又称标准增量法或直线外推法。标准加入法是将一系列已知浓度的标准溶液加入待测样品中，分别测定加入前后样品的浓度，加入标准溶液后测定的浓度将比加入前的高，其增加的量应等于加入的标准溶液中所含的待测物质的量。绘制标准曲线并外推，即可获得样品的分析结果。当无法配制与样品溶液相似的标准溶液，或者样品基体成分很高，又或者样品中含有对测定结果有较大影响的物质时，可用标准加入法检验仪器或分析方法的准确度。在实际样品分析中，标准加入法还可用于检验样品中是否存在干扰物质。

3. 内标法

内标法是为克服样品基体导致的检测信号强度变化和波动而采用的分析方法，能够有效改善分析的准确度和精密度。首先选择合适的物质作为待测组分的参比物(内标物质)，将已知量的内标物质加入一定量的样品中，根据待测组分和内标物质在检测器上的响应信号比值和参比物加入量进行定量分析。内标法的关键是选择合适的内标物质。内标物质应具有与待测组分相似的结构和性质，但样品中并不含有该内标物质。内标物质不会与待测样品发生反应，与待测组分不会互相干扰。内标法常用于色谱分析，由于进样量的变化及色谱条件的微小变化对内标法定量结果的影响不大，特别是在样品预处理(如浓缩、萃取、衍生化等)前加入内标物质，再进行预处理时，可部分补偿待测组分在样品预处理时的损失，以提高定量分析的精密度。

2.2　分析仪器性能指标

现代仪器分析包括种类繁多的仪器，涉及波谱技术、电子技术、信号与图像处理技术、通信技术、传感器技术、显示技术等诸多领域。尽管各类仪器的基本原理和结构不同，但其在性能指标方面具有一定的共性。了解分析仪器的性能指标有助于使用者对不同种类的仪器及同一种类不同型号的仪器进行评价和比较，进一步结合分析任务和样品的特点，选择合适的仪器类型和型号。仪器的性能参数也是选择仪器测量条件和样品分析方案的重要依据。常见的仪器性能指标包括信噪比、灵敏度、分辨率、精密度、重现性、稳定性、响应时间等。

1. 信噪比

分析仪器对待测组分的响应称为信号。理想情况下，分析仪器应只对待测组分产生响应。除被测信号之外的任何干扰都可称为噪声。噪声可能来自仪器外部，如磁场干扰、震动等；也可能来自仪器内部，如电子器件的热噪声、粒散噪声等。一般来说，仪器的噪声主要取决于仪器光源的稳定性、电子系统的噪声、检测器产生的噪声及环境影响所产生的噪声。仪器中的噪声和信号是相对存在的，待测组分产生的信号与噪声水平的比值称为信噪比。在具体讨论电路放大微弱信号的能力时，常用信噪比描述其性能。对于检测低浓度待测组分的仪器，通常要求有较高的信噪比。

2. 灵敏度

灵敏度是指特定的分析仪器对待测组分浓度变化的响应敏感程度，即待测组分单位浓度变化能够引起的输出信号变化。灵敏度可通过校正曲线的斜率进行计算。同一仪器对不同类型的待测组分灵敏度不同。不同类型的分析仪器会选择特定的标准物来衡量仪器的灵敏度，仪器制造商一般会提供仪器的灵敏度数据及测量数据的条件和样品。考虑仪器的噪声水平，灵敏度常用信噪比衡量，许多仪器用特定化合物或参数的信噪比表示灵敏度。例如，目前荧光光度计一般采用 350 nm 激发时纯水在 397 nm 的拉曼峰的信噪比作为仪器的灵敏度指标。质谱仪则用测量利血平的信噪比表示，如 10 pg 利血平在选择离子峰 m/z 609.3 的信噪比为 100∶1。原子吸收分光光度计一般以特征浓度表示，即获得 1%吸收或能产生吸光度为 0.0044 时所对应的元素浓度，常用 Cu 或 Cd 元素测定。

3. 分辨率

分辨率是分析仪器能够实际测量出的最小增量，它表示能够区分几乎相等量值的程度。如果被测量是从零开始的，则阈值和分辨率具有相同的意义。光谱分析仪器的分辨率是指对两相邻谱线分辨的能力。仪器分辨率越高，表明该仪器能很好地将两相邻谱线分离而没有重叠。光谱分析仪器的分辨率主要取决于仪器的分光系统和检测器等。质谱仪的分辨率是指能够分辨的最小 m/z 值；色谱仪器的分辨率往往与配备的检测器分辨率有关，常用分离度表示。核磁共振波谱仪有其独特的分辨率指标，以邻二氯苯中特定峰在最大峰的半峰宽(以 Hz 为单位)表示分辨率大小。

4. 重现性

重现性是指在测量条件不变的情况下，用同一仪器对某一参数进行多次重复测定时，各测定值与平均值之差相对于最大量程的百分比。重现性是仪器的重要指标，一般需要在仪器投入运行之前和日常校核时进行检验。

5. 稳定性

稳定性是指仪器在一定的运行时间内信号值的波动情况，常用信号波动的幅度表示。例如，某质谱仪在室温下 12 h 内，信号值变化 $\leqslant 0.1m/z$。也可以用信号值的相对标准偏差或偏离百分数表示。信号值的波动越小，说明仪器越稳定。目前大型商品仪器都有较好的稳定性。

仪器的稳定性容易受到环境因素的影响，因此实际应用时经常达不到厂家提供的稳定性。

例如，不稳定的电源会引起光谱、极谱和色谱等仪器工作时基线不稳定，光源达到或超过使用寿命也会导致信号值有较大的波动。此外，室内环境(如湿度、温度、大气压及清洁程度)都会导致信号不稳。仪器运行时需要的气体和液体的纯度也是影响稳定性的重要因素，如色谱仪使用的流动相纯度达不到要求时，基线的漂移会非常严重。因此，分析仪器特别是大型精密仪器对运行环境和试剂的要求十分严格。

6. 精密度

精密度是衡量仪器测量稳定性和重现性的指标，指在相同的仪器条件下，对同一标准溶液进行多次测量所得数据间的一致程度，表示随机误差的大小。实际工作中多用相对标准偏差衡量仪器的测量精密度。

7. 响应时间

当被测参数发生变化时，仪器指示的被测值需要经过一段时间才能准确地表示出来。响应时间定义为仪器对被测物质产生的检测信号的反应速度，即仪器达到信号总变化量一定的百分数所需的时间。一般是指仪器达到信号总变化量的 90%所需要的时间。

2.3 分析方法评价指标

仪器分析的基本工作流程是根据待测样品的特点和测试需求，选择合适的分析仪器、样品预处理方式、测试条件和数据处理模式，建立分析方法，对待测试样进行定性或定量分析，获得分析结果。建立恰当的分析方法是获得准确、可靠分析结果的必要条件。在实际工作中，可以通过一系列特定的参数指标对分析方法进行评价，以衡量其检测性能和抗干扰能力等。

1. 检出限

检出限是指某特定分析方法在给定的置信度内可从样品中检出待测物质的最小浓度或最小量。检出限是表征分析方法最主要的参数之一。分析方法的检出限与仪器灵敏度密切相关，灵敏度越高，检出限越低。但两者的含义不尽相同。灵敏度是指分析信号随待测组分含量变化的大小，与仪器检测器的放大倍数直接相关；而检出限是指分析方法可能检出的最低量或最低浓度，并且具有明确的统计意义。

方法的检出限一般指定性检出，即判定样品中存在有浓度高于仪器背景噪声水平的待测物质。仪器背景噪声包括仪器的电子噪声、室内温度、压力的变化、试剂的纯度及空白样品的背景。在测定误差服从正态分布的条件下，当检测信号值和噪声平均值相差 3 倍的信噪比时，检测信号所对应的浓度则为检出限。对于特定的分析方法，空白样品经过与样品相同的处理过程后测定的信号为空白值。因此，检出限中的噪声实际上是空白值。空白值的标准偏差可以通过对空白样品多次平行测定得到的测定值计算。

2. 检测范围

检测范围是指某一特定方法的检测下限至检测上限之间的浓度范围。在此范围内可做定性或定量的分析测定。在测定误差能满足预定要求的前提下，用某一方法能准确定量测定待测物质的最小量或最小浓度，称为该方法的测定下限。测定下限反映出分析方法能准确、定量测定低浓度水平待测物质的极限可能性。用某一方法能够准确、定量测定待测物质的最大量或最大浓度，称为该方法的测定上限。

分析方法的检测范围常用线性检测范围表示。线性检测范围是指从定量测定的最低浓度到校正曲线保持线性的最高浓度的范围。不同仪器的线性范围存在较大差异，如紫外-可见吸收光谱法的线性检测范围一般为 1～2 个数量级，而电感耦合等离子体原子发射光谱法可达 5～6 个数量级。在某些分析方法中，仪器的信号值与样品浓度呈非线性关系，可以对信号或浓度做数学转换，再进行线性回归计算。

3. 精密度

精密度是用特定的分析方法在受控条件下对同一样品进行多次重复测定时，所得测定值的一致程度。精密度反映分析方法所存在随机误差的大小。极差、平均偏差、相对平均偏差、标准偏差和相对标准偏差都可用来表示精密度大小，较常用的是标准偏差和相对标准偏差。

分析方法的精密度与样品浓度和测量次数密切相关。在评价分析方法精密度时，需要指出被测样品的浓度，一般可在两个或两个以上的浓度水平进行精密度测量，其中应该有一个接近检测下限，并保持足够的测量次数。另外，用标准溶液测定方法的精密度和采用分析实际样品测量的精密度存在一定的差异。

4. 准确度

准确度是指用分析方法测定某一样品所获得结果与真值的接近程度。真值是指某一物理量本身具有的、客观存在的真实数值。但绝对真值不可测，一般可用纯物质的理论值代替真值，如纯 NaCl 中 Cl 的理论含量。标准物质(或标准参考物质)证书上给出的数值也可作为真值。有经验的分析人员用可靠方法多次测定的平均值，确认消除系统误差后也可视为真值。

在实际分析工作中，若无法获得纯物质理论值，或者无法获得标准物质，还可使用加标回收率描述方法的准确度。在样品基质中加入已知量的标准物质，按样品的处理步骤进行分析，比较分析结果与加入量，即可得到加标回收率。加标回收率 R 的计算公式如式(2-1)所示。

$$R = [(S_x - S_0)/S_s] \times 100\% \tag{2-1}$$

式中，S_x 为加标后的分析结果；S_0 为未加标样品中待测组分的量；S_s 为加入标准物质的量。加标量不宜过高，一般为待测组分含量的 0.5～2.0 倍，且加标后的总含量不应超过方法的测定上限；加标物质体积应尽量小，一般以不超过原试样体积的 1%为宜。

加标回收率越接近 100%，分析方法的准确度越高。但在实际分析过程中，加标回收率一般很难达到 100%。通常在常量分析中，加标回收率应为 99%～101%甚至 99.9%～100.1%，而对于痕量分析，因受多种因素影响，加标回收率可为 95%～105%甚至更宽的范围内。

加标回收率有两种测定方法，即空白加标回收法和样品加标回收法。在空白加标回收法中，向不含待测物质的空白样品基质中加入已知量的标准物质，按样品的处理步骤分析，得到的结果与理论值的比值即为空白加标回收率。空白加标回收率能较好地评价分析测量中存在的各种影响准确度的因素。但是空白样品必须与被测样品除不含被测物外的其他组成完全相同，要制备或采集空白样品有一定的难度。

在样品加标回收法中，向两份相同的样品中的一份加入已知量待测组分的标准物质；两份样品按相同的步骤分析，加标的一份所得的结果减去未加标一份所得的结果，其差值与加入标准物质的理论值之比即为样品加标回收率。样品加标回收是最常用的加标回收方式。

加标回收实验的加标浓度需涵盖方法的线性范围，一般取三个不同的含量值分别进行加标实验，相应浓度应分别接近线性范围的检测下限、中等水平和检测上限，每个浓度平行测定三次。进行加标回收实验时应注意加标溶液对样品溶液体积和浓度的影响。如果加标的体积远小于样品的体积(＜5%)，则一般可忽略体积的变化。

5. 选择性

选择性是指用分析方法测定某组分时，能够避免样品中其他共存组分干扰的能力。选择性通常采用干扰实验进行评价，即在待测样品中加入可能的干扰物质，考察干扰物质对待测组分的影响，一般以待测目标组分信号值变化幅度±5%以内为不产生干扰。干扰物质可以是样品中大量存在的常量组分、与被测物质结构和性质类似的物质等。

分析方法的选择性越高，则干扰因素就越少。这样就可以减少分析的操作步骤，使分析过程达到快速、准确和简便的要求。因此，选择性的好坏是衡量分析方法的重要指标之一。分析方法的选择性可以通过多种途径加以改善或提高。例如，可以通过改进分析仪器以提高选择性；还可以改进分析条件，合理选择反应的 pH、介质、反应离子的价态及使用掩蔽剂等提高分析方法的选择性。

第 3 章　原子发射光谱法

原子发射光谱法(atomic emission spectrometry，AES)是依据各种元素的原子或离子在热激发或电激发下，使其外层电子由基态跃迁到激发态；处于激发态的电子非常不稳定，在极短时间内便返回基态或其他较低的能级而发射出一系列不同波长的特征谱线，通过这些谱线的特征识别不同的元素，测量谱线的强度而进行元素的定性与定量分析的方法。通常所称的原子发射光谱法是指以电弧、电火花、激光、微波等离子体焰和电感耦合等离子体炬焰为激发光源得到原子光谱的分析方法。AES 是 1860 年德国学者基尔霍夫(Kirchhoff)和本生(Bunsen)首先发现的，他们研制了第一台用于光谱分析的分光镜，实现了原子发射光谱检验。20 世纪 60 年代，电感耦合等离子体(ICP)光源的引入极大地推动了发射光谱分析的发展。80年代，第一台商品化的电感耦合等离子体质谱仪(ICP-MS)问世，由于具有灵敏度高、稳定性好、线性范围宽及多元素同时测定等优点，其在分析领域得到越来越广泛的应用。

3.1　原子发射光谱法的基本原理

3.1.1　原子发射光谱的产生

原子核外的电子在不同状态下所具有的能量可用能级来表示。离核较远的称为高能级，离核较近的称为低能级。在一般情况下，原子处于最低能量状态，称为基态(最低能级)。在电致激发、热致激发或光致激发等激发光源作用下，原子获得足够的能量后，就会使外层电子从低能级跃迁至高能级，这种状态称为激发态。

原子外层的电子处于激发态是不稳定的，它的寿命小于 10^{-8} s。当它从激发态回到基态时，就要释放出多余的能量，这种能量以电磁辐射的形式发射出去，就得到发射光谱。原子发射光谱是线状光谱。谱线波长与能量的关系为

$$\lambda = \frac{hc}{E_2 - E_1} \tag{3-1}$$

原子的外层电子由低能级激发到高能级时所需要的能量称为激发电位或激发能(以下称激发电位)，以电子伏特表示。不同的元素，其原子结构不同，原子的能级状态不同，原子发射光谱的谱线也不同，因此每种元素都有其特征光谱，这是光谱定性分析的依据。

原子的光谱线各有其相应的激发电位。具有最低激发电位的谱线称为共振线，一般共振线是该元素的最强谱线。在激发光源的作用下，原子获得足够的能量很容易发生电离。离子也可能被激发，其外层电子跃迁也产生发射光谱。由于离子和原子有不同的能级，所以离子发射的光谱与原子发射的光谱是不同的。在原子谱线表中，罗马数字Ⅰ表示中性原子发射的谱线，Ⅱ表示一次电离离子发射的谱线，Ⅲ表示二次电离离子发射的谱线。例如，MgⅠ285.21 nm 为原子线，MgⅡ280.27 nm 为一次电离离子线。

3.1.2　谱线强度

原子由某一激发态 i 向基态或较低能级 j 跃迁发射谱线的强度与激发态原子数成正比。在

激发光源高温条件下，温度一定，处于热力学平衡状态时，单位体积基态原子数 N_0 与激发态原子数 N_i 之间遵守玻尔兹曼(Boltzmann)分布定律。

$$N_i = N_0 \frac{g_i}{g_0} e^{-\frac{E_i}{kT}} \tag{3-2}$$

式中，g_i 和 g_0 分别为激发态和基态的统计权重；E_i 为激发电位；k 为玻尔兹曼常量；T 为激发温度。

原子的外层电子在 i、j 两个能级之间跃迁，其发射谱线强度 I_{ij} 为

$$I_{ij} = N_i A_{ij} h\nu_{ij} \tag{3-3}$$

式中，A_{ij} 为 i、j 两能级间的跃迁概率；ν_{ij} 为发射谱线的频率；h 为普朗克(Planck)常量。将式(3-2)代入式(3-3)，得

$$I_{ij} = \frac{g_i}{g_0} A_{ij} h\nu_{ij} N_0 e^{-\frac{E_i}{kT}} \tag{3-4}$$

从式(3-4)可见，影响谱线强度的因素有以下几个方面。

(1) 激发电位：谱线强度与激发电位的关系是负指数关系。激发电位越高，谱线强度就越小。这是由于激发电位越高，处于该激发态的原子数越少。实践证明，绝大多数激发电位较低的谱线都是比较强的，激发电位最低的共振线往往是最强线。

(2) 跃迁概率：跃迁是指原子的外层电子从高能级跳跃到低能级发射出光子的过程。跃迁概率是指两能级间的跃迁在所有可能发生的跃迁中的概率。谱线强度与跃迁概率成正比。

(3) 统计权重：谱线强度与激发态和基态的统计权重之比成正比。

(4) 激发温度：温度升高，谱线强度增大。但温度升高，电离的原子数目也会增多，而相应的原子数减少。不同谱线各有自己适宜的激发温度(图 3-1)。

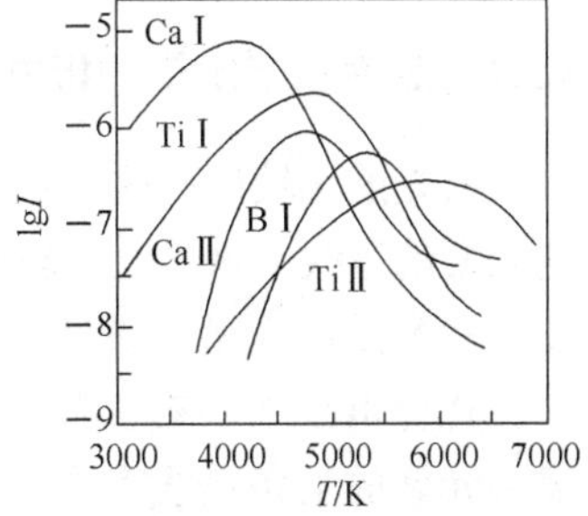

图 3-1　谱线强度与温度的关系

谱线强度与基态原子数成正比。一定条件下，基态原子数与试样中该元素浓度成正比。因此，在一定实验条件下谱线强度与被测元素的浓度成正比，这是发射光谱定量分析的依据。

3.1.3　谱线的自吸和自蚀

原子发射光谱的激发光源都有一定的体积，在光源中，粒子密度与温度在各部位分布并不均匀，中心部位的温度高，边缘部位的温度低。元素的原子或离子从光源中心部位辐射被光源边缘处于较低温度状态的同类原子吸收，使发射光谱强度减弱，这种现象称为谱线的自吸。谱线的自吸不仅影响谱线强度，而且影响谱线形状(图 3-2)。

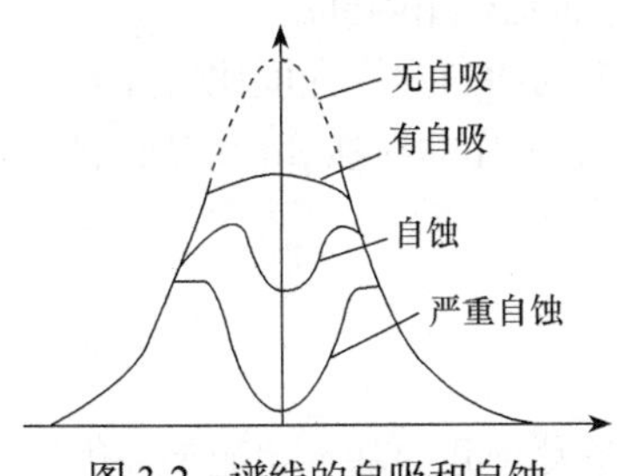

图 3-2　谱线的自吸和自蚀

一般当元素含量高，原子密度增大时，容易产生自吸。当原子密度增大到一定程度时，自吸现象严重，谱线的峰值强度完全被吸收，这种现象称为谱线的自蚀。在元素光谱表中，用 r 表示自吸线，用 R 表示自蚀线。

3.1.4　原子发射光谱法的特点

原子发射光谱法的优点有以下几方面：

(1) 灵敏度高。许多元素绝对灵敏度为 10^{-13}～10^{-11} g。

(2) 选择性好。许多化学性质相近而用化学方法难以分别测定的元素，如铌和钽、锆和铪、稀土元素，其光谱性质有较大差异，用原子发射光谱法则容易进行各元素的单独测定。

(3) 分析速度快。可进行多元素同时测定。

(4) 试样消耗少(毫克级)。适用于微量样品和痕量无机物组分分析，广泛用于金属、矿石、合金等各种材料的分析检验。

原子发射光谱法的局限性是对非金属测定灵敏度低，且仪器价格高、维修费用高。

3.2　原子发射光谱分析的方法

原子发射光谱法包括三个主要过程，一是由光源提供能量使试样蒸发，形成气态原子，并进一步使气态原子激发而产生光辐射；二是将光源发出的复合光经单色器分解成按波长顺序排列的谱线形成光谱；三是用检测器检测光谱中谱线的波长及强度。常用的检测方法有目视法、摄谱法、光电法和质谱法，现在的发射光谱仪基本都采用光电法和质谱法。

3.2.1　定性及半定量分析方法

铁光谱比较法：这是目前最通用的方法，它采用铁的光谱作为波长的标尺，以此来判断其他元素的谱线。铁光谱比较法可同时进行多元素定性鉴定；半定量分析方法采用比较黑度法。

标准试样光谱比较法：将要检出元素的纯物质和纯化合物与试样并列摄谱于同一感光板上，在译谱仪上检查试样光谱与纯物质光谱，若两者谱线出现在同一波长位置上，即可说明某一元素的某条谱线存在。

3.2.2　定量分析方法

原子发射光谱的谱线强度 I 与试样中被测组分的浓度 c 成正比，据此可以进行光谱定量分析。光谱定量分析所依据的基本关系式为

$$I=ac^b \tag{3-5}$$

式中，b 为自吸系数，b 随浓度 c 增加而减小，当浓度很小无自吸时，b=1，因此在定量分析中，选择合适的分析线是十分重要的；a 为发射系数，受试样组成、形态及激发条件等影响，在实验中很难保持为常数，故通常不采用谱线的绝对强度进行定量分析，而是采用内标法。

为了补偿因实验条件波动而引起的谱线强度变化，通常用分析线和内标线强度比对元素含量的关系来进行光谱定量分析，称为内标法。常用的定量分析方法是工作曲线法和标准加入法。

3.3　原子发射光谱仪

原子发射光谱仪主要由光源、光谱仪和光谱检测设备组成。激发光源的基本功能是提供试样中被测元素蒸发原子化和原子激发产生发射光谱所需要的能量；光谱仪将光源产生的辐射色

散成光谱并记录下来；光谱投影仪、测微光度计等将所得光谱与标准光谱图比较或测量谱线黑度进行光谱定性或定量分析，目前在紫外区和可见区使用较多的检测器有光电倍增管和电荷耦合器件，更高级的发射光谱仪采用质谱检测。

原子发射光谱仪对光源的要求是：灵敏度高、稳定性好、重现性好、光源背景小、结构简单、操作安全。常用的激发光源有直流、交流电弧，电火花，激光微探针及电感耦合等离子体等。下面主要介绍电感耦合等离子体光源(简称ICP光源)。

等离子体是一种由自由电子、离子、中性原子与分子所组成的总体呈中性的气体。ICP光源装置(图3-3)由高频发生器和感应线圈、石英等离子体炬管和供气系统(一般采用惰性气体氩气)、试样引入系统三部分组成。

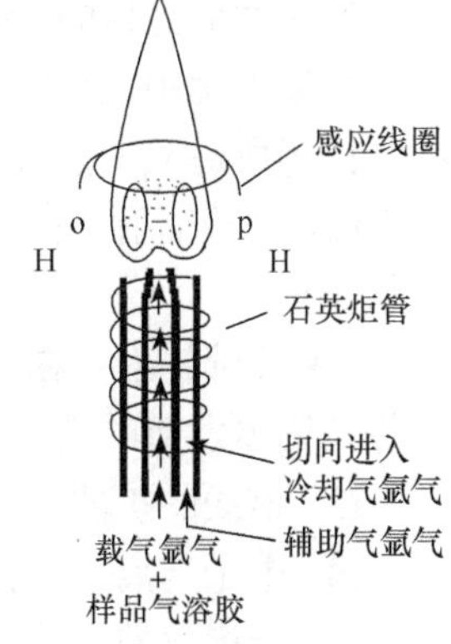

图3-3　ICP光源装置图

高频发生器的作用是产生高频磁场以供给等离子体能量。应用最广泛的是利用石英晶体压电效应产生高频振荡的他激式高频发生器，其频率和功率输出稳定性高。频率多为27～50 MHz，最大输出功率通常是2～4 kW。

感应线圈一般为圆铜管或方铜管绕成的2～5匝水冷线圈。等离子体炬管一般由三层同轴石英管组成。从等离子体炬管的最外层沿切向方向引入高速氩气(称为冷却气或工作气体)，其作用在于：①将等离子体吹离外层石英矩管的内壁，可保护石英矩管不被烧毁；②利用离心作用，在矩管中心产生低气压通道，以利于进样；③这部分氩气流同时也参与放电过程。中层管通入辅助气体氩气，用于点燃等离子体。内层石英管内径为1～2 mm，以氩气为载气，形成中心通道，把经过雾化器的试样溶液以气溶胶形式通过中心通道引入等离子体中。

试样气溶胶由气动雾化器或超声雾化器产生。用氩气作工作气的优点是：氩气为单原子惰性气体，不与试样组分形成难解离的稳定化合物，也不会像分子那样因解离而消耗能量，有良好的激发性能，本身的光谱简单。

当有高频电流通过线圈时，产生轴向磁场，这时若用高频点火装置产生火花，使辅助气体电离产生的离子与电子在高频电磁场作用下与原子碰撞产生碰撞电离，形成更多的离子与电子，当数量多到使气体有足够的导电率时，在气体中感应产生涡流，这个高频感应电流产生强大的热能，又将气体加热促进气体电离，维持气体的高温，形成最高温度可达10 000 K的稳定的等离子体炬焰。

高频感应线圈将能量耦合给等离子体，并维持等离子体炬焰。当雾化器中携带样品气溶胶的载气通过样品中心管进入等离子体时，在等离子体的焰心区域经过预热后进入内焰区域的高温(6000～8000 K)作用下，样品气溶胶经历蒸发、分解、原子化、电离和激发过程并产生发射光谱。

ICP炬焰分为三个区域：焰心区、内焰区和尾焰区。焰心区呈白色，不透明，是高频电流形成的涡流区，等离子体主要通过这一区域与高频感应线圈耦合而获得能量。该区温度高达10 000 K，电子密度很高，由于黑体辐射、离子复合等产生很强的连续背景辐射。试样气溶胶通过这一区域时被预热、挥发溶剂和蒸发溶质，因此这一区域又称为预热区。内焰区位于焰心区上方，一般在感应线圈以上10～20 mm，略带淡蓝色，呈半透明状态。温度为6000～8000 K，是样品气溶胶原子化、电离和激发辐射光谱的主要区域。光谱分析就在该区域内进行，因此该区域又称为分析区或测光区。尾焰区在内焰区上方，无色透明，温度较低，在 6000 K 以下，当影响光谱测量时采取高压空气气流切割掉。

3.4　原子发射光谱的干扰及消除

原子发射光谱的干扰类型分为光谱干扰和非光谱干扰两大类。

光谱干扰中最重要的是背景干扰，光谱背景是指在线状光谱上叠加着由连续光谱和分子带状光谱等所造成的谱线强度(摄谱法为黑度)。来源有以下几方面。

(1) 分子辐射：在光源作用下，试样与空气作用生成的分子氧化物、氮化物等分子发射的带状光谱。

(2) 连续辐射：在经典光源中炽热的电极头，或蒸发过程中被带到弧焰中去的固体质点等炽热的固体发射的连续光谱。

(3) 谱线的扩散：分析线附近有其他元素的强扩散性谱线(谱线宽度较大)。

(4) 电子与离子复合过程也会产生连续背景。

(5) 光谱仪器中的杂散光进入检测器也会产生不同程度的干扰。

非光谱干扰主要来源于试样组成的基体效应给谱线强度带来的影响，主要是指试样在光源中的蒸发和激发过程的影响。现代光电直读发射光谱仪中都带有自动校正背景的装置。为了消除或减少基体效应，在光谱分析中常根据试样的组成、性质及分析的要求选择性地加入具有某种性质的添加剂。光谱添加剂分为光谱载体和光谱缓冲剂。

实验 3-1　电感耦合等离子体发射光谱法测定食品中多种微量元素

【实验目的】

(1) 了解多通道电感耦合等离子体光谱仪的结构、工作原理及其特点。

(2) 掌握 ICP-AES 同时测定多元素的操作方法。

(3) 了解食品的分解方法及要求。

【实验原理】

电感耦合等离子体光源是利用高频感应加热原理，使流经石英管的工作气体氩气电离，在高频电磁场作用下由于高频电流的趋肤效应，一定频率下而形成环状结构的高温等离子体炬焰，也称为高频耦合等离子体。试液经过蠕动泵的作用进入雾化器，被雾化的样品溶液以气溶胶的形式进入等离子体炬焰的通道中，原子化为基态自由原子或电离成离子，被激发发射出其特征谱线。在一定的工作条件下，各元素的谱线强度与光源中气态原子的浓度成正比，即与试液中元素的浓度成正比。

$$I=ac \tag{3-6}$$

式中，a 为发射系数，受试样组成、形态及激发条件等影响；c 为试样溶液的浓度。根据式(3-6)可进行元素的定量测定。

现代光电直读光谱仪一次进样可同时检测多种元素(可达 60 余种)，而且具有检出限低、精确度高、基体效应小、线性范围宽等优点，已成为实验室多种类型样品的重要分析手段。

【仪器、试剂】

1. 仪器

高频电感耦合等离子体光电直读光谱仪；分析天平(万分之一)。

烧杯(20 mL、500 mL)；容量瓶(50 mL、100 mL、1000 mL)；300 目筛；石英或瓷坩埚(50 mL)；洗瓶；锥形瓶(50 mL)；高纯氩气；移液管(50 mL)；吸量管(10 mL)；量筒(50 mL)。

2. 试剂

高氯酸(优级纯)；碳酸钙(分析纯)；盐酸(优级纯)；磷酸二氢钾(优级纯)；Mg、Fe、Mn、Cu、Sn、Pb、Zn、Al(纯度均为 99.99%)；硝酸(优级纯)；磷酸(优级纯)；石油醚。

3. 单一元素标准储备液的配制

(1) 钙标准储备液(1000 μg · mL^{-1})：称取 2.4973 g 已在 110℃烘干过的碳酸钙，加入少量盐酸溶解，于 1000 mL 容量瓶中加去离子水稀释至刻度。

(2) 磷标准储备液(200 μg · mL^{-1})：称取 0.8788 g 105℃下干燥的磷酸二氢钾，加入少量去离子水溶解，于 1000 mL 容量瓶中加去离子水稀释至刻度。

(3) Mg、Fe、Mn、Cu、Sn、Pb、Zn、Al 标准储备液(1000 μg · mL^{-1})：称取纯度为 99.99%的金属各 1.0000 g，分别置于各自的小烧杯中，再分别加入 10 mL 硝酸溶解，水浴蒸至近干，用 0.5 mol · L^{-1} 硝酸溶解并分别转入 1000 mL 容量瓶中，用去离子水定容，摇匀。

4. 多元素混合标准溶液的配制

分取上述单一元素标准储备液各 10 mL(磷标准储备液取 50 mL)置于 500 mL 容量瓶中，加去离子水稀释至刻度，摇匀，配成含各元素 10.00 μg · mL^{-1}(含磷 50 μg · mL^{-1})的混合标准溶液。

【实验步骤】

1. 样品处理

1) 谷物、糕点等含水少的固体食品类

除去外壳、杂物及尘土，磨碎，过 300 目筛，混匀。称取 5.0～10.0 g 置于 50 mL 石英或瓷坩埚中，加火炭化，然后移入高温炉中，500℃以下灰化 1～2 h，取出，冷却，加入少量混合酸(HNO_3∶$HClO_4$=3∶1，体积比)，小火加热至近干。必要时再加入少量混合酸，反复处理，直至残渣中无炭粒。稍冷，加入 1 mol · L^{-1} 盐酸 10 mL，溶解残渣并转入 50 mL 容量瓶中，用去离子水定容，混匀备用。

取与处理样品相同的混合酸和 1 mol · L^{-1} 盐酸按相同方法步骤做试剂空白实验。

2) 蔬菜、瓜果及豆类

取食用部分洗净晾干，充分切碎混匀。称取 10～20 g 置于瓷坩埚中加 1∶10 磷酸(磷酸∶水=1∶10，体积比)1 mL，小火炭化。以下步骤同谷物类试样处理方法。

3) 禽蛋、水产、乳类、茶、咖啡类

取可食用部分试样充分混匀。称取 5.0～10.0 g 置于瓷坩埚中，小火炭化。以下步骤同谷物类试样处理方法。

4) 乳、炼乳类

试样混匀后，量取 50 mL 置于瓷坩埚中，在水浴上蒸干，再小火炭化。以下步骤同谷物类试样处理方法。

5) 饮料、酒、醋类

试样混匀后，量取 50 mL 置于 100 mL 容量瓶中，用 0.5%～1.0%硝酸稀释至刻度，摇匀，备用。

6) 油脂类

试样混匀后，称取 5.0～10.0 g(固体油脂先加热熔化成液体，混匀，再称量)置于 50 mL 锥形瓶中，加 10 mL 石油醚，用 10%硝酸提取 2 次，每次 5 mL，振摇 1 min，合并两次提取液于 50 mL 容量瓶中，加去离子水至刻度，摇匀，备用。

2. 元素分析线波长

元素分析线波长(nm)　Mg 279.55　Fe 259.94　Mn 257.61　Cu 324.75　Sn 189.98
Pb 220.35　Zn 213.86　Al 308.21　Ca 422.67　P 178.20

3. 仪器调节

开启仪器，预热 20～30 min，点燃等离子体焰炬，按参数调好仪器。

4. 工作曲线的绘制

配制一系列浓度多元素混合标准溶液，测量谱线强度，仪器自动绘制各元素的工作曲线。

5. 样品测定

在与标准系列相同的测定条件和工作方式下，样品空白溶液和样品溶液依次进样测试，测得样品中各金属元素的谱线强度，计算机自动根据各元素的工作曲线计算出相应元素的浓度，数据处理打印出所需分析结果报告格式。

【注意事项】

配制标准溶液时，注意移液管、吸量管、量筒及容量瓶的正确使用及移液、定容的规范操作。分取不同体积的同种溶液应尽量用同一移液管或吸量管，若换其他移液管或吸量管时一定使用待移溶液润洗几次。有移液枪的实验室可以使用移液枪分取配制各元素的混合标准溶液。注意移液枪的校准及正确使用方法。

【数据记录与结果处理】

各元素含量 w 按公式 $w=cV/m$ 计算，式中，c 为计算机输出的试样中待测元素的浓度($\mu g \cdot mL^{-1}$)；V 为测定体积(mL，试样处理后的定容体积)；m 为称样量(g)。

【思考题】

(1) ICP 光源的优点有哪些?

(2) 简述背景产生的原因及消除的方法。

实验 3-2　电感耦合等离子体发射光谱法测定水样中的微量元素铜、铁、锌

【实验目的】

(1) 了解 ICP-AES 的测定原理方法及操作技术。
(2) 掌握 ICP-AES 测定一般水样中多种微量元素的方法。

【实验原理】

同实验 3-1。

【仪器、试剂】

1. 仪器

高频电感耦合等离子体光电直读光谱仪。
容量瓶(100 mL)；吸量管(1 mL、2 mL、10 mL)；量筒(10 mL)。

2. 试剂

$CuSO_4$(分析纯)；$Zn(NO_3)_2$(分析纯)；$Fe(NH_4)_2(SO_4)_2\cdot 6H_2O$(分析纯)；硝酸(分析纯)。

3. 标准溶液的配制

(1) Cu^{2+}标准储备液($1\ mg\cdot mL^{-1}$)：准确称取 0.2520 g $CuSO_4$，加入 2 mL 硝酸，用去离子水定容至 100 mL，摇匀。

(2) Zn^{2+}标准储备液($1\ mg\cdot mL^{-1}$)：准确称取 0.1840 g $Zn(NO_3)_2$，加入 2 mL 硝酸，用去离子水定容至 100 mL，摇匀。

(3) Fe^{2+}标准储备液($1\ mg\cdot mL^{-1}$)：准确称取 0.7020 g $Fe(NH_4)_2(SO_4)_2\cdot 6H_2O$，加入 2 mL 硝酸，用去离子水定容至 100 mL，摇匀。

【实验步骤】

(1) 配制 $10\ \mu g\cdot mL^{-1}$ Cu^{2+}、Zn^{2+}、Fe^{2+}标准溶液：分别吸取上述 Cu^{2+}、Zn^{2+}、Fe^{2+}储备液 1.00 mL 于 100 mL 容量瓶中，各加入 2 mL 硝酸，定容至 100 mL，摇匀。

(2) 配制 Cu^{2+}、Zn^{2+}、Fe^{2+} 混合标准溶液：用 $10\ \mu g\cdot mL^{-1}$ Cu^{2+}、Zn^{2+}、Fe^{2+}的标准溶液配制成浓度为 $0.00\ \mu g\cdot mL^{-1}$、$0.10\ \mu g\cdot mL^{-1}$、$0.20\ \mu g\cdot mL^{-1}$、$0.40\ \mu g\cdot mL^{-1}$、$0.60\ \mu g\cdot mL^{-1}$、$0.80\ \mu g\cdot mL^{-1}$、$1.00\ \mu g\cdot mL^{-1}$ 的混合系列浓度标准溶液 100 mL。各加入 2 mL 硝酸，定容，摇匀。

(3) 配制试样溶液：准确移取 80 mL 未知水样于 100 mL 容量瓶中，加入 2 mL 硝酸，定容，摇匀。

(4) 测定：将配制的 Cu^{2+}、Zn^{2+}、Fe^{2+}混合系列浓度标准溶液和试样溶液上机测试。
测试条件：
工作气体：氩气；冷却气流量：$15\ L\cdot min^{-1}$；载气流量：$0.55\ L\cdot min^{-1}$；辅助气流量：

0.2 L · min^{-1}。

元素分析线波长：Cu：324.752 nm；Fe：259.939 nm；Zn：213.857 nm。

【注意事项】

同实验 3-1。

【数据记录与结果处理】

计算未知水样的各元素的浓度时，注意仪器测量的是配制试样溶液的各元素浓度。要求列出计算公式。

【思考题】

(1) 简述 ICP 产生的原理及过程。
(2) 为什么以 ICP 为激发光源的发射光谱法比火焰原子化吸收法更适合同时测定多种元素？
(3) 简述本实验将未知水样处理成待测水溶液的方法。

附录 3-1　Optima 8000 电感耦合等离子体发射光谱仪操作说明

1. 点燃等离子体前准备工作

(1) 打开空气压缩机，关闭放气阀，检查空气压力是否为 550～825 kPa。
(2) 打开氩气，检查压力是否为 550～825 kPa。
(3) 打开冷却循环水。
(4) 打开排气扇开关，并启动计算机电源。
(5) 打开仪器主机电源，初始化主机。
(6) 双击桌面开始程序“/Syngistix for ICP”图标进行联机。

2. 点燃等离子体和优化仪器

(1) 安装蠕动泵进样管和废液管。

(2) 点击“Pump”，并调节蠕动泵泵夹上螺母，确保进液管匀速进液和排液管正常排液，如图 3-4①～③所示。

(3) 进入等离子体控制面板界面，打开“Plasma On”，如图 3-4④所示。

⚠ 注意：紧急关断按钮用于紧急情况下熄灭炬焰使用，该红色按钮位于 ICP 仪器主机左上角的位置，按下后如果再次点火，需要释放该按钮；同时，需要在软件界面上进行重置操作。

(4) 光学初始化。

点燃等离子体 5 min 后手动进行光学初始化，仪器开机 15 min 后也会自动进行光学初始化。光学初始化进程可通过“Diagnostics”进行查看，光学初始化时需吸入纯水溶液。

(5) 校准观测位。

目的是进行光谱仪观测位置校准，操作时吸入 Mn 标准溶液(轴向 Axial 1ppm，径向 Radial 10 ppm)，然后点击“Align View”开始自动校准，校准完成后，可打开“Results”查看校准

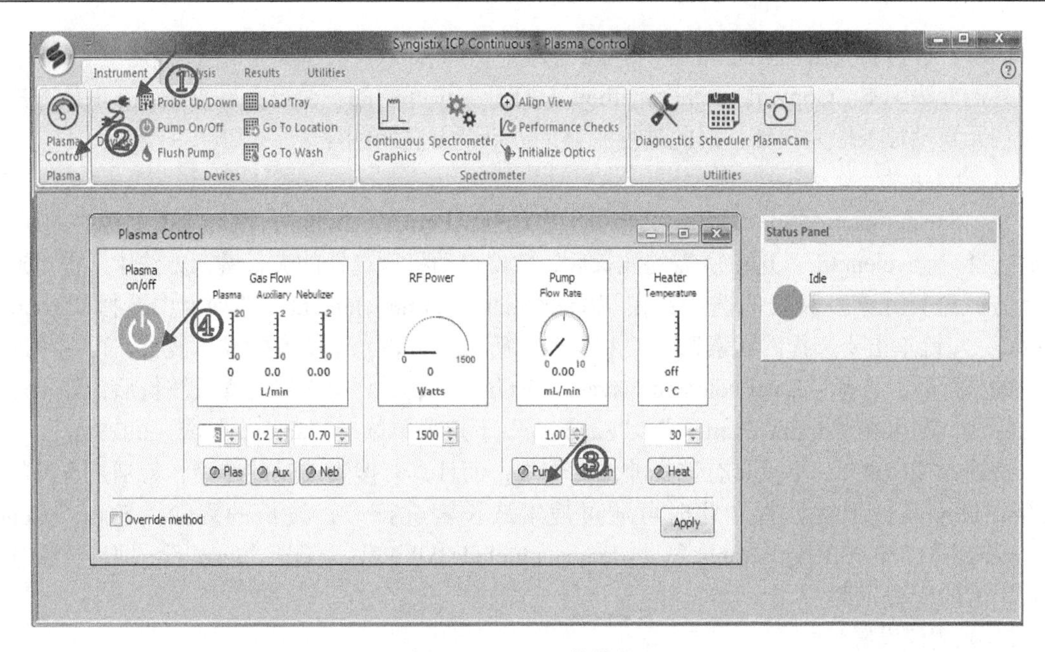

图 3-4　Syngistix 软件界面

观测位的结果。

(6) 点击“Detector Calibration”可测定暗电流和补偿，该过程需要大约 1 min。

(7) 点击“Performance Checks”可进行仪器或方法检出限的测定。

需要注意的是，进行性能检查前，当前应该存在相应的标准曲线，软件才能进行确认和分析。

(8) 点击“Purge Gas”，通常选择“normal”。

如果要分析 190 nm 以下的波长则需提前打开“high”进行高吹扫，吹扫气需要接 99.999%纯度的氩气或氮气。

环境温度对光学初始化的结果有很大的影响。如果环境温度太低或太高，则初始化会提示出错信息，此时仪器可以使用，但没有处于最佳工作状态。环境温度是否合适可以看 Prism 的温度情况，等离子体实时状况可进行实时查看，在等离子体状态窗口还有保存日志的功能，该功能在等离子体部件出现硬件问题需要将日志发送给工程师查看时使用，操作时需要保存“Black Box Log”和“Incident Log”，该日志保存在安装盘目录下：\User\Pubic\PerkinElmer Syngistix\ICP\System Files\Temporary Files，点燃等离子体，初始化仪器步骤与创建方法步骤依据操作习惯，不分先后顺序。

3. 创建方法

1) 开始条件

选择“New Method”后，出现“Starting Condition”对话框，有“Default”“Copy of active method”“Copy of another method”三个选项。

默认条件“Default”：包括水溶液、有机溶液、添加条件三种类型，可根据样品类型进行选择，默认选择为水溶液，也可选择“Modify”分别进行三种类型默认条件的更改。

现有方法副本“Copy of active method”：以现有方法参数及各元素设置条件为基础，据此进行调整，进行新方法的创建。

其他方法副本“Copy of another method”：打开方法库中的一个已存在方法，并以该方法参数及各元素设置条件为基础，据此进行调整，进行新方法的创建。

2) 定义元素

在“Spectemeter/define element”选项卡中选择“Periodic Table”，左键单击要选择的元素，然后选择“wavelength”，选中所需的波长后，软件自动将所选择的波长键入方法中。也可通过以下方式进行元素及波长的选择：在“Spectemeter/define element”选项卡中选择“Periodic Table”，左键单击要选择的元素选择“λ Table”后可查看该元素所有的推荐波长，再选中所需波长的整行后，选择“Enter selected wavelengths in method”。定义好元素及波长后，如果需要用内标法，则可在“define element”、“Function”下拉菜单选择“analyte”或“Int. Std.”。

备注：“λ Table”不仅具有选择波长的作用，而且具有搜索波长的作用，特别是选择的波长存在许多其他干扰波长，此时可通过搜索波长表进行干扰波长的剔除。输入“Center Wavelength”、“Wavelength Range”、“Elements Include All”后，点击“Search”，即可搜索某一波长附近的所有元素。

3) 光谱仪设置

点击“Settings”、“Purge gas flow”，通常选择“normal”。如果要分析 190 nm 以下的波长可选择“high”。点击“Read Parameters”，通常选择“Auto”、“Auto Integration Time”，双击标题栏，可列填充自动积分时间和读取时间。点击“Delay time”，根据样品从进样管到达雾化器所需的时间进行设置，通常设置 40 s 左右。如果进样管很长，则需要增大延迟时间。点击“Replicates”，日常分析通常设置两三次重复即可。点击“Measure by”，通常选择默认方式“Element”，关于重复测定方式的更多信息可以查看提示(Tips)与帮助。

4) 校准

在“Calibration”选项卡中需要进行标准样品名称、单位、浓度以及校准曲线类型的设定。

采用标准曲线法时，需定义“Calib Blank”、“Calib Std”和“Reagent Blank”，校准空白通常只定义一个，如果有 2 组标液就定义两个，依此类推。如果想采用标准加入法，则按照所示勾选“Method of Additions”选项，此时出现下拉菜单：“Method of Additions”、“Sample Intercept”、“Method of Calculated Intercept”、“Method of Additions Calibrate”，建议选择加入法校准，关于标准加入法的更多描述请查看帮助。

点击“Calib Units and Concentrations”可分别为每个波长选择单位和输入浓度，也可双击标题栏(单位和浓度标题栏均可双击)使用“Column Fill”统一输入。“Equation and Sample Units”选项卡中可进行不同的曲线方程式类型、样品单位及数据的有效位数等设置。然后双击“Calibration Equation”标题栏，通常选择“Linear, Calculated Intercept”。双击“Sample Units”，按照样品类型通常可以选择不同的单位。例如，固体样品常选择 mg/kg, wt%(percent)；液体样品常选择 g/L、ppm(wt/vol)等。

方法编辑完成后，需要进行方法的检查与保存，首先点击“Check method”，然后会弹出对话框提示方法存在的问题，需要进行修改，当修改完成后就可以保存，默认保存数据库在软件安装盘目录下。需要注意的是，方法名称的长度必须小于 25 个字符，否则会造成软件锁定而无法打开。

4. 创建试样信息

试样信息的新建、打开、保存命令都在同一区域内，首先新建试样信息文件，然后弹出试样信息编辑器“Sample Information Editor”，可输入“Sample ID”、“Initial Sample Wt.”和“Sample Prep. Vol.”等信息，也可使用填充命令。需要注意的是，样品名称的长度必须小于 25 个字符。“Parameter List”功能是在样品编辑器中添加或删除试样参数，软件内置的这些参数可以自动参与计算，如“Nominal sample wt.”、“Solids ratio”等。

5. 样品分析

样品分析命令首先点击“Analysis”图标，然后弹出样品分析对话框，通常采用点击手动分析，此时按照以下顺序进行操作：

(1) 新建或打开一个数据组的保存路径，选择好后“save data to Results Data Set”前的小框内会自动打钩，此时方可进行下一步操作。

(2) “Analyze”软件默认首先分析“Calibration Blank”，再分析“Reagent Blank”(注：试剂空白分析建议最好在标准溶液分析后进行)。

(3) 点击“Analyze Standard”，软件分析完每个标准溶液后会自动递增至下一个标准溶液。

(4) 点击“Analyze Sample”，样品信息文件与试样编辑器中打开的试样信息是一一对应的，只需要输入“Sample No”，即可打开对应的试样信息。另外，手动分析的同时还可点击“details”进行试样信息的实时逐一输入。

样品分析过程中还可以使用“Enable/Disable Elements”功能，该功能可以方便实验人员在实验过程中保留想分析的元素，剔除不需要分析的元素。

备注：样品结果需要手动设置保存文件，默认保存路径在软件安装目录下，如果进行样品分析前没有进行手动设置，软件不会自动保存结果数据组。

6. 结果显示

样品实时分析结果和数据再处理结果，包括原始数据、谱图、线性、数据查看器等，在样品分析或数据再处理过程中可随时打开或关闭结果命令集中的各项功能。

查看“Spectra”，点击右键可进行谱图页面布局和颜色的调整。如果需要进行其他数据的处理，则需要先点击“Clear”清空当前的谱图数据。点击“Calib.”可查看当前的校准曲线类型和线性。如果需要进行其他数据的处理，则需要点击“New Calibration”先清空当前的谱图数据。如果需要调用数据库中已有的校准曲线，则点击“Recall Calibration”。点击“Results”可查看当前的原始数据结果。如果需要进行其他数据的处理，则需要点击“Clear”先清空当前的谱图数据。点击“Data viewer”可查看和导出精简后的原始数据，包括“Corrected Intensities”、“Conc. In Calib. Units”、“Conc. In Sample. Units”，点击“Export All”可以导出 .xls 和 .xlsx 格式。

7. 关机

(1) 样品分析结束后，首先将进样毛细管置于 2% HNO_3 溶液中清洗 5 min，再放入纯水中清洗 5 min 后将进样管取出。

(2) 待废液管中的废液排干后，点击“Plasma off”。

(3) 松开进样泵管及排废泵管。

8. 关闭主机及外部设备

(1) 点击“Plasma off”，5 min 后关闭循环水。

(2) 关闭空气压缩机开关，打开排水阀，待空气压缩机压力降为零时，旋下油水分离器外桶，倒水晾干。

(3) 关闭排风扇电源。

(4) 退出“Syngistix for ICP”软件后再关闭 ICP 主机、计算机电源开关，拔下电源接头。

(5) 拔下 ICP 主机、空气压缩机及循环水机电源插头。

(6) 关闭氩气总阀及分压阀。

第 4 章　原子吸收光谱法与原子荧光光谱法

4.1　原子吸收光谱法的基本原理

原子吸收光谱法(atomic absorption spectrometry, AAS)是基于气态的基态原子外层电子对共振发射线(有时采用非共振发射线)的吸收进行元素定量分析的方法。AAS 是 20 世纪 50 年代中期出现并逐渐发展成熟起来的一种仪器分析方法。随着商品化原子吸收分光光度计的出现，原子吸收光谱法得到了迅速发展，在地质、冶金、机械、化工、农业、食品、轻工、生物医药、环境保护、材料科学等领域有广泛的应用。

AAS 是利用气态的基态原子可以吸收一定波长的光辐射，使原子中外层的电子从基态跃迁到激发态的现象而建立的。由于各种原子中电子的能级不同，将选择性地共振吸收一定波长的辐射光，这个共振吸收波长恰好等于该原子受激发后发射光谱的波长，可作为元素定性分析的依据，而基态原子吸收光源(空心阴极灯)辐射的强度与样品中待测元素的浓度成正比，可作为定量分析的依据。AAS 现已成为无机金属元素定量分析应用最广泛的一种分析方法。

4.1.1　原子吸收光谱的产生

待测样品原子化产生的基态自由原子的核外层电子吸收外界提供的光辐射，当辐射能量恰好等于核外层电子基态与某一激发态之间的能量差时，基态原子的核外层电子将吸收特定能量的光辐射由基态跃迁到相应激发态，从而产生原子吸收光谱。

空心阴极灯空心阴极的金属原子核外层电子受激激发到激发态，处于激发态的电子经过约 10^{-8} s 后以光辐射或热辐射的形式释放能量回到基态或低能态，其中核外层电子从第一激发态返回到基态时所发射的谱线称为共振发射线。

待测样品原子化产生的基态自由原子的核外层电子吸收了空心阴极灯的共振发射线从基态跃迁至激发态时所产生的吸收谱线称为共振吸收线。

由于原子的基态与第一激发态之间能量差最小，电子跃迁概率最大，故产生的吸光度也最大。对于大多数元素的原子吸收光谱分析，首选共振吸收线作为分析吸收谱线，只有共振吸收线受到光谱干扰时才选用其他吸收谱线。

4.1.2　原子吸收谱线的轮廓

原子吸收光谱线并不是严格几何意义上的线[其谱线强度随频率(γ)分布急剧变化]，而是占据着有限的相当窄的频率或波长范围，即有一定的宽度。通常以吸收系数(K_γ)为纵坐标和频率(γ)为横坐标的 K_γ-γ 曲线描述，图 4-1 为谱线轮廓示意图。

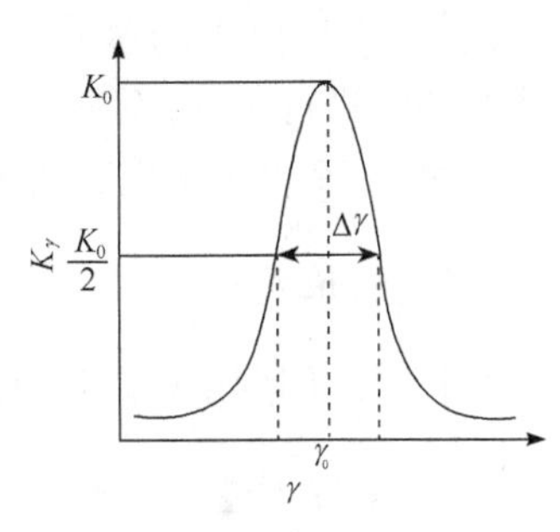

图 4-1　谱线轮廓示意图

原子吸收光谱的轮廓以原子吸收谱线的中心波长和半宽度来表征。中心波长由原子能级决定。半宽度是指在中心波长的位置，极大吸收系数一半处吸收光谱线轮廓上两点之间的频率差或波长差。半宽度受到很多实验因素的影响。以下为影响原子吸收谱线轮廓的两个主要因素。

1. 多普勒变宽

多普勒变宽是由原子热运动引起的。从物理学中已知，从一个运动着的原子发出的光，如果运动方向离开观测者，则在观测者看来，其频率比静止原子所发的光的频率低；反之，如果原子向着观测者运动，则其频率比静止原子发出的光的频率高，这就是多普勒效应。原子吸收分析中，对于火焰和石墨炉原子吸收池，气态原子处于无序热运动中，相对于检测器而言，各发光原子有不同的运动分量，即使每个原子发出的光是频率相同的单色光，但检测器接收的光是频率略有不同的光，于是引起谱线的变宽。

2. 碰撞变宽

当原子吸收区的原子浓度足够高时，碰撞变宽是不可忽略的。由于基态原子是稳定的，其寿命可视为无限长，因此对原子吸收测定常用的共振吸收线而言，谱线宽度仅与激发态原子的平均寿命有关，平均寿命越长，则谱线宽度越窄。原子之间相互碰撞导致激发态原子平均寿命缩短，引起谱线变宽。碰撞变宽分为两种，即赫鲁兹马克变宽和洛伦兹变宽。

1) 赫鲁兹马克变宽

赫鲁兹马克变宽是指被测元素激发态原子与基态原子相互碰撞引起的变宽，又称共振变宽或压力变宽。在通常的原子吸收测定条件下，被测元素的原子蒸气压很少超过 10^{-3} mmHg (1 mmHg=1.333 22×10^2 Pa)，共振变宽效应可以不予考虑，而当蒸气压达到 0.1 mmHg 时，共振变宽效应则明显地表现出来。

2) 洛伦兹变宽

洛伦兹变宽是指被测元素原子与其他元素的原子相互碰撞引起的变宽。洛伦兹变宽随原子区内原子蒸气压力增大和温度升高而增大。

除上述因素外，影响谱线变宽的还有其他一些因素，如场致变宽、自吸效应等。但在通常的原子吸收分析实验条件下，吸收线的轮廓主要受多普勒变宽和洛伦兹变宽的影响。在 2000～3000 K 的温度范围内，原子吸收线的半宽度约为 10^{-3} nm。

4.1.3　原子吸收光谱的测量

1. 积分吸收

对图 4-1 中 K_γ-γ 曲线积分后得到的总吸收称为面积吸收系数或积分吸收，它表示吸收的全部能量。理论上积分吸收与吸收光辐射的基态原子数成正比。但是，要对半宽度约为 10^{-3} nm 吸收谱线进行积分，需要极高分辨率的光学系统和极高灵敏度的检测器，目前还难以做到。这也是早在 19 世纪初就发现了原子吸收的现象，却难以用于仪器分析的原因。

2. 峰值吸收

目前采用测量峰值吸收系数的方法代替测量面积吸收系数的方法。

3. 实际测量

在实际工作中，对于原子吸收值的测量，是以一定光强的单色光 I_0 通过原子蒸气，然后测出被吸收后的光强度 I_t，根据朗伯-比尔(Lambert-Beer)定律：

$$A=-\lg T=-\lg(I_t/I_0)=Kc \tag{4-1}$$

当仪器条件、原子化条件及测定元素恒定时，K 为常数，就是线性方程的斜率。这就是原子吸收光谱分析的理论依据。

4.1.4　锐线光源

锐线光源就是所发射的谱线与原子化器中待测元素吸收谱线中心频率一致，而发射谱线的半宽度远小于吸收谱线的半宽度。此时，吸收就在 K_0 附近。峰值吸收在原子吸收分析中需要使用锐线光源。原子吸收光谱分析目前常用的锐线光源是空心阴极灯。

空心阴极灯(HCL)由空心阴极、阳极和内充惰性气体组成，在空心阴极周围设有玻璃保护套，全部密封在石英和耐热玻璃窗的玻璃筒中，通常使用单种元素的空心阴极灯。

空心阴极由待测元素的金属或合金制成，空心阴极圈由钨或其他高熔点金属制成；阳极由金属钨和金属钛制成。金属钛兼有吸收杂质气体的作用，玻璃筒内抽真空后充入惰性气体(一般充入氖气)。窗口材料可以采用石英和耐热玻璃。

空心阴极灯是一种辉光放电灯，当阴极与阳极之间施加 300～500 V 直流电压时，电子由阴极向阳极高速运动，运动过程中与惰性气体分子发生碰撞，气体分子电离成气体正离子，在电场作用下高速撞击空心阴极的内壁，并溅射出原子，被溅射出的原子在空心阴极圈内形成原子云，原子云中原子核外层电子在气体正离子高速撞击下被激发，激发态的外层电子瞬间以光辐射形式释放能量，回到基态和低能态，发射出该元素的特征谱线。与此同时，HCL 发射的谱线中还包含了内充气、阴极材料和杂质元素等谱线。

4.1.5　原子吸收光谱法的特点

1. 选择性强

这是原子吸收带宽很窄的缘故。因此，测定比较快速简便，并有条件实现自动化操作。在发射光谱分析中，当共存元素的辐射线或分子辐射线不能和待测元素的辐射线分离时，会引起表观强度的变化。而对原子吸收光谱分析来说，谱线干扰的概率小，由于谱线仅发生在主线系，而且谱线很窄，线重叠概率比发射光谱小得多，所以光谱干扰较小。即便是和邻近线分离得不完全，由于空心阴极灯不发射那种波长的辐射线，所以辐射线干扰少，容易克服。在大多数情况下，共存元素不对原子吸收光谱分析产生干扰。在石墨炉原子吸收法中，有时甚至可以用纯标准溶液制作的校正曲线来分析不同试样。

2. 灵敏度高

原子吸收光谱法是目前最灵敏的方法之一。火焰原子吸收法的灵敏度是 $ng\cdot mL^{-1}$～$\mu g\cdot mL^{-1}$ 数量级，石墨炉原子吸收法绝对灵敏度可达到 10^{-14}～10^{-10} g。常规分析中大多数元素均能达到 $\mu g\cdot mL^{-1}$ 数量级。如果采用特殊手段，如预富集，还可进行 $ng\cdot mL^{-1}$ 数量级浓度范围测定。由于该方法的灵敏度高，因此分析手续简化可直接测定，缩短分析周期加快测量进程；由于灵敏度高，需要进样量少。无火焰原子吸收分析的试样用量仅需试液 5～100 μL。固体直接进样石墨炉原子吸收法仅需 0.05～30 mg，这对试样来源困难的分析是极为有利的。

3. 分析范围广

发射光谱分析与元素的激发电位有关，故对发射谱线处在短波区域的元素难以进行测定。另外，火焰发射光度分析仅能对元素的一部分加以测定。例如，钠只有 1%左右的原子被激发，其余的原子则以非激发态存在。在原子吸收光谱分析中，只要使化合物离解成原子即可，不必激发，所以测定的是大部分原子。

目前应用原子吸收光谱法可测定的元素达 73 种。就含量而言，既可测定低含量和主量元素，又可测定微量、痕量甚至超痕量元素；就元素的性质而言，既可测定金属元素、类金属元素，又可间接测定某些非金属元素，还可间接测定有机物；就样品的状态而言，既可测定液态样品，也可测定气态样品，甚至可以直接测定某些固态样品，这是其他分析技术所不能及的。

4. 抗干扰能力强

第三组分的存在和等离子体温度的变化对原子发射谱线强度影响比较严重。而原子吸收谱线的强度受温度影响相对来说要小得多。和发射光谱法不同，原子吸收光谱法不是测定相对于背景的信号强度，所以背景影响小。在原子吸收光谱分析中，待测元素只需从它的化合物中解离出来，而不必激发，故化学干扰也比发射光谱法少得多。

5. 精密度高

火焰原子吸收法的精密度较好。在日常的一般低含量测定中，精密度为 1%～3%。如果仪器性能好，采用高精度测量方法，精密度＜1%。无火焰原子吸收法比火焰原子吸收法的精密度低，目前一般可控制在 15%之内。若采用自动进样技术，则可改善测定的精密度。火焰法的相对标准偏差(RSD)＜1%，石墨炉法的 RSD 为 3%～5%。

原子吸收光谱也有以下不足。

原则上讲，原子吸收光谱法不能多元素同时分析，测定元素不同，必须更换光源灯，这是它的不便之处。虽然现在已经有多元素同时分析测量的商品原子吸收仪器出现，但是还没有普及，也不确定该仪器的准确度和精密度如何。原子吸收光谱法测定难熔元素的灵敏度还不太令人满意。在可以进行测定的 70 多种元素中，比较常用的仅 30 多种。当采用将试样溶液喷雾到火焰的方法实现原子化时，会产生一些变化因素，因此精密度比分光光度法差。现在还不能测定共振线处于真空紫外区域的元素，如磷、硫等。

另外，标准曲线的线性范围窄(一般在一个数量级范围)，给实际分析工作带来不便。对于某些基体复杂的样品分析，还存在某些干扰问题需要解决。在高背景低含量样品测定任务中，精密度下降。如何进一步提高灵敏度和降低干扰仍是当前和今后原子吸收光谱分析工作者研究的重要课题。

4.2 原子吸收分光光度计

4.2.1 仪器工作原理

通常将被分析物质以适当方法转变为溶液，并将溶液以雾状引入原子化器。此时，被测元素在原子化器中原子化为基态原子蒸气。当光源发射出的与被测元素吸收波长相同的特征谱线通过火焰中基态原子蒸气时，光能因被基态原子所吸收而减弱，其减弱的程度(吸光度)在一定条件下与基态原子的数目(元素浓度)之间的关系遵守朗伯-比尔定律。被基态原子吸收后的谱线经分光系统分光后，由检测器接收，转换为电信号，再经放大器放大，由显示系统显示出吸光度或光谱图(图 4-2)。

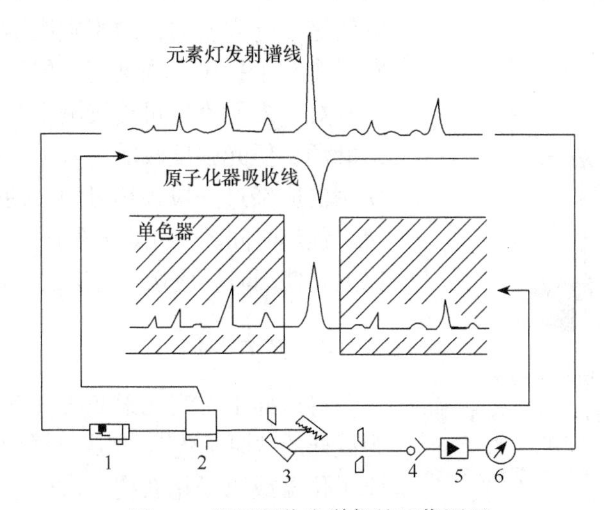

图 4-2　原子吸收光谱仪的工作原理

1. 元素灯；2. 原子化器；3. 单色器；4. 光电倍增管；5. 放大器；6. 指示仪

4.2.2　仪器基本结构

原子吸收分光光度计由光源、原子化器、分光系统和检测系统等几部分组成，如图 4-3 所示。

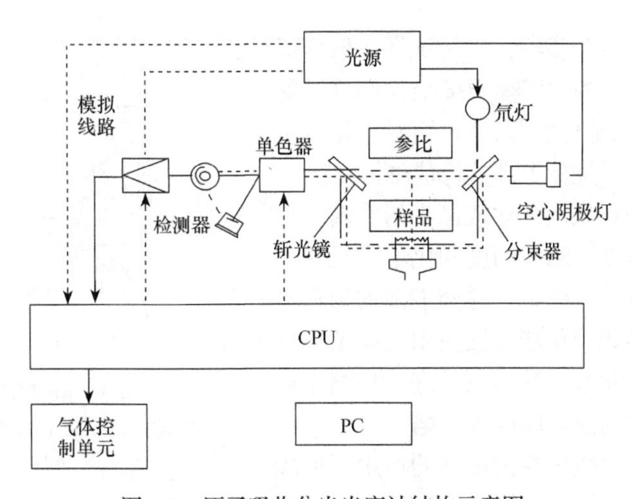

图 4-3　原子吸收分光光度计结构示意图

1. 光源

光源的作用是发射待测元素的特征光谱，供测量用。为了保证峰值吸收的测量，要求光源必须能发射出比吸收线宽度更窄的锐线光谱，并且强度大而稳定，背景低且噪声小，使用寿命长。

空心阴极灯的组成结构如图 4-4 所示。空心阴极灯是由空心阴极、阳极和内充气(一般充氖气)组成。在空心阴极周围设有玻璃保护套，全部密封在带石英或耐热玻璃窗的玻璃筒中。空

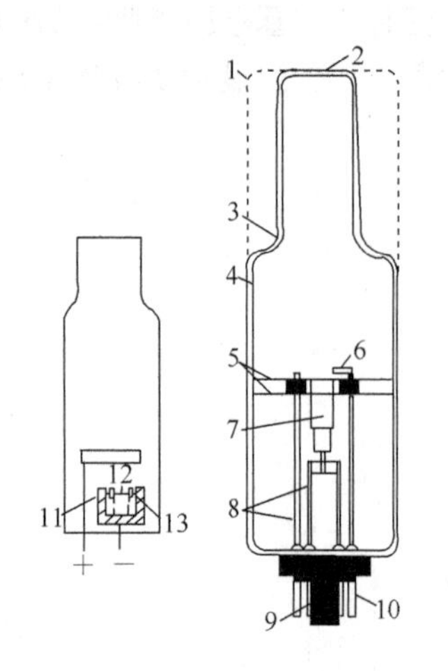

图 4-4　空心阴极灯结构示意图

1. 紫外玻璃窗口；2. 石英窗口；3. 密封；4. 玻璃套；5. 云母屏蔽；6. 阳极；7. 阴极；8. 支架；9. 管套；10. 连接管套；11、12. 阴极位降区；13. 负辉光区

心阴极灯又称元素灯，根据阴极材料种类的数量不同，分为单元素灯和多元素灯，目前大多使用单元素空心阴极灯。通常单元素的空心阴极灯只能用于一种元素的测定，这类发射谱线半宽度窄、谱线强度大、谱线背景小、干扰少、强度高，但每测一种元素需要更换一种灯。多元素灯可连续测定几种元素，减少了换灯的麻烦，但光强度较弱，容易产生干扰。空心阴极灯使用前应经过一段预热时间，使灯的发光强度达到稳定。预热时间随灯元素的不同而不同，一般在 30 min 以上。使用时，应选择合适的工作电流。

2. 原子化器

将试样中待测元素变成气态的基态原子的过程称为试样的“原子化”。完成试样原子化所用的设备称为原子化器或原子化系统。试样中被测元素原子化的方法主要有火焰原子化法和无火焰原子化(或称为石墨炉原子化)法两种。火焰原子化法利用火焰热能使试样转化为气态原子。无火焰原子化法利用电加热或化学还原等方式使试样转化为气态原子。

原子化系统在原子吸收分光光度计中是一个关键装置，它的质量对原子吸收光谱分析法的灵敏度和准确度有很大影响，甚至起到决定性的作用，也是分析误差最大的一个来源。

1) 火焰原子化器

火焰原子化包括两个步骤：先将试样溶液变成细小雾滴(雾化阶段)，然后使雾滴接受火焰供给的能量形成基态原子(原子化阶段)。火焰原子化器由雾化器、预混合室和燃烧器等部分组成(图 4-5)。

雾化器的作用是将试液雾化成微小的雾滴。雾化器的性能会对灵敏度、测量精度和化学干扰等产生影响，因此要求其喷雾稳定、雾滴细微均匀和雾化效率高。目前商品原子化器多数使用气动型雾化器。预混合室也称雾化室，其作用是进一步细化雾滴，并使其与燃气均匀混合后进入火焰。

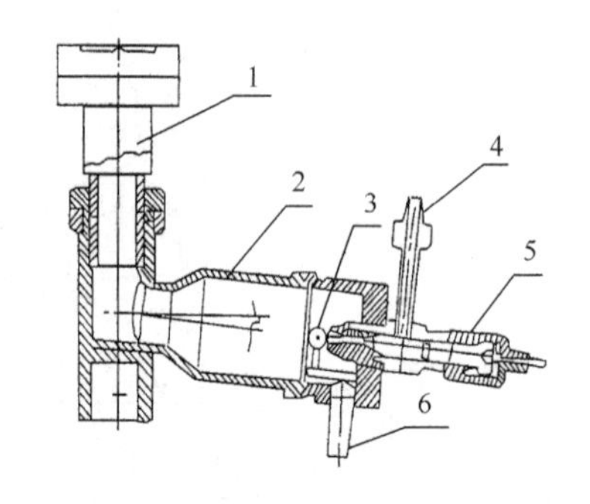

图 4-5　预混合型火焰原子化器

1. 燃烧器；2. 预混合室；3. 撞击球；4. 助燃气接嘴；5. 雾化器；6. 排液管

燃烧器的作用是使燃气在助燃气的作用下形成火焰，使进入火焰的试样微粒原子化。

原子吸收光谱分析最常用的火焰是空气-乙炔火焰和氧化亚氮(笑气)-乙炔火焰。当采用不同的燃气时，应注意调整燃烧器的狭缝宽度和长度以适应不同燃气的燃烧速率，防止回火爆炸。

由于火焰原子化法的操作简便，重现性好，有效光程大，对大多数元素有较高灵敏度，因此应用广泛。但火焰原子化法原子化效率低，灵敏度不够高，而且一般不能直接分析固体样品。火焰原子化法这些不足之处促进了无火焰原子化法的发展。

2) 石墨炉原子化器

石墨炉原子化器由石墨炉电源、石墨炉体和石墨管组成。石墨炉体包括石墨电极、内外保护气体、冷却系统和石英窗部分，如图 4-6 所示。

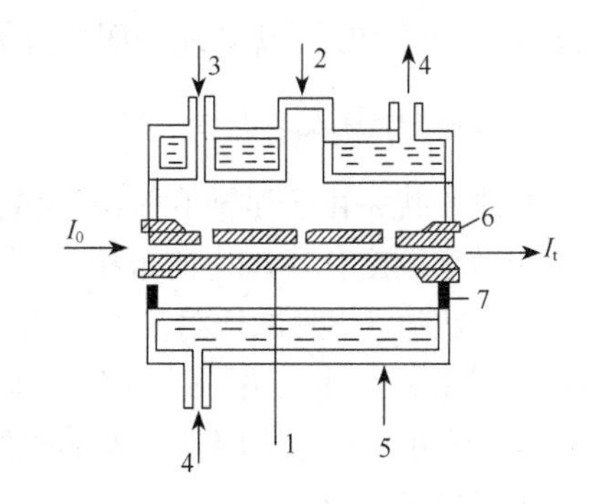

图 4-6　石墨炉原子化器示意图

1. 石墨管；2. 进样窗；3. 惰性气体；4. 冷却水；5. 金属外壳；6. 电极；7. 绝缘材料

石墨炉的原子化升温程序：石墨炉原子化法必须选择适宜的干燥、灰化、原子化和除残清洁升温速率，并保持时间程序及内保护气的控制程序。现在的计算机光谱工作站通常提供多段线性与非线性升温程序的设置空间。

基体改进技术：所谓基体改进技术就是向待测溶液中加入一些化合物，一方面改善复杂基体物理特性，如使基体形成易挥发化合物在待测元素原子化前去除，降低背景吸收，使基体形成难解离的化合物，避免基体与分析元素形成难解离化合物；另一方面使分析元素形成较易解离、热稳定化合物、热稳定的合金和形成强还原性环境等，改善原子化环境，还能防止分析元素被基体包藏，降低凝聚相干扰和气相干扰等。基体改进剂广泛地应用于石墨炉原子化法分析生物和环境试样中痕量金属和类金属元素及其化学形态。

石墨炉法的特点是可达 3500℃高温，升温速度快，绝对灵敏度高，一般元素可达 10^{-12}～10^{-9} g，可分析 70 多种金属和类金属元素，所需试样量少。缺点是分析成本高，背景吸收光辐射、基体干扰比较大。

3. 分光系统

原子吸收光谱仪的分光系统由单色器和外光路组成。外光路分为单光束和双光束两种。其作用是将待测元素的吸收线与邻近谱线分开，并阻止其他谱线进入检测器，使检测系统只接受共振吸收线。单色器由入射狭缝、出射狭缝和色散件(目前商品仪器多采用光栅，其倒线色散率为 0.25～6.6 nm · mm^{-1})等组成。在实际工作中，通常根据谱线结构和待测共振线邻近是否有干扰决定狭缝宽度，适宜的狭缝宽度通过实验确定。

4. 检测系统

检测系统由光电元件、放大器和显示装置等组成。光电元件一般采用光电倍增管，其作用是将经过原子蒸气吸收和单色器分光后的微弱信号转换为电信号。原子吸收光谱仪的工作波长通常为 190～900 nm，不少商品仪器在短波方面可测至 197.3 nm(砷)，长波方面可测至 852.1 nm(铯)。

放大器的作用是将光电倍增管输出的电压信号放大后转变成对数信号送入显示器。放大器分为交流、直流放大器两种。由于直流放大不能排除火焰中待测元素原子发射光谱的影响，所以已趋淘汰。目前广泛采用的是交流选频放大和相敏放大器。放大器放大后的电信号经对数转换器转换成吸光度信号，经微型计算机处理后由显示器显示，或由打印机进行打印。

4.2.3　干扰效应及其抑制

与原子发射光谱法相比，原子吸收光谱法尽管干扰较少并易于克服，但在实际工作中干扰效应仍然经常发生，而且有时表现得很严重，因此了解干扰效应的类型、本质及其抑制方法很重要。

原子吸收光谱中的干扰效应一般可分为四类：物理干扰、化学干扰、电离干扰和光谱干扰。

1. 物理干扰及其抑制

物理干扰是由于试液和标准溶液的物理性质的差异，引起进样速度、进样量、雾化效率、原子化效率的变化所产生的干扰。消除和抑制物理干扰常采用以下方法。

(1) 配制与待测试样溶液相似组成的标准溶液，并在相同条件下进行测定。如果试样组成不详，采用标准加入法可以消除物理干扰。

(2) 尽可能避免使用黏度大的硫酸、磷酸处理试样；当试液浓度较高时，适当稀释试液也可以抑制物理干扰。

2. 化学干扰及其抑制

化学干扰是由于待测元素与共存组分发生了化学反应，生成了难挥发或难解离的化合物，使基态原子数目减少所产生的干扰。化学干扰是原子吸收光谱分析中的主要干扰。这种干扰具有选择性，它对试样中各种元素的影响各不相同。影响化学干扰的因素很多，但主要是由被测定元素和共存元素的性质起决定性作用，另外还与火焰的类型、火焰的性质等有关系。

在火焰及石墨炉原子化过程中，化学干扰的机理很复杂，消除或抑制其化学干扰应根据具体情况采取以下具体措施。

(1) 升高火焰温度：适当升高火焰温度，利于难挥发、难解离的化合物原子化。

(2) 加入释放剂：加入释放剂与干扰元素生成更稳定或更难挥发的化合物，从而使待测元素从含有干扰元素的化合物中释放出来。

(3) 加入保护剂：保护剂多数是有机配合物。它与待测元素或干扰元素形成稳定的配合物，避免待测元素与干扰元素生成难挥发化合物。

(4) 加入基体改进剂：石墨炉原子吸收光谱分析中，于试液或石墨管中加入某些化学试剂，改变基体或待测元素化合物的热稳定性，从而避免化学干扰，这些化学试剂称为基体改进剂。

(5) 化学分离法：应用化学方法将待测元素与干扰元素分离，不仅可以消除基体元素的干扰，还可以富集待测元素。

3. 电离干扰及其抑制

某些易电离元素在火焰中产生电离，使基态原子数减少，降低了元素测定的灵敏度，这种干扰称为电离干扰。

采用低温火焰或在试液中加入过量的更易电离的元素化合物(消电离剂)，能够有效地抑制待测元素的电离。常用的消电离剂有 CsCl、KCl、NaCl 等。

4. 光谱干扰及其抑制

原子吸收光谱分析中的光谱干扰主要有谱线干扰和背景干扰两种。

1) 谱线干扰及其抑制

谱线干扰是指单色器光谱通带内除元素吸收线外，还进入了发射线的邻近线或其他吸收线，使分析方法的灵敏度和准确度下降。发射线的邻近线的干扰主要是指空心阴极灯的元素、杂质或载气元素的发射线与待测元素共振吸收线的重叠干扰；其他吸收线的干扰主要是指试样中共存元素吸收线与待测元素共振线的重叠干扰。

谱线干扰的抑制通常是减小单色器的光谱通带宽度即减小狭缝宽度，提高仪器的分辨率，使元素的共振吸收线与干扰曲线完全分开。根据具体情况还可采用以下方法抑制光谱干扰，如降低灯电流，选择无干扰的其他吸收线，选用高纯度单元素的空心阴极灯，分离共存的干扰元素等。

2) 背景干扰及其抑制

背景吸收也属于光谱干扰，包括两部分：分子吸收和光散射。

(1) 分子吸收与光散射。

分子吸收是指在原子化过程中所产生的无机分子或自由基对空心阴极灯发射的特征谱线的吸收，它属于带状光谱，带宽为 20～100 nm。而原子吸收光谱是线状光谱，带宽为 10^{-3} nm。分子吸收在一定的波长范围内对原子吸收产生光谱干扰。光谱散射是指在原子化过程中所产生的微小颗粒物对特征谱线的散射，其作用使吸光度增大。分子吸收与光散射都会使待测元素的吸光度增大，产生正误差。

(2) 光谱背景干扰的抑制和校正。

a．光谱背景干扰的抑制：在实际工作中，多采用改变火焰类型、燃助比和调节火焰观测区高度抑制分子吸收干扰；在石墨炉原子吸收光谱分析中，常选用适当基体改进剂，采用选择性挥发抑制分子吸收的干扰。

b．光谱背景的校正：在原子光谱分析中，一般采用仪器校正背景吸收方法，有氘灯背景校正、塞曼效应背景校正、谱线自吸收背景校正、邻近非吸收谱线背景校正技术。

4.3　原子荧光光谱法

原子荧光光谱法(atomic fluorescence spectrometry，AFS)是 20 世纪 60 年代初期由 Winfordner 和 Vickers 提出原子荧光分析技术后发展起来的一种原子光谱分析方法。原子荧光光谱法是基态和气态原子的核外层电子在吸收共振发射线激发后，发射出荧光进行元素定量分析的发射光谱分析法，但所用仪器与原子吸收光谱法相近。原子荧光光谱法具有很高的灵敏度，校正曲线的线性范围宽，能进行多元素同时测定。原子荧光光谱是介于原子发射光谱和原子吸收光谱之间的光谱分析技术。它的基本原理是基态原子(一般蒸气状态)吸收合适的特定频率的辐射而被激发至高能态，而去激发过程中以光辐射的形式发射出特征波长的荧光。

通常认为，原子荧光光谱法是比原子吸收光谱法更灵敏的定量分析方法。从理论上说，原子荧光光谱法与原子吸收光谱法及原子发射光谱法有着大致相同的分析对象，都可以进行数十种元素的分析。但是到目前，原子荧光光谱法成功分析的元素有 As、Sb、Bi、Hg、Se、Te、Ge、Pb、Sn、Cd、Zn 等十几种。我国的众多分析科学工作者经过长期的努力研究，已经形成了具有中国特色的原子荧光光谱法的分析理论和成熟的商品化仪器。

4.3.1　原子荧光光谱法的基本原理

1. 原子荧光的产生

气态自由原子吸收特征波长的辐射后，原子外层电子从基态或低能态跃迁到高能态，跃迁回到基态或低能态同时发射出与原激发波长相同或不同的辐射即为原子荧光。当激发光源停止照射后，发射荧光的过程随即停止。

2. 原子荧光的类型

原子荧光可分为三种类型：共振荧光、非共振荧光和敏化荧光，其中以共振荧光最强，在分析中应用最广。

1) 共振荧光

基态原子核外层电子吸收了共振频率的光辐射后被激发，发射与所吸收共振频率相同的光辐射为共振荧光，即所发射的荧光和吸收的辐射波长相同。只有基态是单一态，不存在中间能级，才能产生共振荧光。

2) 非共振荧光

基态原子核外层电子吸收的光辐射与发射的荧光频率不相同时，所产生的荧光为非共振荧光，即激发态原子发射的荧光波长和吸收的辐射波长不相同。

非共振荧光又可分为直跃线荧光、阶跃线荧光和反斯托克斯荧光。

直跃线荧光是激发态原子由高能级跃迁到高于基态的亚稳能级所产生的荧光。阶跃线荧光是激发态原子先以非辐射方式去活化损失部分能量，回到较低的激发态，再以辐射方式去活化跃迁到基态所发射的荧光。直跃线荧光和阶跃线荧光的波长都比吸收辐射的波长要长。反斯托克斯荧光的特点是荧光波长比吸收辐射的波长要短。

3) 敏化荧光

受光辐射的原子与另一个原子碰撞时，把激发能传递给这个原子并使其激发，受碰撞被激发的原子以光辐射形式跃迁回基态或低能态而发射出荧光为敏化荧光，即激发态原子通过碰撞将激发能转移给另一个原子使其激发，后者再以辐射方式去活化而发射的荧光。

3. 原子荧光强度与浓度的关系

气态和基态原子核外层电子吸收特征波长辐射后，电子从基态或低能级跃迁到高能级，经过约 10^{-8} s 又跃迁至基态或低能级，同时发射出与原激发波长相同或不同的辐射，称为原子荧光。发射的荧光强度和原子化器中单位体积该元素基态原子数成正比，根据原子吸收定量关系式及数学高幂次级数展开后，可以得到荧光强度与试样的浓度成正比的原子荧光光谱法的定量分析关系式：

$$I_f=Kc \tag{4-2}$$

根据荧光谱线的波长可以进行定性分析。在一定实验条件下，K 为常数，原子荧光强度与被测元素的浓度成正比，据此可以进行定量分析。

4. 荧光猝灭

原子荧光发射中，除以光辐射形式释放激发能量外，部分激发能量转变成热能或其他形式能量，使荧光强度减少甚至消失，该现象称为荧光猝灭。荧光猝灭影响荧光的量子效率。

4.3.2 原子荧光分光光度计

原子荧光光谱仪分为色散型和非色散型两类，结构示意图如图 4-7 所示。两类仪器的结构基本相似，差别在于非色散型仪器不用单色器。为了避免光源发射的强光辐射对弱原子荧光信号检测的影响，单色器和检测器的位置与激发光源位置成 90°。色散型仪器由辐射光源、单色器、原子化器、检测器、显示和记录装置组成。辐射光源用来激发原子使其产生原子荧光。可用连续光源或锐线光源，常用的锐线光源有高强度空心阴极灯、无极放电灯及可控温度梯度原子光谱灯和激光。单色器用来选择所需要的荧光谱线，排除其他光谱线的干扰，常用的色散元件是光栅。原子化器用来将待测元素转化为原子蒸气，一般使用电热原子化器。检测器用来检测光信号，并转换为电信号，常用的检测器是光电倍增管。显示和记录装置用计算机控制进行。

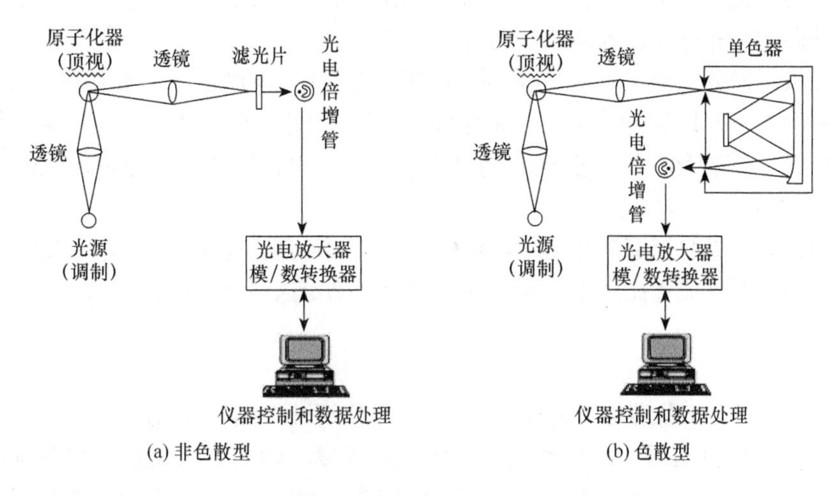

图 4-7　原子荧光分光光度计结构示意图

现代原子荧光光谱仪都配备了氢化物(冷原子)发生器，一般使用硼氢化钾(钠)-酸还原体系。

原子荧光光谱法具有设备简单、灵敏度高、光谱干扰少、工作曲线线性范围宽(在低浓度时谱线范围宽达 3　5 个数量级)等优点。原子荧光光谱法的定量分析主要采用标准曲线法，也可以采用标准加入法。由于原子荧光是向空间各个方向发射，因此比较容易设计多元素同时分析的多通道原子荧光分光光度计，在地质、冶金、石油、生物医学、地球化学、材料和环境科学等领域得到了广泛的应用。

实验 4-1　原子吸收光谱分析最佳实验条件的选择及水样中铜浓度的测定

【实验目的】

(1) 了解原子吸收光谱仪的结构、各组件的作用及操作方法。

(2) 初步掌握原子吸收光谱分析的基础实验技术。

(3) 掌握原子吸收光谱分析中影响测量结果的因素及其最佳条件的选择方法。

(4) 初步掌握使用工作曲线法测定微量元素的实验方法。

【实验原理】

原子吸收光谱法是基于气态和基态原子核外层电子对从光源发出的待测元素的共振发射线的吸收进行元素定量分析的方法。

原子吸收光谱仪采用空心阴极灯作为锐线光源。在光源发射线半宽度小于吸收线半宽度(锐线光源)的条件下，光源发射线通过一定厚度的原子蒸气，并被基态原子所吸收，吸光度与原子蒸气中待测元素的基态原子数成正比关系，而待测元素的基态原子数又与待测溶液的浓度成正比，遵循朗伯-比尔定律：

$$A=\lg(I_0/I)=Kc$$

式中，A 为吸光度，定义为入射光强度 I_0 与出射光强度 I 的比值的对数；K 在仪器条件、原子化条件和测定元素波长等恒定时为常数。此式为原子吸收光谱法定量分析的理论依据。

干扰有物理干扰、化学干扰、电离干扰、光谱干扰、背景干扰。原子吸收光谱法的定量分析方法有标准曲线法和标准加入曲线法两种。

在原子吸收光谱分析测定时，仪器工作条件不仅直接影响测定的灵敏度和精密度，而且也影响对干扰的消除，尤其是谱线重叠干扰的消除。原子吸收光谱分析中主要实验条件包括吸收线波长、灯电流、燃烧器高度、燃气和助燃气流量比、单色器的光谱通带、火焰类型和载气流速。

本实验通过原子吸收光谱法测定水溶液中铜浓度的最佳实验条件的选择，如灯电流、燃烧器高度，燃气和助燃气流量比和单色器的光谱通带，确定这些条件的最佳值。

1. 吸收线

首先选择最灵敏的共振吸收线作为分析线，当共振吸收线存在光谱干扰或分析较高含量的元素时，可选用其他分析线如次灵敏线，以降低灵敏度。例如，铜元素的共振吸收线波长为324.8 nm，而次灵敏线波长为327.4 nm，铜元素相同浓度的溶液分别在上述波长下测量，它们的吸收值相差约50%。选择不同的分析线有不同的检出限、灵敏度和线性范围。通过选用铜的最灵敏共振吸收线和次灵敏线进行分析测量，得知对分析结果的影响是很小的。

2. 灯电流

空心阴极灯的工作电流直接影响光源发射的光强度。工作电流低时，所发射的谱线轮廓宽度小，且无自吸收，光强稳定，利于气态原子的吸收；但光强度较弱，测量灵敏度偏低；灯电流过高，导致阴极表面溅射增加，引起自吸，谱线轮廓变宽，工作曲线弯曲，灵敏度也降低，分析结果误差较大，还会造成阴极熔化，减少空心阴极灯的寿命。因此，为了保证空心阴极灯稳定的发光强度，必须选择合适的灯电流。

3. 燃烧器高度

燃烧器高度影响测定的灵敏度、稳定性和原子化器中产生干扰的程度。当火焰类型确定后，火焰中不同区域具有不同的温度和不同的氧化性、还原性，因此火焰中不同区域的待测元素基态原子的密度是不同的。通过上下调节燃烧器的位置，选择合适的高度，使光源光束通过火焰中基态原子浓度最大的区域。

4. 燃气和助燃气流量比

火焰的燃烧状态主要取决于燃气和助燃气的种类及其流量比。即使燃气和助燃气的种类相同，其流量比决定了火焰是属于富燃、贫燃或化学计量火焰状态，即决定了火焰的氧化还原性能，进而决定了火焰的温度。贫焰火焰，燃烧充分，温度较高，适合测定不易氧化的元素；富焰火焰，燃烧不充分，温度较贫焰火焰低，噪声较大，适合测定易形成难熔氧化物的元素；化学计量火焰，燃烧较完全，温度较高，火焰稳定，背景低，噪声小，多数元素分析采用这种火焰。由此可见，燃助比不同，火焰温度和氧化还原性质也不同，直接影响原子化效率，因此也影响分析灵敏度和精密度。通常固定助燃气流量，改变燃气流量，测定铜元素一定浓度溶液的吸光度；也可以固定燃气流量，改变助燃气流量。通过观察火焰的颜色，也可确定火焰的性质。

5. 单色器的光谱通带

在原子吸收光谱仪中，单色器的光谱通带(W，nm)是指通过单色器出射狭缝的光谱宽度，等于单色器的倒线色散率(D，nm · mm^{-1})与出射狭缝宽度(S，mm)的乘积，即 $W=D\times S$。因此，对于一定的单色器，出射狭缝宽度决定了它的光谱通带。在原子吸收光谱测量中，狭缝宽度直接影响分析的灵敏度、信噪比和校正曲线的线性，所以单色器的光谱通带是光谱分析中的一个重要参数。过小的光谱通带会使光强度减弱，从而降低信噪比和测量的稳定性；狭缝较宽时，能增加进入检测器的光量，使检测系统不需要太高的增益，从而有效地提高信噪比；但是，狭缝宽度大时通带增大，这时如果在共振线附近有其他非吸收线的发射或背景发射，则由于这些辐射不被火焰中的气态原子吸收，因此吸收值相对减小，校正曲线向浓度轴弯曲，灵敏度下降。所以，必须选择合适的狭缝宽度。对于一般元素，光谱通带通常为 0.2～4.0 nm，这时可将共振线和非共振线相互分开。对谱线复杂的元素，如 Fe、Co、Ni 等，就需要采用小于 0.2 nm 的通带。实际工作中，必须通过实验选择待测元素的最佳光谱通带。

6. 雾化效率的测定

雾化效率可通过单位时间内，试样提取量及废液排出量的体积差进行估算。雾化效率与喷雾器的类型有关，雾化效率高可以提高测定灵敏度。

【仪器、试剂】

1. 仪器及操作条件

AA-6300C 型原子吸收分光光度计；铜空心阴极灯；乙炔气体钢瓶(工作时压力表调到 0.09 MPa)；空气压缩机(工作时调节输出压力 0.35 MPa)；高温电热板。

烧杯(50 mL、250 mL)；容量瓶(50 mL、100 mL、1000 mL)；量筒(10 mL)；吸量管(1 mL、2 mL、5 mL、10 mL)。

AA-6300C 型原子吸收分光光度计的仪器操作条件见表 4-1。

表 4-1　AA-6300C 型原子吸收分光光度计的仪器操作条件

元素	波长/nm	灯电流值/mA	光谱带宽/nm	气体类型	燃气流量/(L · min^{-1})	助燃气流量/(L · min^{-1})	燃烧器高度/mm
Cu	324.8	7	0.7	乙炔-空气	1.8	15	7

2. 试剂

铜粉(光谱纯)；硝酸(优级纯)；盐酸(优级纯)；H_2O_2(优级纯)。

3. 标准溶液的配制

(1) Cu 标准储备液(1000 μg · mL^{-1})：准确称取 1.0000 g 铜粉于 250 mL 烧杯中，加 3～5 mL

浓盐酸，缓慢滴加 H_2O_2 溶液，使其全部溶解。于小火上加热除去多余的 H_2O_2。冷却后转移到 1000 mL 容量瓶中，用去离子水稀释至刻度，摇匀。

(2) Cu 标准溶液(100 μg · mL^{-1})：准确吸取 10.00 mL 上述 Cu 标准储备液于 100 mL 容量瓶中，用去离子水稀释至刻度，摇匀备用。

【实验步骤】

1. 实验标准溶液的配制

Cu 实验标准溶液(1.00 μg · mL^{-1})：准确吸取 1.00 mL Cu 标准溶液(100 μg · mL^{-1})，置于 100 mL 容量瓶中，用去离子水稀释至刻度，摇匀备用。

2. 最佳仪器分析条件选择

1) 测量吸收谱线的选择

每种元素的基态原子都有若干条特征吸收线，通常选择其中最灵敏的线，即共振吸收线为特征分析吸收线。铜元素的两条主要分析吸收线为 324.8 nm、327.4 nm，一般选择灵敏度高的 324.8 nm 线为分析线。

2) 空心阴极灯灯电流的选择

按表 4-2 改变灯电流，按表 4-1 预置仪器工作条件固定其他条件，测量溶液的吸光度。根据所测吸光度对灯电流作图，选择最大吸光度且较平坦部分所对应的灯电流区间，靠近下限值位置的灯电流值，灯电流小些为好。

表 4-2　空心阴极灯灯电流的选择

灯电流/mA	4.0	5.0	6.0	7.0	8.0	9.0	10.0
吸光度(A)							

3) 燃烧器高度的选择

按表 4-3 改变燃烧器高度，按表 4-1 预置仪器工作条件固定其他条件，测量溶液的吸光度。根据所测吸光度对燃烧器高度作图，选择最大吸光度且较平坦部分所对应的燃烧器高度区间，结合实际确定燃烧器高度。

表 4-3　燃烧器高度的选择

燃烧器高度/mm	3.0	4.0	5.0	6.0	7.0	8.0	9.0
吸光度(A)							

4) 燃气和助燃气流量的选择

燃气和助燃气流量的选择就是固定助燃气流量后，选择助燃比，本实验选择乙炔-空气。按表 4-4 改变燃气流量，按表 4-1 预置仪器工作条件固定其他条件，测量溶液的吸光度。根据所测吸光度对乙炔流量作图，选择最大吸光度且较平坦部分所对应的乙炔流量区间，靠近下限值位置的对应点。

表 4-4　乙炔流量的选择

乙炔流量/(L · min^{-1})	1.0	1.2	1.4	1.6	1.8	2.0	2.2	2.4
吸光度(A)								

5) 单色器光谱通带的选择

改变单色器光谱通带可以通过改变仪器的出射狭缝宽度来实现，因为每台仪器的单色器的倒线色散率是一定的。按表 4-5 改变狭缝宽度，按表 4-1 预置仪器工作条件固定其他条件，测量溶液的吸光度。根据所测吸光度对狭缝宽度作图，选择最大吸光度且较平坦部分所对应的狭缝宽度区间，同时还要考虑待测元素的因素。若待测元素光谱比较复杂(如铁副族、稀土元素)或有连续背景，则选取窄狭缝；若待测元素谱线简单，共振线附近没有干扰线(如碱金属和碱土金属)，则选取宽狭缝。

表 4-5　狭缝宽度的选择

狭缝宽度/mm	0.2	0.7	1.0	2.0
吸光度(A)				

6) 雾化效率的测定

用吸量管吸取 10.00 mL 去离子水移到干净、干燥的 20 mL 小烧杯中，喷雾测量的同时开始记录时间，将 10 mL 去离子水喷尽，排废液管下方用 10 mL 量筒盛接(再将此去离子水用 10.00 mL 吸量管吸尽，测量准确体积)。测量单位时间溶液的提升量(mL · min^{-1})，并通过单位时间内溶液的提升量与废液排出量之差测定单位时间雾化体积(mL · min^{-1})，单位时间雾化体积与单位时间溶液提升量的比值即为仪器雾化器的雾化效率。

7) 铜系列浓度标准溶液的配制

使用 1000 μg · mL^{-1} 的铜标准储备液及 100 μg · mL^{-1} 的铜标准溶液，配制铜系列浓度标准溶液于 250 mL 容量瓶中，浓度分别为 0.00 μg · mL^{-1}、0.50 μg · mL^{-1}、1.00 μg · mL^{-1}、2.00 μg · mL^{-1}、3.00 μg · mL^{-1}、5.00 μg · mL^{-1}，用去离子水稀释至刻度，摇匀备用。

8) 绘制工作曲线

使用原子吸收光谱仪，分析波长 324.8 nm，在所选择的最佳条件下，以空白溶液为零点，系列浓度标准溶液按由低浓度到高浓度的顺序，依次测定其吸光度。以吸光度对浓度作图，即得到工作曲线。

9) 水样中铜的测定

对于给定的未知水样，同标准溶液的测定条件测定其吸光度，通过工作曲线可计算出未知水样中铜元素的浓度，单位μg · mL^{-1}。

【注意事项】

(1) 乙炔钢瓶阀门旋开不要超过 1.5 圈，否则丙酮易逸出。

(2) 实验时，一定要打开通风设备，将原子化后产生的金属蒸气排出室外。

(3) 排废液管检查水封，防止回火。

(4) 点火前，先打开空气压缩机，压力输出稳定至需要值，再打开乙炔钢瓶，并调节减压阀使乙炔输出压力符合规定压力值；实验结束后，先关闭乙炔钢瓶总阀门，使气路中的乙炔燃烧尽。

(5) 实验结束后，用去离子水喷几分钟，清洗原子化系统。

【数据记录与结果处理】

(1) 根据最佳仪器分析条件选择实验数据结果，分别绘制吸光度对空心阴极灯灯电流、燃烧器高度、乙炔流量、狭缝宽度的关系曲线，根据曲线图确定各个最佳条件。确定条件一般原则是在保证灵敏度高、稳定性好的前提下，尽可能选取各个条件的中间偏下值。狭缝宽度的选择则是在待测元素谱线简单，没有干扰谱线的情况下，尽可能选择大的狭缝宽度，以提高仪器的信噪比，降低检出限；否则相反。计算仪器喷雾系统的单位时间提升量以及雾化效率。

(2) 根据测得的吸光度值，在坐标纸上或使用 Excel、Origin 软件绘制吸光度工作曲线，可计算出未知水样中铜元素的浓度值。

【思考题】

(1) 在原子吸收光谱分析中，影响分析结果的因素有哪些?

(2) 简述如何选择原子吸收光谱仪的最佳实验条件。

(3) 在原子吸收分光光度计中，为什么单色器位于火焰之后，而紫外-可见分光光度计的单色器位于试样之前?

实验 4-2 原子吸收光谱法测定人发中的铜、锌、钙含量

【实验目的】

(1) 掌握原子吸收光谱法测定发样的分析方法。

(2) 了解和掌握人体发样的采集及样品消化方法。

(3) 学会工作曲线定量分析方法。

【实验原理】

人体是由 60 多种元素组成的。根据元素在人体内的含量不同，可分为宏量元素和微量元素两大类。凡是占人体总体重的 0.01%以上的元素，如碳、氢、氧、氮、钙、磷、镁、钠等，称为宏量元素；凡是占人体总体重的 0.01%以下的元素，如铁、锌、铜、锰、铬、硒、钼、钴、氟等，称为微量元素。微量元素在人体内的含量微乎其微，如锌只占人体总体重的百万分之三十三，铁也只有百万分之六十。微量元素虽然在人体内的含量不多，但与人的生存和健康息息相关。它们摄入过量、不足或缺乏都会不同程度地引起人体生理的异常或使人生病。微量元素最突出的作用是与生命活力密切相关，较少的量就能发挥巨大的生理作用。根据科学研究，到目前为止，已被确认与人体健康和生命有关的必需微量元素有 18 种，即铁、铜、锌、钴、锰、铬、硒、碘、镍、氟、钼、钒、锡、硅、锶、硼、铷、砷。每种微量元素都有其特殊的生理功能。尽管它们在人体内含量极少，但它们对维持人体中的一些决定性的新陈代谢却是十分必要的。一旦缺少了这些必需的微量元素，人体就会出现疾病，甚至危及生命。例如，缺锌可引起口、眼、肛门或外阴部发红、丘疹、湿疹。又如，铁是构成血红蛋白的主要成分之一，缺铁可引起缺铁性贫血。国外曾有报道，机体内含铁、铜、锌总量减少，均可减弱免疫机制(抵抗疾

病力量)，降低抗病能力，助长细菌感染，而且感染后的死亡率也较高。微量元素在抗病、防癌、延年益寿等方面都还起着不可忽视的作用。

生化样品中微量元素的处理可以采用干灰化法，灰化温度一般控制在 500～550℃。温度过高，容易造成部分金属元素的灰化损失，从而导致结果偏低。也可以采用酸溶法(硝酸-高氯酸消化法、硝酸-过氧化氢消化法)和王水消化法(处理测砷试样)。消化处理后的样品试液可以使用仪器分析测试。

【仪器、试剂】

1. 仪器及操作条件

AA-6300C 型原子吸收分光光度计；铜、锌、钙空心阴极灯；乙炔气体钢瓶；空气压缩机；高温电热板。

烧杯(50 mL、250 mL)；容量瓶(50 mL、100 mL、1000 mL)；吸量管(1 mL、2 mL、5 mL、10 mL)；比色管(10 mL、25 mL)；锥形瓶(50 mL)；瓷坩埚。

AA-6300C 型原子吸收分光光度计测定铜、锌、钙的仪器操作条件见表 4-6。

表 4-6　AA-6300C 型原子吸收分光光度计测定铜、锌、钙的仪器操作条件

元素	波长/nm	灯电流值/mA	光谱带宽/nm	气体类型	燃气流量/(L · min^{-1})	助燃气流量/(L · min^{-1})	燃烧器高度/mm
Cu	324.8	7	0.7	乙炔-空气	1.8	15	7
Zn	213.9	8	0.7	乙炔-空气	2.0	15	7
Ca	422.7	10	0.7	乙炔-空气	2.0	15	7

2. 试剂

铜粉(光谱纯)；盐酸(优级纯)；H_2O_2(优级纯)；锌粉(光谱纯)；碳酸钙(优级纯)；头发样品；中性洗发剂；高氯酸(优级纯)；硝酸(优级纯)。

3. 标准溶液的配制

(1) Cu 标准储备液(1000 μg · mL^{-1})：准确称取 1.0000 g 铜粉于 250 mL 烧杯中，加 3～5 mL 浓盐酸，缓慢滴加 H_2O_2 溶液，使其全部溶解。于小火上加热除去多余的 H_2O_2。冷却后转移到 1000 mL 容量瓶中，用去离子水稀释至刻度，摇匀。

(2) Cu 标准溶液(100 μg · mL^{-1})：准确吸取 10.00 mL 上述 Cu 标准储备液于 100 mL 容量瓶中，用去离子水稀释至刻度，摇匀备用。

(3) Zn 标准储备液(1000 μg · mL^{-1})：准确称取 1.0000 g 锌粉于 250 mL 烧杯中，加入 30～40 mL 1+1 盐酸，使其溶解完全后，加热煮沸几分钟，冷却后移入 1000 mL 容量瓶中。用去离子水稀释至刻度，摇匀。

(4) Zn 标准溶液(100 μg · mL^{-1})：准确吸取 10.00 mL 上述 Zn 标准储备液于 100 mL 容量瓶中，用去离子水稀释至刻度，摇匀备用。

(5) Ca 标准储备液(1000 μg · mL^{-1})：准确称取 2.4971 g 预先在 110～120℃干燥至恒量的碳酸钙于 250 mL 烧杯中，加入 20 mL 水，然后滴加 1+1 盐酸至完全溶解，再加入 10 mL 盐酸。煮沸除去二氧化碳，取下冷却，移入 1000 mL 容量瓶中，用去离子水稀释至刻度，摇匀。

(6) Ca 标准溶液(100 μg · mL^{-1})：准确吸取 10.00 mL 上述 Ca 标准储备液于 100 mL 容量瓶中，用去离子水稀释至刻度，摇匀备用。

【实验步骤】

1. 系列浓度标准溶液的配制

分别用 Cu、Zn、Ca 的标准溶液配制系列浓度标准溶液(表 4-7)。

表 4-7　Cu、Zn、Ca 系列浓度标准溶液

元素	浓度/(μg · mL^{-1})					
Cu	0.00	0.40	0.80	1.20	1.60	2.00
Zn	0.00	0.40	0.80	1.20	1.60	2.00
Ca	0.00	2.00	4.00	8.00	16.00	24.00

将上述标准溶液分别置于 50 mL 容量瓶(或比色管)中。Cu、Zn、Ca 标准溶液分别加入 1 mL 盐酸，用去离子水稀释至刻度；Ca 标准溶液加入 2 mL 5%氯化镧溶液。

2. 头发样品处理

采集枕部、根部 2 cm 处的新鲜发样若干，发样直接用 0.1%中性洗发剂洗涤，用去离子水清洗多次后，将样品放入干燥箱于 80℃左右烘干。

方法一：称取 0.4000 g 干燥的样品于 50 mL 锥形瓶中，加入高氯酸和硝酸(体积比 1∶5)混合液 10 mL，盖上小盖，置于电热板上逐渐升温消化，待样品溶液变澄清无色后，将剩余的混酸蒸干，取下，冷却。将溶液转移至 25 mL 比色管中，用去离子水定容，摇匀待测。同时制备空白溶液一份。

方法二：取头发样品(0.2000～0.4000 g 干净发样)放在瓷坩埚中，置于高温炉内，由低温升至 550℃灰化，恒温 20 min，待样品呈灰白色时，取出冷却，加入 0.5 mL 盐酸，将溶液转移至 25 mL 比色管中，用去离子水定容，摇匀待测。

【注意事项】

(1) 同实验 4-1。

(2) 发样最好在新鲜的枕部、根部区域采集。

【数据记录与结果处理】

(1) 火焰原子吸收光谱法测定 Cu、Zn、Ca。按照各元素的测量条件设置仪器参数，依次测定各元素的系列浓度标准溶液，计算机自动绘出各元素的标准曲线，再测定样品溶液，由计算机自动给出测定结果。也可使用坐标纸或 Excel、Origin 软件绘出各元素的工作曲线，求出元素的浓度，根据称样量和稀释倍数计算出各元素的结果含量。由下式计算试样中待测元素的含量，写出实验报告。

$$w=cV/m$$

式中，c 为测定的浓度；V 为试样体积；m 为称取的试样质量。

(2) 人体头发中元素含量的标准值(参考结果)。

Cu：10.1～11.85 μg · mL^{-1}；Zn：110.0～131.2 μg · mL^{-1}；Ca：600～1500 μg · mL^{-1}。

【思考题】

(1) 用酸溶法和干灰化法处理样品时，有哪些注意事项？

(2) Cu、Zn、Ca 元素含量的高低对人体健康的医学意义是什么？

实验 4-3　石墨炉原子吸收光谱法测定水样中的镉含量

【实验目的】

(1) 初步了解石墨炉原子吸收光谱仪的结构、性能及使用方法。

(2) 通过水样中镉的测定，掌握石墨炉原子吸收光谱法在实际样品中的应用。

【实验原理】

镉具有毒性，摄入过量的镉会引起多种疾病，影响人体健康。水样中镉含量较低，一般只有 ng · mL^{-1} 级，需使用高灵敏度方法进行测定。石墨炉原子吸收光谱法是最灵敏的方法之一，绝对灵敏度可高达 10^{-14}～10^{-10} g，相对灵敏度达 ng · mL^{-1}，可以满足水样中镉的测定要求。

实际分析中，样品的原子化程序一般包括四个阶段。

干燥阶段：目的是在低温下蒸发试样中的溶剂。干燥温度取决于溶剂及样品中液态组分的沸点，一般选取的温度应略高于溶剂的沸点。干燥时间取决于样品体积和其基体组成，一般为 10～40 s。

灰化阶段：目的是破坏样品中的有机物质，尽可能除去基体成分。灰化温度取决于样品的基体和待测元素的性质，最高灰化温度以不使待测元素挥发为准则，一般可通过灰化曲线求得。灰化时间视样品的基体成分确定，一般为 10～40 s。

原子化阶段：样品中的待测元素在此阶段被解离成气态的基态原子。原子化温度可通过原子化曲线或查手册确定。原子化时间以原子化完全为准，应尽可能选短些。在原子化阶段，一般采用停气技术，以提高测定灵敏度。

除残阶段：使用更高的温度以完全除去石墨管中的残留样品，消除记忆效应。

【仪器、试剂】

1. 仪器及操作条件

AA-6300C 型石墨炉原子吸收分光光度计；镉空心阴极灯；高密度石墨管；氩气气体钢瓶；循环冷却水；电子天平。

容量瓶(50 mL)；移液器(100～1000 μL、10～100 μL)；吸量管(1 mL、2 mL、10 mL)。

AA-6300C 型石墨炉原子吸收分光光度计测定镉元素的仪器操作条件见表 4-8。

表 4-8 AA-6300C 型石墨炉原子吸收分光光度计测定镉元素的仪器操作条件

元素	波长/nm	灯电流值/mA	光谱带宽/nm	消除背景	信号处理	进样方式	进样体积/μL
Cd	228.8	8	0.7	BGC-D2	峰高	ASC 自动进样器	20

2. 试剂

金属镉粉(光谱纯)；氯化镉(优级纯)；硝酸(优级纯)；未知浓度水样。

3. 石墨炉测镉元素程序

在石墨炉测定中，如果改变石墨炉程序的设置可改变灵敏度或降低背景的影响。本实验采用表 4-9 中的程序对镉元素进行测定。

表 4-9 AA-6300C 型石墨炉原子吸收分光光度计测定镉元素的石墨炉程序

阶段#	温度/℃	时间/s	加热方式	灵敏度	气体类型	流量/($L \cdot min^{-1}$)
1	150	20	斜坡	□	#1	0.1
2	250	10	斜坡	□	#1	0.1
3	500	10	斜坡	□	#1	1.0
4	500	10	阶梯	□	#1	1.0
5	500	3	阶梯	√	#1	0.0
6	2200	2	阶梯	√	#1	0.0
7	2400	2	阶梯	□	#1	1.0

说明如下：

(1) 采样阶段号 6。

(2) 在本程序中，样品中的水在“干燥”阶段 #1 蒸发；共存的有机物质在 #2～#5 的“灰化”阶段挥发，目标元素在阶段 #6“原子化”；阶段 #7 是“清洁”阶段，消除石墨管内的残渣。

(3) 在“灰化”阶段中，根据共存的物质改变“温度”和“时间”(例如，若含有大量的有机化合物，则设置较高的温度和较长的时间)。

(4) 在“干燥”阶段以及“灰化”阶段的开始，把“加热方式”设置为“斜坡”(温度逐渐增加)；在余下的“灰化”和“原子化”阶段，“加热方式”设置为“阶梯”(直接加热到设置温度)。

(5) 在“原子化”阶段和其前一阶段中，“灵敏度”列处作了复选标记，执行高灵敏度测定。同时，内部气体流量固定在 0($L \cdot min^{-1}$)。

(6) “采样阶段号”表示数据采集阶段，通常选择原子化阶段。

(7) “气体类型”在一般的测定中多数设置为#1。

4. 标准溶液的配制

(1) 镉标准储备液(1000 $\mu g \cdot mL^{-1}$)：称取 1.0000 g 金属镉于 250 mL 烧杯中，加入 20 mL 硝

酸溶解完全后，冷却，移入 1000 mL 容量瓶中，用去离子水稀释至刻度，摇匀。

(2) 氯化镉标准储备液(1000 μg · mL^{-1})：称取 2.0311 g 氯化镉于 250 mL 烧杯中，用少量去离子水溶解，移入 1000 mL 容量瓶中，用去离子水稀释至刻度，摇匀。

(3) 镉标准溶液 A(10 μg · mL^{-1})：吸取 1.00 mL Cd 标准储备液于 100 mL 容量瓶中，加入 1 mL 优级纯硝酸，用去离子水稀释至刻度，摇匀。

(4) 镉标准溶液 B(0.1 μg · mL^{-1})：吸取 1.00 mL 镉标准溶液 A 于 100 mL 容量瓶中，加入 1 mL 优级纯硝酸，用去离子水稀释至刻度，摇匀。

【实验步骤】

1. 系列浓度标准溶液的配制

取 6 个 100 mL 容量瓶，依次用吸量管吸取 1.00 mL、2.00 mL、4.00 mL、6.00 mL、8.00 mL、10.00 mL 0.1 μg · mL^{-1} 镉标准溶液，并加入 1 mL 优级纯硝酸，用去离子水稀释至刻度，摇匀备用。

2. 水样品的制备

取一个 100 mL 容量瓶，加入 4.00 mL 0.1 μg · mL^{-1} 镉标准溶液、1 mL 优级纯硝酸，用去离子水稀释至刻度，摇匀待测。

3. 上机测定

参照“AA-6300C 型石墨炉原子吸收分光光度计操作说明”，调试好仪器，用自动进样器或微量进样器按浓度由低到高的顺序依次向石墨管中注入 20 μL 镉系列浓度标准溶液及待测样品，记录测量的吸光度值。

【注意事项】

(1) 石墨炉用于分析 ng · mL^{-1} 级的样品，因此不能盲目进样，浓度太高会造成石墨管被污染，可能多次高温清烧也烧不干净，导致石墨管报废。

(2) 测量前一般先空烧石墨管清洁，然后先测标准工作溶液系列后测样品。

(3) 实验时，一定要打开通风设备，将原子化后产生的金属蒸气排出室外。

(4) 检查冷却水和氩气是否打开，注意流量调节。

【数据记录与结果处理】

根据测得的系列浓度标准溶液的吸光值，仪器自动绘出镉的标准工作曲线，并计算出未知水样镉元素的浓度。也可使用坐标纸或 Excel、Origin 软件绘出镉元素的工作曲线，求出未知水样中镉元素的浓度。

【思考题】

(1) 石墨炉原子吸收光谱法为什么灵敏度较高？

(2) 简述石墨炉原子吸收光谱法的特点及适用范围。

(3) 石墨炉原子吸收光谱法测量时通氩气的作用是什么？

实验 4-4　氢化物发生原子荧光法测定水样中痕量砷

【实验目的】

(1) 通过本实验了解原子荧光光谱仪的基本结构和使用技术。

(2) 掌握原子荧光光谱法的基本原理及定量测定水样中痕量物质的方法。

【实验原理】

元素 As(Sb、Bi、Se、Te、Sn、Pb、Ge)与 KBH_4 或 $NaBH_4$ 发生反应时，可形成气态氢化物，硼氢化钾(钠)-酸还原体系氢化物形成原理如下：

$$KBH_4 + HCl + 3H_2O \longrightarrow H_3BO_3 + KCl + 8H\cdot$$

$$8H\cdot + E^{m+} \longrightarrow EH_n\uparrow + H_2\uparrow \text{(过剩)}$$

式中，E^{m+}为$+m$ 价的被测元素离子；EH_n 为被测元素的氢化物；H · 为初生态的氢。

生成的氢化物 EH_n(如 AsH_3)常温下为气态，借助载气流导入原子化器中解离成气态砷原子吸收砷空心阴极灯发射的光辐射而被激发，再发射出砷的特征荧光。测量波长为 193.7 nm 的荧光强度，即可进行试样中 As 含量的测定。

试样经酸溶后，用还原剂将其中的 As^{5+}还原为 As^{3+}，再与硼氢化钾作用生成相应的金属氢化物和氢气，由氩气导入石英炉原子化器后，氢气被点火装置点燃，生成的氩氢火焰使砷的氢化物解离为气态原子。

原子荧光强度与试样浓度以及激发光源的辐射强度等参数存在以下函数关系：

$$I_f = \Phi I_0 KNL$$

式中，Φ 为原子荧光量子效率；I_0 为光源辐射强度，K 为峰值吸收系数；N 为原子化器单位长度内基态原子数；L 为吸收光程长度。当仪器条件和测定条件固定时，原子荧光强度与能吸收辐射线的原子密度成正比。当原子化效率恒定时，原子荧光强度便与待测样品中某元素的浓度 c 成正比：

$$I_f = ac$$

上式的线性关系只有在低浓度时成立，当浓度变大时，原子荧光强度与浓度的关系为曲线关系。

【仪器、试剂】

1. 仪器

AFS-8650 型原子荧光光度计；高强度 As 元素空心阴极灯；电子天平。

2. 试剂

氢氧化钠(优级纯)；硼氢化钾(优级纯)；三氧化二砷(基准试剂)；盐酸(优级纯)；硫脲(优级纯)；抗坏血酸(优级纯)；水样。

3. 标准溶液的配制

(1) 2% KBH_4溶液：用电子天平称取 2.5 g NaOH 于去离子水中溶解，再加入 10 g KBH_4，用去离子水稀释至 500 mL，混匀。

(2) 砷标准储备液(100 μg · mL^{-1})：称取 0.1320 g 预先在 105～110℃干燥 2 h 的三氧化二砷，置于 250 mL 烧杯中，加入 10 mL 100 g · L^{-1} 氢氧化钠溶解，溶解后，用 1+1 盐酸中和至溶液呈微酸性，用 5%盐酸稀释至 1000 mL，用去离子水稀释至刻度，混匀。

(3) 砷标准溶液(1 μg · mL^{-1})：吸取 1.00 mL 上述 100 μg · mL^{-1} 砷标准储备液于 100 mL 容量瓶中，用 5%盐酸稀释至刻度，摇匀。

【实验步骤】

(1) 配制 As 系列浓度标准溶液：分别在 6 个 100 mL 容量瓶中加入 5 mL 盐酸、10 mL 硫脲和抗坏血酸混合液，然后分别加入 1 μg · mL^{-1} 砷标准溶液 0.00 mL、0.20 mL、0.40 mL、0.80 mL、1.20 mL、2.00 mL，用去离子水稀释至刻度，摇匀。系列浓度标准溶液的浓度：0.00 μg · L^{-1}、2.00 μg · L^{-1}、4.00 μg · L^{-1}、8.00 μg · L^{-1}、12.00 μg · L^{-1}、20.00 μg · L^{-1}。

(2) 配制样品溶液：在 100 mL 容量瓶中加入 20 mL 水样、5 mL 盐酸、10 mL 硫脲和抗坏血酸混合液，用去离子水稀释至刻度，摇匀。

(3) 将上述配制好的系列浓度标准溶液和样品溶液用 AFS-8650 型原子荧光光度计进行测定。

【注意事项】

配制系列浓度标准溶液和样品溶液时，加入盐酸、硫脲和抗坏血酸混合液，用去离子水稀释至刻度后，多摇匀几次，且放置 15 min 后再上机测定，让五价砷充分还原为三价砷。

【数据记录与结果处理】

绘制系列浓度溶液的工作曲线，并计算此方法的检出限和精密度；计算出水样中 As 的含量。

【思考题】

(1) 简述原子荧光光谱法的原理及其特点。

(2) 配制砷标准溶液和 KBH_4 溶液应注意哪些问题？

(3) 为什么在配制系列浓度标准溶液和样品溶液时，都要加入硫脲和抗坏血酸混合液？

附录 4-1　AA-6300C 型原子吸收分光光度计火焰光度法部分操作说明

1. 开机

(1) 打开乙炔钢瓶，逆时针旋转钢瓶开气阀 1～1.5 圈，并使次级压力表为 0.09 MPa 左右。

安全提示(操作人员检查)：乙炔主表不低于 0.5 MPa；燃气出口压力 0.09 MPa(不超过 0.12 MPa)；助燃气出口压力 0.35 MPa(不超过 0.4 MPa)。检查燃烧器不堵塞，重新装燃烧器时，按两次，确定燃烧器到位。确定雾化器金属片已固定。每次开机时，检查气管、废液管是否漏气、漏水。检查废液罐是否有水(必须有水)，废液管不要插到液面以下。

(2) 再开空气压缩机，输出压力 0.35 MPa。

(3) 打开主机电源开关。

2. 测试

(1) 双击 WizAArd，打开软件，连接主机，等待仪器初始化完成。

(2) 选择元素，单击“选择元素对话框”，选择元素、选火焰、选普通灯。

(3) 编辑参数选中元素后，单击“编辑参数”，然后可选各种参数。

a．光学参数，灯模式：发射模式、不扣背景、氘灯扣背景、SR 扣背景，普通情况可以选择不扣背景方式；单击“谱线搜索”，进行谱线搜索及光束平衡，然后点击“关闭”结束。

b．重复测量条件，可改变测定重复次数。

c．测量参数：一般选(SM-M-M-)，Pre-spray-time(预喷雾时间)，Integration time(积分时间，即测量时间)。

d．工作曲线参数，需选定单位。

(4) 编辑设置参数完毕，点击“确定”。点击“下一步”，进行制备参数设定，点击“编辑”。设置标准点个数，输入样品浓度，点击“确定”，设置样品数，完成。

(5) 测量窗口显示实时图、最近四次吸光值图、标准曲线图、测量数据表格。

a．点火：同时按住黑白两个按钮几秒钟，火焰点着。

b．待显示数据稳定后，点击“自动调零”。

c．待显示数据稳定后，用空白溶液，点击“空白”，测空白值。

d．待显示数据稳定后，测样品值。

3. 关机

(1) 实验完毕，用去离子水冲洗进样管 5～10 min。

(2) 在点火情况下关闭乙炔钢瓶，火灭后，按排气键排乙炔气到指针为零。

(3) 关闭空气压缩机，对空气压缩机放气。

(4) 关闭软件，关闭计算机。

(5) 关闭主机。

附录 4-2　AA-6300C 型原子吸收分光光度计石墨炉部分操作说明

1. 开机

(1) 先打开氩气，并使次级压力表为 0.35 MPa 左右。

(2) 打开冷却循环水和石墨炉电源开关。

(3) 打开 ASC 自动进样器及主机电源开关。

2. 测试

(1) 双击 WizAArd，打开软件，连接主机，等待仪器初始化完成。

(2) 选择元素，单击“选择元素对话框”，选择元素、选石墨炉、选普通灯。

(3) 编辑参数选中元素后，单击“编辑参数”，然后可选各种参数。

a. 光学参数，灯模式：发射模式、不扣背景、氘灯扣背景、SR 扣背景。

b. 普通选氘灯点灯模式、进行灯位设置，或者在关机情况下进行灯位设置。

c. 单击“谱线搜索”，进行谱线搜索及光束平衡，然后点击“关闭”结束。

(4) 编辑设置参数完毕，点击“确定”。点击“下一步”，进行制备参数设定，点击“编辑”。设置标准点个数，输入标准样品浓度，点击“确定”，设置样品数和样品瓶号位置，完成。

(5) 测量窗口显示实时图、最近四次吸光值图、标准曲线图、测量数据表格。

(6) 打开石墨炉的空气开关，点击“开始”，进行设定的石墨炉程序测定。

3. 关机

(1) 关闭软件。

(2) 关闭石墨炉空气开关和电源开关。

(3) 关闭循环水电源开关。

(4) 关闭主机及 ASC 自动进样器开关。

(5) 关闭氩气钢瓶开关。

附录 4-3　AFS-8650 型原子荧光光度计操作说明

1. 开机前准备

(1) 实验室温度应保持在 15～30℃，湿度应保持在 45%～70%。

(2) 待测样品必须是透明、澄清的溶液。

(3) 开启载气(氩气)钢瓶减压阀，使次级阀(0～2.5 MPa)压力小于 0.3 MPa，范围为 0.25～0.28 MPa。

(4) 开启排风机开关，使室内通风；打开原子化器室前门，检查去水装置中水封。水封不足合上蠕动泵压块，用滴管加入去离子水。检查蠕动泵管道干燥程度，干则加润滑油。

2. 开机操作

(1) 打开计算机电源开关，进入 Windows 7/8/10/XP 操作系统的桌面。

(2) 打开主机和断续流动系统的电源开关。

(3) 左键单击“开始”菜单，再单击“程序”，然后单击“AFS 系列原子荧光光度计软件”，或者双击桌面的快捷方式进入软件登录界面。

3. 设置仪器型号

点击登录页面右上角设置图标，打开仪器型号设置窗口，在该窗口中设置仪器类型、仪器型号、进样器类型、进样器位数及仪器编号，设置完成后点击“确定”按钮进行保存。

4. 联机

(1) 输入用户名和密码进行登录。联机通信正常后，软件自动进入联机成功画面。

(2) 联机不正常时，软件会弹出联机失败对话框。

如果用户选择“Cancel”按钮，软件进入脱机画面，测量和仪器条件设置等功能都不能使用，但可以对数据文件进行分析和打印。

(3) 新建测试文件。

在“开始”标签中选择“新建”项。输入文件名，单击“确定”按钮，即可生成一个新文件，新文件的名字将显示在“开始”标签中右侧的位置。

(4) 文件另存。

在“开始”标签中选择“另存为”选项，弹出一个“文件另存为”窗口，输入文件名，单击“确定”按钮，即可将原文件另存。另存文件的文件名将显示在“开始”标签中右侧的位置。

(5) 开气/关气。

在“开始”标签中选择“开气/关气”按钮，可以进行开、关气操作，文字和图标会根据当前状态发生变化，并根据所进行操作浮现相应注释。

注：文字和图标都显示当前仪器状态。当前仪器是开气，即显示“开气”；当前仪器是关气，即显示“关气”。

(6) 点火/熄火。

在“开始”标签中选择“点火/熄火”按钮，可以进行点火、熄火操作，文字和图标会根据当前状态发生变化，并根据所进行操作浮现相应注释。

注：文字和图标都显示当前仪器状态。当前仪器是点火，即显示“点火”；当前仪器是熄火，即显示“熄火”。

(7) 预热。

在“开始”标签中选择“预热”按钮。在“预热时间”文本框中输入预热时间，点击“开始”按钮，开始进行预热。预热过程中，“开始”按钮不可用，已预热时间、各通道和图像会进行实时变化，直到到达所设定时间，自动结束。中途如果想要结束预热，可以点击“结束”按钮进行结束操作。

(8) 清洗。

选择“开始”标签中的“清洗”按钮，在“清洗次数”文本框中输入次数，点击“清洗”按钮，开始进行清洗。清洗过程中，表格中会动态显示各项内容，直到完成清洗次数。中途如果想要停止清洗，只需点击“停止”按钮即可。

5. 进样器选择

在“仪器”标签中选择“进样器选择”项，在弹出的窗口中选择进样器类型和位数，点击“确定”按钮完成操作。

如果选择方盘 129 位自动进样器，样品盘位置数是 130 个，0 位是放置载流槽的位置，1～129 位是放置标准空白溶液、标准系列、样品空白、未知样品溶液等的位置，一般放置粗管的位置是为标准空白溶液、精密度测量溶液和自动配标溶液准备的；标准曲线系列溶液的位置根据方法编辑中对应的位置摆放，未知样品溶液的位置与样品信息中的位置一一对应。

如果选择 180 位圆盘自动进样器，样品盘上有两个粗管位 blank1 和 blank2，当进行标准空白、精密度测量和自动配标测量时可以选择这两个位置，其他选择 1～180 位进行测量。

如果选择 129 位圆盘自动进样器，样品盘粗管位置在样品盘中央，126～129 位用来放置标准空白、精密度测量和自动配标测量等溶液；其他 1～125 位是标准曲线系列和各样品管放置位置。

6. 视图

1) 测量谱图设置

选择“视图”标签中的“测量谱图设置”按钮，在窗口中选择谱图显示方式，点击“确定”按钮，进行修改，默认为读数完显示模式。

2) 显示菜单

默认情况下，左侧“菜单”栏是锁定状态，当它自动隐藏时，选择“视图”标签中的“显示菜单”按钮，即可显示并成为锁定状态。

3) 谱图叠加

选择“视图”标签中的“谱图叠加”按钮，在窗口的表格中选中想要显示谱图的数据，在读数监视图中便会显示选中数据的谱图。如果希望所选择的数据谱图以叠加形式显示出来，可以勾选“叠加显示”。

4) 显示标准曲线

选择“视图”标签中的“显示标准曲线”按钮，弹出主菜单右侧的浮动窗口。

7. 测量

1) 方法设定

主界面默认打开“方法设定”标签。

(1) 进行通道及元素的设置。选择好通道之后，在相应的通道后面“元素”下拉框中选择合适的元素，也可通过重测元素选择当前元素灯。

(2) 进行测量方式的选择。测量方式分为“标准曲线法”、“标准加入法”和“性能测试”。

(3) 进行进样方式的选择。进样方式分为“自动”和“手动”，软件会根据自动或手动方式的选择给出进样系统的相关参数。

(4) 进行方法编辑。

注：AFS 系列原子荧光光度计软件对于未知样品的测量有两种常用的方法：标准曲线法(Standard Curve)和标准加入法(Standard add)。这两种方法原理和操作都不同，但都可以测量出样品最终结果，达到用户的要求。

2) 样品信息

选择菜单栏中的“样品信息”标签。在表格中输入各样品信息，点击尾行自动进行新增操作，也可以点击右键进行复制、粘贴和删除操作，还可以点击右键对选中数据进行位置编排。如果要插入样品，可在样品信息尾行进行新增操作，然后在分析测试界面用左键将样品拖动到指定位置，实现样品的插入。

3) 分析测试(样品分析)

若进行样品分析(标准曲线法测量样品或标准加入法测量样品)，选择菜单栏中的“分析测试”标签。点击表格中的数据，在重复测量数据统计中显示该数据的相应信息。

4) 分析测试(性能测试)

若测试为性能测试，选择菜单栏中的“分析测试”标签，则打开性能分析测试页面。

8. 分析报表

选择菜单栏中的“分析报表”标签，分别设置“报告信息”、“报告设置”和“选择打印的样品信息”。点击“保存并应用”按钮，进行保存并应用操作，点击“预览打印”按钮，若该测试文件为样品分析文件，则弹出报表窗口，包括仪器参数报告、标准曲线报告、样品结果报告和综合报告；若该测试文件为性能测试文件，则弹出报表窗口，包括仪器参数报告、标准曲线报告、检出限报告、精密度报告和测试报告。这些报告都可以进行打印操作。

9. 关机

测量结束后，倒出载流槽中剩余载流，将采样针和还原剂管放入去离子水中，执行软件的清洗功能。清洗干净后，将管路从水中拿出，继续执行清洗功能，排空管路中的液体。

执行软件的熄火功能，退出操作软件，关闭主机电源、自动进样器电源、计算机电源，关闭气体钢瓶。

附录 4-4　原子吸收光谱分析元素的分析线

元素	波长/nm	带宽/nm	最佳测量范围/(μg · mL^{-1})	相对强度
Ag	328.1	0.4	0.02～10	100
	338.3	0.4	0.06～20	90
Al	309.3	0.4	0.3～250	80
	396.2	0.4	0.5～250	100
	237.3	0.4	2～800	3
	257.4	0.4	5～1 600	5
	256.8	0.4	8～2 600	3
As	193.7	0.4	3～150	50
	197.2	1.0	6～300	100
Au	242.8	0.4	0.1～30	60
	267.6	0.4	0.2～60	100
B	249.7	0.2	5～2 000	100
	208.9	0.2	15～4 000	40
Ba	553.6	0.4	0.2～50	100
	350.1	0.4	120～24 000	20
Be	234.9	0.4	0.01～4	100
Bi	223.1	0.2	0.5～50	15
	227.7	0.4	20～1 200	30
	306.8	0.4	2～160	100
Ca	422.7	0.4	0.01～3	100
	239.9	0.2	2～800	10
Cd	228.8	0.4	0.02～3	40
	326.1	0.4	20～1 000	100

续表

元素	波长/nm	带宽/nm	最佳测量范围/(μg · mL^{-1})	相对强度
Ce	520.0	0.2	—	100
	569.7	0.2	—	100
Co	240.7	0.2	0.05～15	20
	304.4	0.4	1～200	40
	346.6	0.2	2～500	100
Cr	357.9	0.2	0.06～15	40
	429.0	0.4	1～100	100
	520.8	0.2	20～2 600	20
	520.5	0.2	50～6 000	15
Cs	852.1	1.0	0.04～5	50
	455.5	0.4	4～1 200	100
Cu	324.7	0.4	0.03～10	100
	327.4	0.2	0.1～24	50
	217.9	0.2	0.2～60	3
	218.2	0.2	0.3～80	2
	222.6	0.2	1～280	6
	244.2	1.0	10～2 000	15
Dy	421.4	0.2	0.3～150	100
	419.5	0.2	1～260	60
Er	400.8	0.4	0.5～150	100
	389.3	0.4	2～560	80
	408.8	0.2	5～1 000	10
	402.1	0.2	18～4 000	10
Eu	459.4	1.0	10～60	100
	333.4	0.4	4 500～20 000	10
Fe	248.3	0.2	0.06～15	15
	372.1	0.2	1～100	100
	386.0	0.2	2～200	50
Ga	294.4	0.4	1～200	100
	287.4	0.4	2～240	60
	272.0	0.4	30～5 200	10
Gd	368.4	0.2	20～6 000	60
	405.8	0.2	35～8 000	100
Ge	265.2	1.0	2～300	100
	269.1	0.4	10～1 400	15
	303.9	0.4	40～4 200	50
Hf	307.3	0.2	20～3 000	15
	368.2	0.4	140～11 000	100
Hg	253.7	0.4	2～400	100

续表

元素	波长/nm	带宽/nm	最佳测量范围/(μg · mL⁻¹)	相对强度
Ho	410.4	0.2	0.4～200	100
	425.4	0.4	30～12 000	80
In	303.9	0.4	0.4～40	100
	271.0	0.2	12～1 600	5
Ir	208.9	0.2	5～200	5
	264.0	0.2	12～480	100
	266.5	0.2	15～560	80
	254.4	0.2	20～720	50
K	766.5	1.0	0.03～2	100
	769.9	1.0	1～6	80
	404.4	0.4	15～80	5
La	550.1	0.2	20～10 000	50
	403.7	0.4	50～24 000	90
	357.4	0.4	120～52 000	100
Li	670.8	1.0	0.02～5	100
	323.3	0.2	10～2 000	0.2
	610.4	0.4	200～32 000	5
Lu	336.0	1.0	3～2 000	100
	356.8	0.4	5～2 400	70
	337.7	0.4	8～3 600	40
Mg	285.2	0.4	0.003～1	100
	202.5	1.0	0.15～20	3
Mn	279.5	0.2	0.02～5	90
	403.1	0.2	0.5～60	100
	321.7	0.2	100～14 000	3
Mo	313.3	0.4	0.2～100	100
	320.9	0.2	5～1 000	10
Na	589.0	0.4	0.002～1	100
	589.6	1.0	0.01～2	60
	3303	0.4	2～400	2
Nb	334.9	0.2	20～6 000	100
	358.0	0.4	20～6 000	50
	408.0	0.4	22～7 000	70
	505.9	0.4	22～7 000	100
Nd	492.5	0.2	10～1 500	100
	486.7	0.2	80～10 000	20
Ni	232.0	0.2	0.1～20	5
	352.5	0.4	1～100	100
	351.5	0.4	3～180	30
	362.5	0.4	100～8 000	10

续表

元素	波长/nm	带宽/nm	最佳测量范围/(μg · mL⁻¹)	相对强度
Os	290.9	0.2	1～300	20
	426.1	1.0	20～3 200	100
P	213.6	1.0	400～30 000	100
Pb	217.0	1.0	0.1～30	20
	283.3	0.4	0.5～50	100
	261.4	0.4	5～800	30
Pd	244.8	0.2	0.1～15	1
	247.6	0.2	0.2～28	1
	340.5	1.0	1～140	100
Pr	495.1	0.4	100～5 000	100
	513.3	0.4	300～8 000	80
Pt	266.0	0.2	1～300	30
	299.8	0.4	10～1 200	100
Rb	780.0	0.2	0.1～10	100
	794.8	0.2	0.5～20	60
	420.2	0.2	10～800	20
	421.6	0.2	30～2 200	10
Re	346.0	0.2	10～2 000	100
	346.5	0.2	30～4 000	70
	345.2	0.2	35～5 200	40
Rh	343.5	0.4	0.05～30	100
	328.1	0.2	5～1 600	30
Ru	349.9	0.2	1～150	100
	392.6	0.2	15～1 600	60
Sb	217.6	0.2	0.4～100	20
	231.2	0.4	1.5～150	100
	212.7	1.0	5～1 000	30
Sc	391.2	0.2	0.5～80	100
	327.4	0.2	2～200	20
	326.9	0.2	3～3 200	10
Se	196.0	1.0	5～250	100
	204.0	0.4	90～1 200	60
Si	251.6	0.2	3～400	100
	250.7	0.4	10～800	60
	252.4	0.4	15～1 000	50
	288.2	0.2	60～4 000	80
Sm	429.7	0.2	10～1 500	20
	476.0	0.4	20～2 400	100

续表

元素	波长/nm	带宽/nm	最佳测量范围/(μg · mL^{-1})	相对强度
Sn	235.5	0.4	1～200	60
	286.3	0.4	10～300	100
	300.9	0.4	5～400	50
	266.1	0.4	40～3 200	10
Sr	460.7	0.4	0.02～10	100
Ta	271.5	0.2	20～3 000	50
	275.8	0.4	100～10 000	100
Tb	432.7	0.2	7～2 000	100
	431.9	0.2	15～4 000	80
	433.9	0.2	20～5 200	70
Te	214.3	0.4	0.3～60	10
	225.9	0.4	10～800	100
	238.6	0.2	100～8 000	60
Th	371.9	0.2	—	100
	380.3	0.2	—	60
	330.4	0.4	—	30
Ti	364.3	0.4	1～300	100
	365.4	0.2	3～400	100
	399.0	0.4	66～800	90
Tl	276.8	0.4	0.2～50	100
	258.0	1.0	20～4 000	20
Tm	371.8	0.4	0.2～100	50
	420.4	1.0	1～160	100
	436.0	0.2	2～500	10
	530.7	1.0	5～1 000	50
U	358.5	0.2	400～30 000	60
	356.7	0.2	800～32 000	40
	351.5	0.2	1000～40 000	100
	348.9	0.2	1500～60 000	80
V	318.5	0.2	1～200	40
	318.4	0.2	2～240	40
	306.6	0.4	4～600	50
	439.0	0.4	10～1 400	100
W	255.1	0.2	10～1 500	5
	400.9	0.4	40～4 000	100
	407.4	0.4	80～8 000	80

续表

元素	波长/nm	带宽/nm	最佳测量范围/($\mu g \cdot mL^{-1}$)	相对强度
Y	410.2	0.4	2～500	100
	414.3	0.4	3～1 200	50
Yb	398.8	0.4	0.04～15	100
	246.5	0.2	2～400	
	267.3	0.2	20～4 000	
Zn	213.9	1.0	0.01～2	100
	307.6	1.0	100～14 000	60
Zr	360.1	0.2	10～2 000	60
	468.8	0.2	100～16 000	100

附录 4-5　原子吸收光谱分析中常用的保护剂和释放剂

试剂	类型	干扰物	分析元素
La	释放剂	Al、Si、PO_4^{3-}、SO_4^{2-}	Mg、Ca
Sr	释放剂	Al、B、Te、Se、NO_3^-、PO_4^{3-}	Mg、Ca、Ba
Mg	释放剂	Al、Si、PO_4^{3-}、SO_4^{2-}	Ca
Ca	释放剂	Al、PO_4^{3-}	Mg、Sr
Ba	释放剂	Al、Fe	Na、K、Mg
Nd、Sm、Y、Pr	释放剂	Al、PO_4^{3-}、SO_4^{2-}	Sr
甘油	保护剂	Al、Fe、Th、稀土、Si	Mg、Ca
$HClO_4$	保护剂	B、Cr、Ti、PO_4^{3-}、SO_4^{2-}	Sr、Ba
NH_4Cl	保护剂	Al	Na、Cr
NH_4Cl	保护剂	Sr、Ca、Ba、PO_4^{3-}、SO_4^{2-}	Mo
乙二醇	保护剂	PO_4^{3-}	Ca
甘露醇	保护剂	PO_4^{3-}	Ca
葡萄糖	保护剂	PO_4^{3-}	Ca、Sr
蔗糖	保护剂	PO_4^{3-}	Ca、Sr
EDTA	螯合剂	Se、Te、B、Al、Si、NO_3^-、PO_4^{3-}、SO_4^{2-}	Mg、Ca
8-羟基喹啉	螯合剂	Al	Mg、Ca

附录 4-6　一些元素的氢化物参数(25℃)

元素	C	Si	Ge	Sn	Pb	N	P	As	Sb	Bi	O	S	Se	Te
氢化物	CH_4	SiH_4	GeH_4	SnH_4	PbH_4	NH_3	PH_3	AsH_3	SbH_3	BiH_3	H_2O	H_2S	H_2Se	H_2Te
沸点/℃	–162	–111.7	–88.35	–51.6	–13	–33.4	–85.84	–62.4	–18.2	–22	100	–60.0	–42.1	–2.1
解离能/$(J \cdot mol^{-1})$	389	326	297	255	—	389	326	297	255	—	464	368	305	264
$\Delta H_f^{\ominus}$/$(J \cdot mol^{-1})$	–75	–62	90	163	250	–46.2	9.3	67	145	278	–242	–20.2	86	154

第5章　紫外-可见吸收光谱法

5.1　紫外-可见吸收光谱法的基本原理

紫外-可见吸收光谱法(ultraviolet-visible absorption spectrometry，UV-Vis)是某些物质分子吸收200～800 nm波长范围的紫外-可见区的辐射，使价电子或分子轨道上的电子在电子能级和分子能级间跃迁而产生的吸收光谱，常用于无机化合物和有机化合物的定性和定量分析。

分子中外层电子可占据的分子轨道类型分为σ成键轨道、σ^*反键轨道、π成键轨道、π^*反键轨道和n非键轨道五种，可产生的电子跃迁类型有$\sigma\rightarrow\sigma^*$、$n\rightarrow\sigma^*$、$\pi\rightarrow\pi^*$、$n\rightarrow\pi^*$、$\pi\rightarrow\sigma^*$和$\sigma\rightarrow\pi^*$六种。能级跃迁产生的吸收峰波长在紫外-可见区的电子跃迁有$n\rightarrow\sigma^*$、$n\rightarrow\pi^*$和$\pi\rightarrow\pi^*$。

(1) $n\rightarrow\sigma^*$跃迁。

含N、O、S、P和X(卤素)的饱和有机化合物都可以发生这种跃迁。$n\rightarrow\sigma^*$跃迁的吸收峰多出现在200 nm以下，通常在紫外区不易观察到这类跃迁。

(2) $n\rightarrow\pi^*$和$\pi\rightarrow\pi^*$跃迁。

分子中存在C═C、C═O、—N═O、C═C—O—等不饱和基团，称为生色团，可以发生$n\rightarrow\pi^*$和$\pi\rightarrow\pi^*$跃迁，产生紫外或可见区吸收。没有生色作用但能增强生色团生色能力的取代基称为助色团，如—OH、—NH_2、—SH和—X等。助色团含有孤对电子，可以与生色团中的π电子作用，令$\pi\rightarrow\pi^*$跃迁能量降低，使吸收峰向长波方向移动，称为红移。而—CH_3和—C_2H_5等取代基会使吸收峰向短波方向移动，称为紫移或蓝移。

朗伯-比尔定律是光吸收的基本定律，其数学表达式为

$$A=Klc \tag{5-1}$$

朗伯-比尔定律的物理意义是：当一束平行单色光垂直通过某透明溶液时，溶液的吸光度A与吸光物质的浓度c及液层厚度l成正比。当液层厚度l以cm、吸光物质的浓度c以$mol \cdot L^{-1}$为单位时，系数K以ε表示，称为摩尔吸光系数。此时，朗伯-比尔定律表示为

$$A=\varepsilon lc \tag{5-2}$$

式中，摩尔吸光系数ε的单位为$L \cdot mol^{-1} \cdot cm^{-1}$。$\varepsilon$越大，溶液对单色光的吸收能力越强，光度法测定的灵敏度越高。

紫外-可见分光光度法具有以下特点：灵敏度高，低含量可检测到10^{-7} $g \cdot mL^{-1}$；准确度好，相对误差为1%～5%，满足对微量组分测定的要求；选择性好，虽然有多种组分共存，但通常无需分离，可以直接测定混合物中的单一组分；操作简便、快速；仪器设备简单、价格低廉、应用广泛。

5.2　紫外-可见分光光度计

5.2.1　紫外-可见分光光度计的结构

紫外-可见分光光度计的基本结构由五个部分组成，即光源、单色器(单色仪)、吸收池、检

测器和信号处理与显示系统。

1. 光源

紫外-可见分光光度计中对光源的要求是：在所需的光谱区域内能够发射足够强度和良好稳定性的辐射，并且辐射能量随波长的变化应尽可能小。常用的光源有热辐射光源和气体放电光源两类。

(1) 热辐射光源用于可见区，如钨丝灯和碘钨灯。

钨丝灯和碘钨灯可使用的范围为 320～2500 nm。这类光源的辐射能量与外加电压有关。在可见光区，辐射的能量与工作电压的 4 次方成正比，光电流也与灯丝电压有关。为了使光源稳定，必须严格控制灯丝电压，仪器需备有稳压装置。

(2) 气体放电光源用于紫外区，如氢灯、氘灯和氙灯。

氢灯、氘灯和氙灯可以在 160～375 nm 产生连续辐射，165 nm 以下为线光谱。氘灯是紫外区应用最广泛的一种光源，其光谱分布与氢灯类似，但光强度比相同功率的氢灯大 3～5 倍。

2. 单色器

单色器是从光源辐射的复合光中分出单色光的光学装置，一般由入射狭缝、准直镜(透镜或凹面反射镜使入射光成平行光)、色散元件、聚焦元件和出射狭缝等组成。其核心部分是起分光作用的色散元件。

单色器的性能直接影响入射光的单色性，从而影响测定的灵敏度、选择性及工作曲线的线性关系。

常用的色散元件是棱镜和光栅。棱镜的材料有玻璃和石英两种。它们的色散原理是依据不同波长的光通过棱镜时有不同的折射率，从而将不同波长的光分开。玻璃对紫外波长的光有吸收，所以玻璃棱镜只能用于 350 nm 以上可见区的测定。石英棱镜适用于测定 185～4000 nm 的波长范围，可用于紫外、可见、近红外三个光谱区。

光栅是利用光的衍射与干涉原理制成的。光栅可用于紫外、可见及近红外光谱区，在整个波长区具有良好和几乎均匀一致的分辨能力。相对于棱镜，光栅具有色散波长范围宽、分辨率高、成本低、便于保存和易于制备等优点。其缺点是各级光谱会重叠而产生干扰。

入射狭缝和出射狭缝在很大程度上决定着单色器的性能。狭缝的大小直接影响单色光的纯度和强度，狭缝太宽则灵敏度下降，狭缝太窄会减弱光强。

3. 吸收池

吸收池用于盛放待分析的液体试样，要求能够透过光源辐射。通常由石英和玻璃材料制成。紫外区和可见区测定时用石英吸收池，可见区测定时可以用玻璃吸收池。为了减少光的反射损失，吸收池的光学面必须完全垂直于光束方向。典型的吸收池光程长一般为 1 cm。在高精度的分析测定中，尤其紫外区，参比池和吸收池要挑选配对。吸收池材料的本身吸光特征及吸收池光程长度的精度等对分析结果都有影响。

4. 检测器

检测器的功能是将光信号转变为电信号，测量单色光透过吸收池后的强度变化。常用的检测器有硒光电池、光电管、光电倍增管和光电二极管阵列等。它们通过光电效应将照射到检测器上的光信号转变成电信号。检测器应在测定的光谱范围内具有高灵敏度、对辐射能量响应迅速、线性关系好、对不同波长的辐射响应一致、信噪比高、稳定性好。

(1) 硒光电池检测器：硒光电池对光的敏感范围为 300～800 nm，在 500～600 nm 最灵敏。这种光电池的特点是能产生可直接推动微安表或检流计的光电流，但容易出现疲劳效应，硒光电池只用于低级的分光光度计中。

(2) 光电管检测器：光电管在紫外-可见分光光度计中应用广泛。它的结构是以一半圆柱形的金属片为阴极，阴极的内表面涂有光敏层。在圆柱形的中心置一金属丝为阳极，接受阴极释放出的电子。两电极密封于玻璃或石英管内并抽成真空。阴极上光敏材料不同，光谱响应的灵敏区不同。常见的有蓝敏和红敏两种光电管。蓝敏光电管是在镍阴极表面沉积锑和铯，可用于测定波长范围为 210～625 nm。红敏光电管是在阴极表面沉积银和氧化铯，可用于测定波长范围为 625～1000 nm。与硒光电池相比，光电管检测器具有灵敏度更高、光敏范围宽、不易疲劳等优点。

(3) 光电倍增管检测器：光电倍增管是检测微弱光最常用的光电元件，它的灵敏度比一般的光电管高 200 倍，因此可使用较窄的单色器狭缝，从而对光谱的精细结构有较好的分辨能力。

(4) 光电二极管阵列检测器：光电二极管阵列检测器是以光电二极管阵列或电荷耦合器件(CCD)阵列硅光导摄像管等作为紫外-可见分光光度计的检测器。它可以同时检测 190～900 nm 由光栅分光后投射到阵列检测器上的全部波长信号，得到时间、光强度、波长的三维图谱。通常的紫外-可见检测器是先分光，然后让分光后的单色光通过吸收池。而光电二极管阵列检测器是让所有波长的光都通过吸收池，然后通过光栅分光，使全部波长的光都入射到光电二极管阵列而被检测。光电二极管阵列检测器是目前比较先进的紫外-可见分光光度计检测器。

5. 信号处理与显示系统

信号处理与显示系统的作用是放大记录信号并经软件处理后输出或显示。通常分光光度计配置计算机，对测试过程进行控制，对测量数据进行处理并显示。

5.2.2 紫外-可见分光光度计的分类

紫外-可见分光光度计的类型很多，但可归纳为三种类型，即单光束分光光度计、双光束分光光度计和双波长分光光度计。

1. 单光束分光光度计

单光束分光光度计是紫外-可见分光光度计的经典结构。其光路结构简图如图 5-1 所示。经单色器分光后的一束平行光轮流通过参比溶液和样品溶液，进行吸光度的测定。这种类型的分光光度计结构简单，操作方便，容易维修，适用于常规分析。

2. 双光束分光光度计

双光束分光光度计的光路结构简图如图 5-1 所示。光源发出的连续辐射经单色器分光后经反射镜分解为强度相等的两束光，一束通过参比池，另一束通过吸收池。光度计能自动比较两束光的强度，比值即为试样的透射比。此数值经对数变换后转换成吸光度，并作为波长的函数记录下来。

双光束分光光度计一般都能自动记录吸收光谱曲线。由于两束光同时分别通过参比池和吸

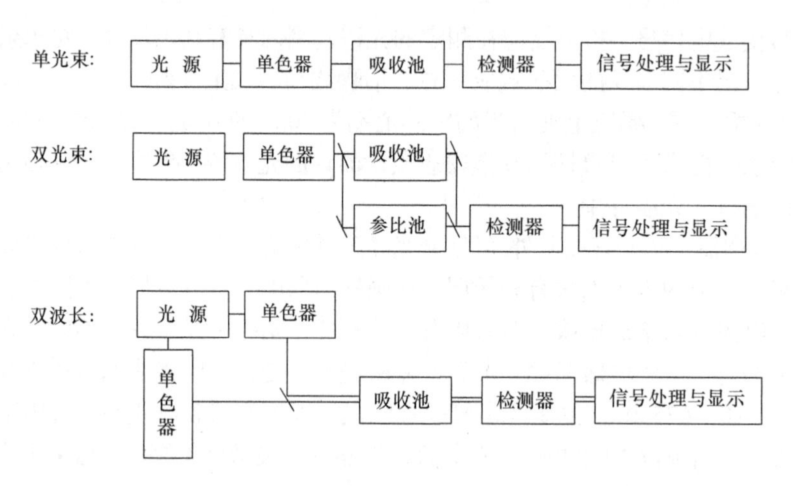

图 5-1　紫外-可见分光光度计的光路结构简图及分类

收池，因此还能自动消除光源强度变化引起的误差。

3. 双波长分光光度计

由同一光源发出的光被分成两束，分别经过两个单色器，得到两束不同波长的单色光。再利用斩光器使两束光以一定的频率交替照射同一吸收池，信号经过检测器检测与处理后，由显示器显示出两个波长处的吸光度差值。双波长分光光度计的光路结构简图如图 5-1 所示。

双波长分光光度计适用于多组分混合物、浑浊试样(如生物组织液)的分析，以及存在背景干扰或共存组分吸收干扰样品的分析测试。双波长分光光度法能提高灵敏度和选择性，还可以获得导数光谱。如果在两波长处分别记录吸光度随时间变化的曲线，还可以进行化学反应动力学研究。

5.2.3　紫外-可见分光光度法的应用

1. 定性分析

紫外-可见分光光度法进行定性分析时，主要将样品吸收光谱的形状、吸收峰的数目、摩尔吸光系数ε及最大吸收波长λ_{max}等与标准物质的吸收光谱相比较，推断出未知物。在比较未知物与标准物质时，需在相同化学环境和测量条件下分别测定二者的紫外-可见吸收光谱，若两物质的吸收光谱的形状、吸收峰数目、ε_{max}和λ_{max}完全相同，就可以确定未知物与标准物质具有相同的生色团和助色团。

使用紫外-可见分光光度法进行定性分析时，只能定性分析化合物具有的生色团与助色团，而且光谱信息在紫外-可见光谱范围重叠现象严重。

2. 定量分析

1) 单组分定量方法

标准曲线法：用标准样品配制成不同浓度的系列标准溶液，测定其吸光值，绘制标准曲线。然后用与绘制标准曲线完全相同的条件测定样品的吸光值，由吸光值在标准曲线上直接查出样品待测组分的浓度。

标准对比法：该方法是标准曲线法的简化，即只配制一个浓度为c_s的标准溶液，并测量其吸光度，求出吸收系数 k，然后由式(5-3)求出 c_x。

$$A_x=kc_x \tag{5-3}$$

2) 多组分定量方法

该方法是利用吸光度的加和性，在同一试样中测定多个组分。

设试样中有 a 和 b 两组分，显色后分别绘制吸收曲线，会出现如图 5-2 所示的三种情况。

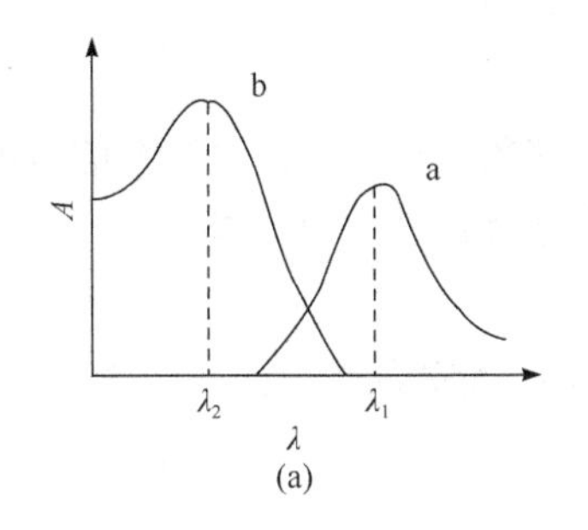

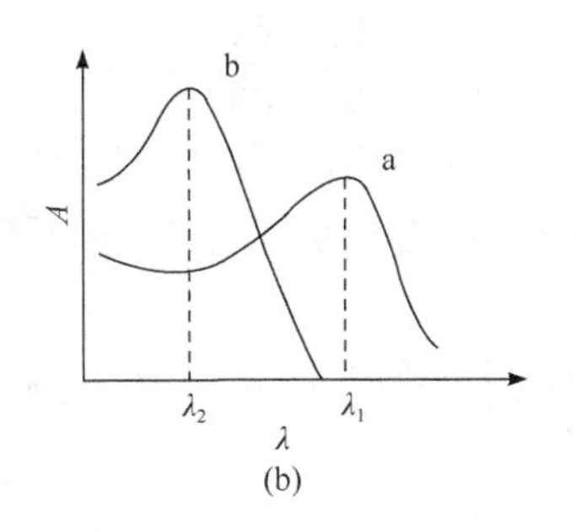

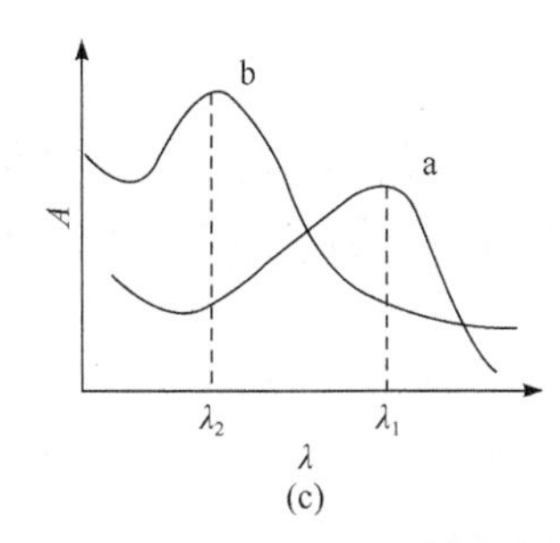

图 5-2　多组分吸收法出现的不同吸收情况

图 5-2(a)中，组分 a、b 的最大吸收波长不重叠，相互不干扰，可以按两个单一组分处理。图 5-2(b)和(c)中，a、b 两组分相互干扰，此时可通过解联立方程组求得 a 和 b 的浓度：

$$\begin{cases} A_{\lambda_1}^{\mathrm{a+b}} = \varepsilon_{\lambda_1}^{\mathrm{a}} lc_{\mathrm{a}} + \varepsilon_{\lambda_1}^{\mathrm{b}} lc_{\mathrm{b}} \\ A_{\lambda_2}^{\mathrm{a+b}} = \varepsilon_{\lambda_2}^{\mathrm{a}} lc_{\mathrm{a}} + \varepsilon_{\lambda_2}^{\mathrm{b}} lc_{\mathrm{b}} \end{cases} \tag{5-4}$$

式中，组分 a、b 在波长 λ_1 和 λ_2 处的摩尔吸光系数 ε 可由已知浓度的 a、b 纯溶液测得。解上述方程组可求得 c_{a} 及 c_{b}。

3) 双波长法(等吸收点法)

当混合物的吸收曲线重叠时，如图 5-3 所示，可利用双波长法测定。

若将 a 视为干扰组分，现要测定组分 b。分别绘制各自的吸收曲线，画一平行于横轴的直线分别交于组分 a 曲线上两点，并与组分 b 相交。以交于 a 上一点所对应的波长 λ_1 为参比波长，另一点对应的为测量波长 λ_2，并对混合液进行测量，可得

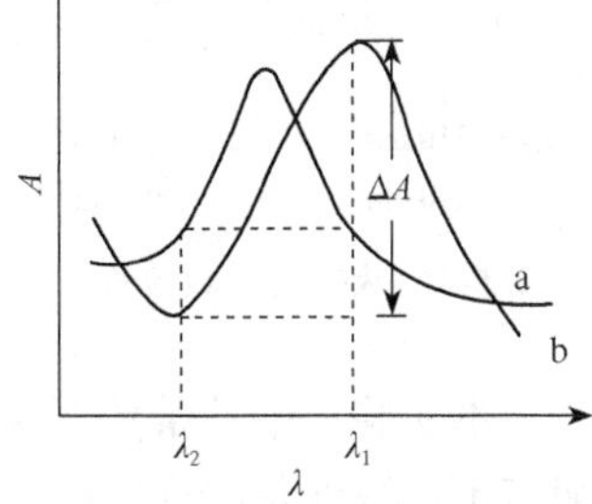

图 5-3　多组分吸光度曲线

$$\begin{cases} A_{\lambda_1} = A_{\lambda_1}^{\mathrm{a}} + A_{\lambda_1}^{\mathrm{b}} + A_{\lambda_1}^{\mathrm{s}} \\ A_{\lambda_2} = A_{\lambda_2}^{\mathrm{a}} + A_{\lambda_2}^{\mathrm{b}} + A_{\lambda_2}^{\mathrm{s}} \end{cases} \tag{5-5}$$

若两波长处的背景吸收相同，$A_{\lambda_1}^{\mathrm{s}} = A_{\lambda_2}^{\mathrm{s}}$，而且组分 a 在两波长处的吸光度相等，因此

$$\Delta A = (\varepsilon_{\lambda_2}^{\mathrm{b}} - \varepsilon_{\lambda_1}^{\mathrm{b}})\, lc_{\mathrm{b}} \tag{5-6}$$

从中可求出 c_{b}，进而求出 c_{a}。

4) 示差分光光度法

当试样中组分的浓度过大时，则吸光值很大，会产生读数误差。此时若以一浓度略小于试样组分浓度作参比，则有

$$\Delta A = A_x - A_{\mathrm{s}} = \varepsilon l\,(c_x - c_{\mathrm{s}}) = \varepsilon l \Delta c \tag{5-7}$$

若以浓度为 c_{s} 的标准溶液调 T=100%或 A=0(调零)，则测得的试样吸光度实际就是式(5-7)

中的ΔA，然后求出Δc，则试样中该组分的浓度为 $c_x=c_s+\Delta c$。

5) 导数光谱法

该方法是将吸光度信号转化为对波长的导数信号。导数光谱是解决干扰物质与被测物光谱重叠，消除胶体等散射影响和背景吸收，提高光谱分辨率的一种数据处理技术。根据朗伯-比尔定律 $A=\varepsilon lc$，对波长求一阶导数得

$$\frac{\mathrm{d}A}{\mathrm{d}\lambda}=\frac{\mathrm{d}\varepsilon}{\mathrm{d}\lambda}lc \tag{5-8}$$

即一阶导数信号与待测样品浓度成正比。同样，可得到二阶、三阶、……、n 阶导数信号也与浓度成正比。随着导数阶数的增加，峰形越来越尖锐，因而导数光谱法分辨率高。

实验 5-1　紫外-可见分光光度法测定苯酚含量

【实验目的】

(1) 了解紫外-可见分光光度计的结构、性能和使用方法。

(2) 掌握紫外-可见分光光度法测定苯酚含量的方法。

(3) 学会紫外-可见分光光度法中吸收曲线和标准曲线的绘制方法。

【实验原理】

紫外-可见吸收光谱法是以溶液中物质分子对光的选择性吸收为基础而建立起来的方法。与所有光度分析法一样，其进行定量分析的依据是朗伯-比尔定律。苯酚是一种剧毒物质，可以致癌，已经被列入有机污染物黑名单。但在一些药品、食品添加剂、消毒液等产品中均含有一定量的苯酚。如果其含量超标，就会产生很大的毒害作用。苯酚在酸碱介质中吸收波长不同(图 5-4)。在酸性及中性介质中，$\lambda_{max}\approx$ 270 nm；而在碱性介质中，$\lambda_{max}\approx$288 nm。

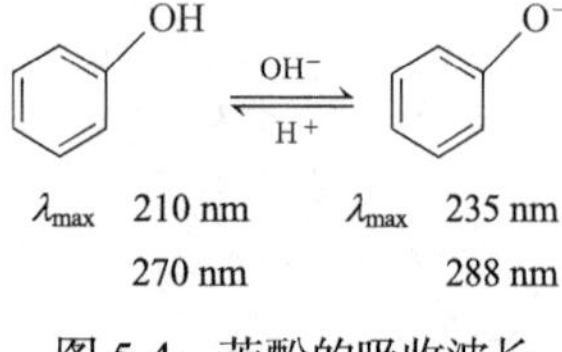

图 5-4　苯酚的吸收波长

本实验在中性条件下测试，因此苯酚在紫外区的最大吸收波长$\lambda_{max}\approx$270 nm。在 270 nm 处测定不同浓度苯酚标准溶液的吸光值，绘制标准曲线。然后在相同条件下测定待测物的吸光度值。根据标准曲线可得待测物中苯酚的含量。

【仪器、试剂】

1. 仪器

UV-2450 型紫外-可见分光光度计；电子天平。

容量瓶(250 mL、1000 mL)；吸量管(5 mL、10 mL)；石英吸收池(10 mm)；比色管(25 mL)。

2. 试剂

苯酚。

3. 标准溶液的配制

苯酚标准储备液(100 μg · mL^{-1})：准确称取 0.1000 g 苯酚溶于 200 mL 去离子水中，然后转

移至 1000 mL 容量瓶中，用去离子水稀释至刻度，摇匀备用。

【实验步骤】

1. 系列浓度标准溶液的配制

于 5 支 25 mL 比色管中，用吸量管分别加入 0.50 mL、1.00 mL、2.00 mL、5.00 mL、10.00 mL 100 μg · mL^{-1} 苯酚标准储备液，用去离子水稀释至刻度，摇匀待测。

2. 样品测定

(1) 定性分析：确定定性分析参数条件，然后将有空白溶液的两个比色皿分别放入参比光路和样品光路，进行基线扫描，再将装有苯酚溶液的比色皿放入样品光路，进行定性扫描。将苯酚的波长扫描图与已知相同条件下的波长扫描图或已知的谱图比较，对试样进行定性分析。

(2) 定量分析：确定定量分析参数条件，然后用空白溶液进行调零。仪器调零后，开始进行定量测量，按照提示依次放入系列浓度标准溶液和待测溶液。测定后，查看标准曲线，确定待测溶液中苯酚的含量。

【注意事项】

(1) 正确使用吸量管和容量瓶，移液、定容需要规范操作。配制标准溶液时，为了减少误差，取不同体积的同种溶液应用同一支移液管。

(2) 苯酚有剧毒，避免接触皮肤。

(3) 注意仪器的正确使用和保养维护。

【数据记录与结果处理】

查阅文献，参考仪器分析的实验记录标准表格，结合本次实验内容和过程自行设计各实验记录和数据处理的格式，并记录在本次实验的实验记录本上。

【思考题】

(1) 紫外-可见分光光度法的定性、定量分析的依据是什么？

(2) 紫外-可见分光光度计的主要组成部件有哪些？

(3) 苯酚的紫外吸收光谱中 210 nm 和 270 nm 的吸收峰是由哪类价电子跃迁产生的？

实验 5-2　双波长消去法测定复方制剂安痛定中安替比林的含量

【实验目的】

(1) 掌握扫描型紫外-可见分光光度计的操作、使用和维护方法。

(2) 掌握应用等吸收双波长消去法测定物质含量的原理和方法。

(3) 学习使用图谱处理软件，了解其主要功能。

【实验原理】

经典双光束分光光度法中，入射光是同一波长的单色光分别通过吸收池和参比池，得到的信号是相对于参比溶液吸收为零的吸光度。由于吸收池位置、吸收池常数、待测溶液和参比溶液之间浑浊度、溶液组成等因素的差别影响，可能引起较大误差。双波长分光光度法克服了经典单波长分光光度法的缺点。在双波长分光光度法中，从光源发射出来的光线分别经过两个单色器(光栅)后，得到两束具有不同波长的单色光，利用斩光器使这两束单色光交替通过同一待测溶液，得到的信号是待测溶液对两种单色光的吸光度差值。可测定浑浊溶液，也可测定吸收光谱重叠的混合组分。

安痛定注射液中主要成分为氨基比林、安替比林和巴比妥。安替比林检测的紫外分光光度定量方法有双波长消去法、系数倍率法、最小二乘法、卡尔曼滤波分光光度法等。本实验采用双波长消去法测定其中安替比林组分的含量。

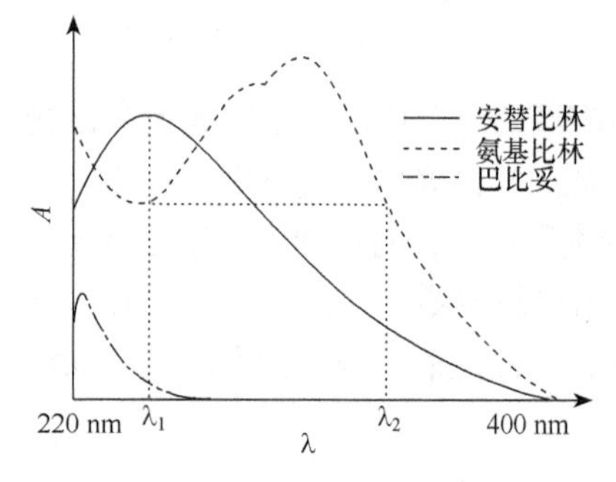

图 5-5　安痛定三组分的紫外吸收光谱

安痛定的成分组成：每 2 mL 内含氨基比林 0.100 g，巴比妥 0.018 g，安替比林 0.040 g。图 5-5 为安痛定三组分在 0.1 mol · L^{-1} 盐酸的紫外吸收光谱图。在所选波长λ_1和λ_2范围内，巴比妥的吸收可近似为零，干扰组分只有氨基比林，利用等吸收双波长消去法可以消去氨基比林的干扰，测出待测组分安替比林的含量。

【仪器、试剂】

1. 仪器

UV-2450 型紫外-可见分光光度计；电子天平。
石英吸收池；容量瓶(100 mL、2000 mL)；吸量管(1.0 mL)。

2. 试剂

安替比林(纯品)；氨基比林(纯品)；巴比妥(纯品)；盐酸(分析纯)；安痛定注射液。

【实验步骤】

1. 溶液配制

分别取安替比林、氨基比林、巴比妥纯品，准确称量，用 0.1 mol · L^{-1} 盐酸准确配制 100 mL 浓度为 0.015 mg · mL^{-1} 的溶液。

2. 仪器自检

接通电源，仪器预热 20 min，然后进行自检；联机自检结束，仪器进入测试状态。

3. 测试步骤

(1) 在应用程序菜单下选择“光谱测试”，单击。

(2) 设置扫描参数：通过扫描参数设置操作界面，设置扫描方式(A)、扫描次数(1)、扫描精度(1 nm)、起始波长(220 nm)、终止波长(400 nm)、坐标下限(–0.1)和坐标上限(3)，单击“确定”。

(3) 建立基线：在光度计的样品槽内放入参比溶液(0.1 mol · L^{-1} 盐酸)，在“附属功能”菜单下单击“建立仪器基线”(或单击界面的“Scan Baseline”)，在对话框内输入起始波长(220 nm)

和终止波长(400 nm)，单击“确定”。

(4) 在光谱分析图谱操作界面，选择扫描方式吸光度和扫描信道 1，单击。

(5) λ_1 的测定：取安替比林纯品，准确称量，用 0.1 mol · L^{-1} 盐酸准确配制 100 mL 含安替比林 1.2～1.3 mg 的溶液，计算百分浓度值(准确至相对误差小于 1%)。用盐酸作参比溶液调“0”和“100%”，然后把配制好的安替比林溶液放入样品槽，对准光路，单击“扫描”，得安替比林的扫描图谱，取波峰处为λ_1。单击“数据表”，记入此处 A_{1a} 和λ_1 值。

(6) λ_2 的测定：取氨基比林纯品，用 0.1 mol · L^{-1} 盐酸配制成浓度为 0.015 mg · mL^{-1} 的溶液(不必准确)。选择扫描信道 2，单击，把配制好的氨基比林溶液放入样品槽，对准光路，单击“扫描”，得氨基比林的扫描图谱。在“可选通道”选通道 1，单击“图谱组合”，得安替比林和氨基比林的组合图谱。以λ_1 处作纵轴的平行线与氨基比林图谱有一交叉点，单击“数据表”，记入此交叉点的 A_{1b} 值。再从数据表中找出与 A_{1b} 值相等或近似相等的 A_{2b}，此处的波长作为λ_2。

(7) 安替比林ΔA 的测定：选择扫描信道 1，单击，再单击“数据表”，查找λ_2 处的安替比林的吸光度值 A_{2a}，求出ΔA。根据公式$\Delta\varepsilon=\Delta A/c$ 计算出$\Delta\varepsilon$。

(8) 取巴比妥纯品，用 0.1 mol · L^{-1} 盐酸配制成浓度为 0.015 g · mL^{-1} 的溶液(不必准确)。选择扫描信道 3，单击，把配制好的溶液放入样品槽，对准光路，单击“扫描”，得巴比妥的扫描图谱。在“可选通道”选通道 2，单击“图谱组合”，得安替比林、氨基比林和巴比妥的组合图谱，观察巴比妥在所选波长范围内的吸收情况。

(9) 安痛定注射液中安替比林的测定：准确吸取样品 1.00 mL，用 0.1 mol · L^{-1} 盐酸准确稀释 2000 倍，含安替比林约 0.002%。在λ_1 和λ_2 处测定吸光度，计算出其ΔA 值，并计算其浓度：$c=\Delta A/\Delta\varepsilon$，再将浓度换成样品的含量与标示量的比值。

(10) 了解软件的其他功能，记录相关数据、打印图谱；结束仪器操作。

【注意事项】

(1) 待测试样溶液浓度除已有注明外，其吸光度以 0.3～0.7 为宜。

(2) 取吸收池时，手指应拿毛玻璃面的两侧，盛装样品以池体的 4/5 为度，使用挥发性溶液时应加盖。透光面要用擦镜纸由上而下擦拭干净，检视应无溶剂残留。吸收池放入样品室时应注意方向相同。用后用溶剂或水冲洗干净，晾干防尘保存。

(3) 选用仪器的狭缝宽度应小于待测样品吸收带的半宽度，否则测得的吸光度值会偏低。对于大部分待测样品，可以使用 2 nm 狭缝宽度。

【数据记录与结果处理】

查阅文献，参考仪器分析的实验记录标准表格，结合本次实验内容和过程自行设计各实验记录和数据处理的格式，并记录在本次实验的实验记录本上。

【思考题】

(1) 氨基比林的溶液为什么不需准确配制？

(2) 如何根据吸收光谱谱线选择适当波长？

(3) 参考、对比文献资料的其他测定方法，阐述本实验方法的优缺点，并评价自己的实验结果，探讨自己的实验结论。

附录 5-1　UV-2450 型紫外-可见分光光度计操作说明

1. 仪器自检

依次分别开启电源开关、计算机及仪器开关，待仪器预热 30 min 后，双击桌面“Uvprobe 2.21”，点击“连接”，使装置与仪器连接，仪器进行初始化，约 5 min 后自检通过(期间勿开样品室)。

2. 测定

首先选择测定的方式，主菜单上有四个键，自左至右，键 1 为报告生成器，用于制作各种格式的报告；键 2 为动力学测定方式，一般测定吸收值随时间的变化，通常用于酶反应随时间的变化；键 3 为光度测定(定量)方式，可进行单波长、多波长、峰高或峰面积定量，校准曲线可使用多点、单点、*K* 因子等方法；键 4 为光谱测定定性方式，可进行紫外-可见区的吸收光谱测定。

3. 光谱测定方式

1) 参数的设定

点击菜单栏上的“M”键，选择测定条件设置；确定波长扫描参数；光度模式：Abs(吸光度模式)；扫描范围：200～500 nm；间隔：1 nm；速度：中；时间间隔：0.1 s。

2) 光谱测定

首先将装有参比溶液的比色皿放入参比光路，点击“基线”校正，然后点击“波长”设置到 500 nm，再点击“自动调零”，最后将空白溶液注入两个比色皿内，并分别放入参比光路和样品光路，点击“开始”测定。

3) 谱图分析及保存图谱

将试样的波长扫描图与已知样品在相同条件下的波长扫描图或已知的谱图比较，对试样进行定性分析。扫描结束后，出现文件名字对话框，在对话框内填上保存的地址及记录曲线的名字。选择“save”，将数据保存在自己的文件夹中，可继续其他样品测定。

4) 数据处理功能

(1) 波长范围以及纵轴范围的变更。

变更范围十分简单，只需点击图像上最大和最小的位置，然后输入适当的数字即可。此外，在图像上点击鼠标右键，在出现的快捷菜单上选择自动标尺也能使标尺设置到适当的大小。

(2) 峰谷检测。

点击主菜单上的“数据处理-峰值检测”。此处的数据处理面板中出现峰谷的表。用户可根据自己的需要改变峰值检测条件。如果图中有多条光谱，这些光谱的峰谷表都将出现在数据处理的面板中，点击表格下的标签①即可切换。

在数据处理面板上点击鼠标右键，出现快捷菜单，在此菜单中可选择是否在图像中显示峰谷的标记等。在快捷菜单上点击“属性”，在属性对话框中可设置阈值，改变峰谷检测的灵敏度。用户也可选择在图中标注的内容和形式。

(3) 数据处理。

测定得到的光谱可进行各种计算。在主菜单上选择“数据处理-计算”。如果图像上不止一条光谱，需先选择需要处理的数据集，然后选择运算的算符及常数，最后点击“计算”。

输入保存结果的文件名，点击“确定”，新的经过计算的光谱将重叠显示在图像面板中。

(4) 其他。

a．选点检测。选点检测可以从已经得到的光谱中选取任意多个点的数据，选择时只要拖动读数条或在“波长”列中手动键入波长值即可。

b．数据打印。测定的光谱可使其数字化即表格化。表格的数据与实际采集的范围和间隔相同。如果想改变，点击鼠标右键调出“属性”菜单，然后可设置表格的范围以及显示的间隔。无论是数据面板上的表格或图像面板内的光谱都可用复制粘贴的办法将数据或图像转移到其他市售的软件中，如 MS Word 和 Excel 等。如果打开的光谱较多，既可以全部一起显示，也可以选择显示，选择时在数据面板上点击鼠标右键，然后选择“属性”，在此取舍显示与否。隐藏的数据集仍然在计算机的内存中。

c．图像面板上图像的删除。欲删除图像面板中的图像，先在主菜单上选择“文件-属性”，然后在对话框中选定“文件”，点击“删除”。

4. 光度测定方式

1) 参数的设置

点击菜单栏上的“M”键，在出现的图形中确定如下参数：

测量方法——单波长法(主波长 270 nm)。样品编号——标准样品，起始编号 1；未知样品，起始编号 2，重复次数 1 次。曲线方程——Abs=$f(c)$。方程次数——1 次。浓度单位——$\mu g \cdot mL^{-1}$。曲线评估——无。校正方法——浓度法。

2) 显示设置

在菜单栏上有右列各键，点击以后分别出现标准表、样品表、工作曲线图和样品图。

3) 定量测定

首先需要基线校正和自动调零，方法如前所述。然后进行样品测定，样品室内逐个放入标准，点击上图下方的“读数”即可。注意无论是测定标准或未知样品，必须输入名称才有效。标准测定完毕，工作曲线自动显示。最后测定未知样品的浓度。

在工作曲线图像上点击鼠标右键，选择属性，可从图像上得到许多有用的信息。

只需在需要显示的项目中做标记，相应的信息即出现在工作曲线图像的左下方。

5. 注意事项

(1) 在光谱基线校正过程中光度计状态窗口的读数变化。若测定过程中改变切换波长，必须重新进行基线校正。

(2) 光谱图像要保存的，一定要另存，否则软件关闭后会丢失。

(3) 首先进行基线校正，然后点击“波长”设置到 500 nm，再点击“自动调零”。由于一般分光光度计的能量在 500 nm 左右最强，在此自动调零可得到最正确的基线。通常上述操作在开机后进行一次就足够了。

第 6 章　圆二色光谱法

手性是自然界中普遍存在的现象。圆二色(circular dichroism，CD)光谱能够表征蛋白质、核酸、超分子、有机小分子等手性光学活性物质，在生物分子结构解析、药物研发、天然有机化学、光学活性物质纯度测试、有机立体化学、聚合物化学和化学生物学等领域具有重要的应用价值。

6.1　圆二色光谱法的基本原理

6.1.1　方法原理

手性是指一个物体不能与其镜像相重合的现象。如同人类的双手，左手与右手互成镜像而不重合。手性是自然界中普遍存在的现象。手性分子是指与其镜像不能互相重合的、具有一定构型或构象的分子。自然界存在的蛋白质、氨基酸、核酸以及很多有机小分子、超分子化合物等都具有手性。手性分子都具有光学活性。

对着光前进的方向观察时，一束光波的电场矢量(或磁场矢量)端点在空间的轨迹是以光传播方向为轴的圆形螺旋，即在平面上的投影为圆形，称为圆偏振光。其中，电矢量方向沿逆时针方向旋转的，称为左圆偏振光；电矢量方向沿顺时针方向旋转的，称为右圆偏振光。光学活性分子对左、右圆偏振光的吸收不同，使左、右圆偏振光透过分子后变成椭圆偏振光，这种现象称为圆二色性。圆二色性常用椭圆偏振光的椭圆度θ(单位为 mdeg)或吸收差ΔA 表示，如式(6-1)所示。

$$\Delta A = A_L - A_R \tag{6-1}$$

式中，A_L 为光活性物质对左圆偏振光的吸收；A_R 为光活性物质对右圆偏振光的吸收。椭圆度θ与吸收差ΔA 的关系可用式(6-2)表达。

$$\theta = 0.5758\Delta A \tag{6-2}$$

以θ或吸收差ΔA 对波长扫描，即得到圆二色光谱。圆二色性的大小也常用摩尔椭圆率[θ]或摩尔吸光系数差$\Delta\varepsilon$($L \cdot mol^{-1} \cdot cm^{-1}$)表示。[$\theta$]与$\Delta\varepsilon$可用式(6-3)做近似换算。

$$[\theta] = 3300\Delta\varepsilon \tag{6-3}$$

6.1.2　圆二色光谱及其影响因素

圆二色光谱的波长范围与紫外-可见吸收光谱基本一致。产生圆二色光谱的必要前提条件是该手性化合物必须有紫外-可见吸收光谱。但具有紫外-可见吸收光谱的物质不一定具有圆二色光谱。只有具有手性且同时具有典型紫外-可见吸收光谱的物质才具有圆二色光谱。

圆二色光谱的横坐标为波长，单位为 nm，纵坐标有不同的表示方式，通常以椭圆率表示，单位为 mdeg。圆二色光谱的峰值有正值和负值，称为科顿效应(Cotton effect)。科顿效应最早是指直线偏振光透过旋光性物质时产生偏转的现象，能够在旋光物质吸收区附近产生平滑的波峰或波谷。科顿效应产生的原因包括由固有的手性生色团产生；原有生色团是对称的，但处在手性环境当中而被扭曲；分子中轨道不互相交叠的生色团产生耦合相互作用等。

圆二色光谱的科顿效应分为正、负两种，可由圆二色光谱带的符号确定，当圆二色光谱带的符号为正值时，称为正的科顿效应；当圆二色光谱带的符号为负值时，称为负的科顿效应。当生色团的跃迁电偶极矩与磁偶极矩方向相同，即跃迁时电荷沿右手螺旋途径运动时，出现正的科顿效应，反之则出现负的科顿效应。科顿效应的正负与特定的生色团及其所处的环境相关，也包含手性化合物结构方面的信息。因此，可以通过科顿效应对手性对映体的绝对构型进行判定。影响科顿效应强弱的因素主要有测试样品的浓度、光程和测试温度。

诱导圆二色(induced circular dichroism，ICD)是指当非手性分子进入手性环境时，由于受手性环境的影响，能够在非手性分子的紫外-可见吸收区产生圆二色信号。常见的手性环境包括具有手性的生物大分子，如蛋白质、核酸等，也可以是环糊精分子、杯芳烃等。另外，手性传递作用也会产生诱导圆二色信号，如手性分子通过共价键或非共价键等方式与非手性物质作用也会使非手性物质产生诱导圆二色信号。目前，诱导圆二色信号广泛应用于药物分子与生物大分子的相互作用、主客体作用和手性超分子组装等方面。

6.1.3　圆二色光谱法的特点

(1) 广泛应用于手性小分子、手性生物大分子、手性超分子等的分析。
(2) 测量所需的样品量少，选择性高，干扰较少，对样品纯度要求低。
(3) 测试样品相对分子质量范围宽。
(4) 仪器自动化程度高、操作简便。

6.2　圆二色光谱法在蛋白质研究中的应用

6.2.1　蛋白质结构概述

蛋白质是由氨基酸通过肽键连接形成的具有特定结构的生物大分子。蛋白质是生命的物质基础之一，是构成细胞的基本有机物，与生命及各种形式的生命活动紧密相关。蛋白质分子具有特定的空间结构，称为蛋白质的构象，即蛋白质的结构。蛋白质的分子结构可分为四个层次。蛋白质的一级结构是指其多肽链中氨基酸残基的排列顺序，由基因遗传密码的排列顺序决定。二级结构是指多肽主链的折叠和盘绕方式，即肽链主链骨架原子的空间位置排布，不涉及氨基酸残基侧链。蛋白质二级结构的主要形式包括α螺旋、β折叠、β转角和无规卷曲。三级结构是在二级结构的基础上进一步依靠次级键进行折叠或盘绕而形成的特定空间结构，主要指氨基酸残基侧链间的结合。四级结构是两条或两条以上具有独立三级结构的多肽链通过非共价键相互连接而成的结构形式。在具有四级结构的蛋白质中，每一条具有三级结构的肽链称为亚基，四级结构涉及亚基在整个分子中的空间排布及亚基之间的相互关系。蛋白质的结构与其活性和生物功能密切相关。因此，蛋白质结构研究在探索生命起源、解析生物体内的生化反应及蛋白质组学、基因组学、新药研发等领域具有重要的应用价值。

6.2.2　蛋白质的圆二色光谱

自 1969 年格林菲尔德(Greenfield)首次提出用圆二色光谱研究蛋白质二级结构之后，相关研究迅速发展。圆二色光谱法对蛋白质结构和构象变化的检测灵敏度高，并且对样品纯度要求低，样品需要量少。因此，目前圆二色光谱法已成为研究蛋白质结构及其构象变化最常用的方法之一。蛋白质中主要的光学活性基团包括肽链骨架中的肽键、芳香氨基酸残基及二硫键，部分蛋白质辅基对圆二色性也有影响。当平面圆偏振光照射蛋白质样品时，蛋白质中的光活性基团对平面圆偏振光中的左圆偏振光和右圆偏振光的吸收不同，造成了偏振光矢量的振幅差，使左、右圆偏振光透过蛋白质后变成椭圆偏振光，从而表现为蛋白质的圆二色性。蛋白质的圆二色光谱分为三个波长范围：

(1) 远紫外区(178～250 nm)，主要由肽键的 $n\to\pi^*$电子跃迁引起，反映肽键的圆二色性。在蛋白质的二级结构中，肽键的排列具有一定规律，其方向性决定了肽键电子的能级跃迁。

(2) 近紫外区(250～320 nm)，主要由侧链芳香基团的$\pi\to\pi^*$电子跃迁引起。色氨酸、酪氨酸和苯丙氨酸残基的侧链圆二色信号在 230～310 nm，其中色氨酸残基侧链的圆二色信号一般集中在 290～310 nm，有时会向短波长方向移动，导致与酪氨酸残基侧链的圆二色信号峰重叠。苯环的信号峰位于 250～260 nm。不对称的二硫键也具有圆二色性，信号峰位于 195～200 nm 和 250～260 nm 处。近紫外区是研究蛋白质三级结构的敏感区域。

(3) 紫外-可见区(320～700 nm)，主要由蛋白质辅基(如血红素)等外在生色团引起。该区间的圆二色信息对金属离子的氧化态、配体及链-链相互作用的研究具有重要意义。

综上所述，远紫外区圆二色光谱主要应用于蛋白质二级结构的解析，近紫外区圆二色光谱主要揭示蛋白质的三级结构信息，紫外-可见区的圆二色光谱主要用于辅基的分析。目前多采用圆二色光谱研究蛋白质的二级结构。具有不同二级结构的蛋白质所呈现的圆二色特征光谱有明显差异。α螺旋结构在靠近 192 nm 具有一正的谱带，在 222 nm 和 208 nm 处表现出两个负的特征谱带，形状为“W”型；β折叠的圆二色光谱在 216 nm 有一负谱带，在 185～200 nm 有一正谱带；常见的β转角结构有两种类型，即Ⅰ型和Ⅱ型，Ⅰ型β转角结构的圆二色光谱特征为 180～200 nm 有正的特征谱带，由于氨基酸残基的不同导致负的特征峰位于 205 nm 或 225 nm 处。Ⅱ型β转角结构的圆二色光谱表现为 200～220 nm 负的特征峰。蛋白质的无规卷曲结构在 185～220 nm 表现为负谱带。

α螺旋结构在 222 nm 和 208 nm 具有特征圆二色光谱峰，可以利用这两处的摩尔椭圆度$[\theta]_{208}$或$[\theta]_{222}$简单估计α螺旋的含量。

$$f_\alpha = -([\theta]_{222} + 3000)/33\,000 \tag{6-4}$$

或

$$f_\alpha = -([\theta]_{208} + 4000)/29\,000 \tag{6-5}$$

式中，f_α为α螺旋所含氨基酸残基数目与蛋白质中所有残基数目之比；$[\theta]_{222}$ 和$[\theta]_{208}$ 分别为蛋白质分子在 222 nm 和 208 nm 处的摩尔椭圆率；其他常数为经验值。在式(6-4)和式(6-5)中

$$[\theta] = 100\theta/cl \tag{6-6}$$

式中，c 为物质的浓度，单位为 $mol \cdot L^{-1}$；l 为光程，即样品池内液层厚度，单位为 cm。

该方法的优点是能够通过样品在 222 nm 和 208 nm 处的摩尔椭圆率快速估算出蛋白质的结构信息。但是该方法仅考虑了单一波长对α螺旋的贡献，忽略了其他二级结构和芳香基团对摩尔椭圆率的贡献，分析结果存在一定误差。对于非α螺旋结构含量的估算，由于α螺旋的特征谱带值对其他结构的干扰很大，难以得到理想的估算值。因此，常应用多级线性回归、峰回归、变量选择、凸面限制、神经网络等方法计算蛋白质二级结构的组成。

6.3　圆二色光谱法在核酸研究中的应用

6.3.1　核酸结构概述

核酸是生命过程中的遗传信息物质，是生命的基础物质之一。核酸包括脱氧核糖核酸(DNA)和核糖核酸(RNA)。DNA 是由脱氧核苷酸组成的大分子聚合物。脱氧核苷酸由磷酸、脱氧核糖和碱基构成。其中，碱基有 4 种：腺嘌呤(A)、鸟嘌呤(G)、胸腺嘧啶(T)和胞嘧啶(C)。RNA 是由核糖核苷酸组成的大分子聚合物。核糖核苷酸分子由磷酸、核糖和碱基构成。RNA 的碱基主要有 4 种，即 A、G、C、尿嘧啶(U)，其中 U 取代了 DNA 中的 T。

核酸是核苷酸通过磷酸二酯键连接起来的生物大分子。在核酸中，各核苷酸排列的次序即为核酸的一级结构。由于核酸的差别仅在于碱基不同，故又称为碱基序列。DNA 的二级结构是指两条多核苷酸链反向平行盘绕所生成的双螺旋结构。两条多核苷酸链以相同的旋转绕同一个公共轴形成右手双螺旋，螺旋的直径为 2.0 nm；两条多核苷酸链是反向平行的，一条 5'-3'方向，另一条 3'-5'方向；两条多核苷酸链的糖-磷酸骨架位于双螺旋外侧，碱基平面位于链的内侧；相邻碱基对之间的轴向距离为 0.34 nm，每个螺旋的轴距为 3.4 nm。DNA 二级结构的稳定作用力包括两条多核苷酸链间的互补碱基对之间的氢键；碱基对疏水芳香环堆积所产生的疏水作用力，以及堆积的碱基对之间的范德华力；磷酸基团上的负电荷与介质中的阳离子之间形成的盐键。

DNA 的二级结构具有多态性。DNA 的双螺旋结构具有不同的构象，常见的有 B-DNA、A-DNA 和 Z-DNA。B-DNA 是细胞正常状态下 DNA 存在的构型。溶液的离子强度或相对湿度的变化可以使 DNA 双螺旋结构的沟槽、螺距、旋转角度等发生变化。例如，降低环境的相对湿度，B-DNA 会发生可逆的构象改变，成为 A-DNA。A-DNA 也呈右手螺旋，但 A-DNA 较粗，每两个相邻碱基对平面之间的距离为 0.26 nm，每圈螺旋结构含有 11 个碱基对，双螺旋结构的直径为 2.55 nm，其结构更为刚性。Z-DNA 的发现是分子遗传学的重大发现之一。1972 年，波尔(Pohl)等发现人工合成的嘌呤与嘧啶相间排列的多聚核苷酸序列在高盐的条件下，旋光性会发生改变。然后，王惠君和里奇(Rich)对六聚体单晶做了 X 射线衍射分析，提出了 Z-DNA 模型。Z-DNA 的双股螺旋为左手螺旋，与 B-DNA 和 A-DNA 的右手螺旋明显有所差别。其结构为每两个碱基对重复出现一次。大小螺旋凹槽之间的差别比 B-DNA 和 A-DNA 小，只在宽度上有细微差异。由于 RNA 分子中的核糖分子限制了 C3'的内折叠，因此双链 RNA 分子一般以 A 型存在。

DNA 分子除了能够形成双螺旋结构外，在一定条件下，某些富含大量鸟嘧啶碱基的 DNA 短链可通过 Hoogsteen 氢键自组装成 G-四链结构。G-四链结构存在于染色体端粒末端及一些重要的肿瘤基因转录调节区。该结构在细胞生长、增殖、衰老、凋亡及肿瘤的形成和发展中起着重要作用。RNA 分子也能形成 G-四链结构。

6.3.2　核酸的圆二色光谱性质

核酸的圆二色信号主要与碱基的堆积作用相关。天然的 DNA 分子主要以 B-DNA 存在。B-DNA 构象在 275 nm 处呈现正的特征谱带，而负的特征峰位于 245 nm 处。合成的不同片段的 DNA 分子显示出不同的圆二色信号特征。与 B-DNA 构象相比，A-DNA 构象呈相反的圆二色信号，在 220～270 nm 呈现正的特征谱带，最大值位于 260 nm 左右，负的特征谱带位于 290 nm 处。Z-DNA 构象呈左手螺旋的特征，最大圆二色信号峰位于 290 nm。

圆二色光谱法是研究 G-四链体不同构象的常用方法。富含碱基 G 的 DNA 片段可形成平行式和反平行式等不同的 G-四链构象，而 RNA 一般只能形成平行式构象。平行式构象 G-四链体在 260 nm 具有正的特征谱带，而反平行式构象 G-四链体 DNA 在 260 nm 具有负的特征谱带，295 nm 为正的特征谱带。所有 G-四链体共同的圆二色光谱特征是在 215 nm 处有一正的谱带。

6.4 圆二色光谱仪

6.4.1 圆二色光谱仪的组成

圆二色光谱仪主要包括以下几个部分(图 6-1)。

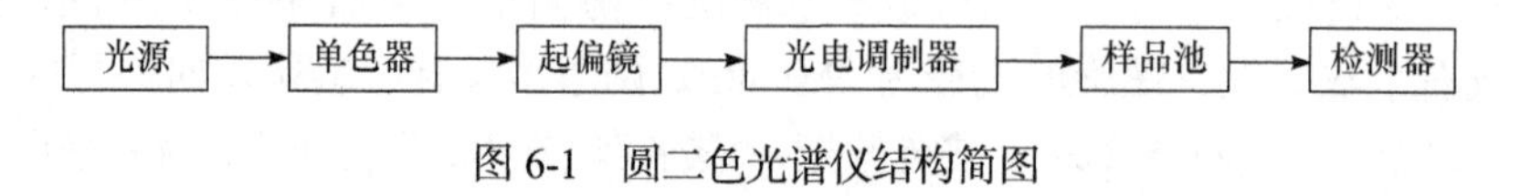

图 6-1 圆二色光谱仪结构简图

(1) 光源：一般为氙灯。部分圆二色光谱仪还配置有钨丝灯、氙汞灯，用于长波区和变温、停留测试。

(2) 单色器：棱镜或光栅。将光源发出的复合光转换为单色光。

(3) 起偏器：产生平面偏振光。

(4) 光电调制器：通常为石英晶体等压电材料，施加高频交流电压后将平面偏振光转换为左、右圆偏振光。

(5) 样品池：放置待测样品，由石英制成。

(6) 检测器：一般为光电倍增管，将左、右圆偏振光通过样品产生的吸收差转化为圆二色信号。

6.4.2 圆二色光谱仪的测试条件和参数

1. 测试波长范围

由于圆二色光谱的波长范围与紫外-可见吸收光谱基本一致，在圆二色光谱测试前通常可先进行紫外-可见吸收光谱的测试，以确定实际测试波长范围。

2. 狭缝宽度

在测量圆二色光谱时，降低狭缝宽度能够提高测量分辨率。因此，高分辨率测量可选用较窄的狭缝宽度。但是，过低的狭缝宽度会造成电压过高和较大的噪声，还会因杂散光引起测量误差。因此，实际测量时的狭缝宽度通常需选择 1～2 nm。

3. 样品溶剂

在圆二色光谱法中，应尽量避免溶剂的光吸收对样品测试的影响。对于不同的溶剂，在紫外分析或圆二色分析有一个可测定范围，超出某一波长时则在光谱上表现为吸光度过高，不能反映体系真实性质，该波长就称为溶剂的截止波长。圆二色光谱测试中应尽可能选用截止波长较短的溶剂，如水、乙醇、乙腈等。并且，圆二色光谱测量中应尽量避免在深紫外区进行测试，以减少溶剂或其他物质的吸收干扰。

在生物分子的圆二色光谱分析中，为了保持生物分子的结构和功能，通常需要在缓冲溶液环境中进行测试。然而，缓冲溶液中的盐或其他组分也有可能带来吸收干扰。实际测量时需根据样品性质和测试波长范围，选用合适的缓冲溶液，尽量避免在分析体系中包含 Tris 和氯离子，以减少吸收干扰。

4. 氮气吹扫

真空紫外区的圆二色光谱测试过程中必须采用高纯度氮气对光路进行吹扫，以降低水蒸气、臭氧等的干扰。部分型号的圆二色光谱仪在近紫外和可见区的测试中也必须持续通入高纯氮气。

实验 6-1　基于圆二色光谱法的血清白蛋白与布洛芬相互作用的研究

【实验目的】

(1) 掌握圆二色光谱法的基本原理。

(2) 理解应用圆二色光谱法研究蛋白质和药物分子相互作用的原理。

(3) 掌握蛋白质二级结构中α螺旋含量的常用分析方法。

【实验原理】

解析生物大分子与药物之间的相互作用是新药研发的必要环节之一。尤其是药物分子与蛋白质的相互作用能够形成蛋白质-药物复合物，对药物在人体内的分布、代谢具有重要影响。同时，药物与蛋白质的相互作用还可能改变蛋白质的结构，从而影响蛋白质的生物活性和功能。血清白蛋白是血浆中最丰富的载体蛋白，具有运输和维持血液正常渗透压的功能。血清白蛋白也是生物、制药等领域中应用最广泛的模型蛋白质分子，具有结合、运输内源性和外源性的物质到达大脑神经中枢、心脏、肾脏等器官的功能。因此，血清白蛋白与药物分子的相互作用在研究药物的药理作用、生物安全性、体内分布等方面具有重要的意义。

布洛芬(ibuprofen)的化学名称为 2-(4-异丁基苯)丙酸，是常用的解热镇痛药和非甾体抗炎药。布洛芬通过抑制环氧化酶，减少前列腺素的合成，产生镇痛、抗炎作用；通过作用于下丘脑体温调节中枢起解热作用。临床常用于缓解轻至中度疼痛，如头痛、关节痛、偏头痛、牙痛、肌肉痛、神经痛、痛经，也用于普通感冒或流行性感冒引起的发热。

本实验采用圆二色光谱法研究血清白蛋白与布洛芬的相互作用。当平面圆偏振光照射血清白蛋白溶液时，蛋白质中的光活性基团对平面圆偏振光中的左圆偏振光和右圆偏振光的吸收不同，使左、右圆偏振光透过蛋白质后变成椭圆偏振光，从而表现为血清白蛋白的圆二色性特征光谱。向血清白蛋白溶液中加入布洛芬，布洛芬能够结合在血清白蛋白分子的特殊区域，从而引起蛋白质二级结构的改变，相应的圆二色光谱也会发生改变。通过分析布洛芬加入前后圆二色光谱图的变化可知药物分子对蛋白质结构的影响信息。

【仪器、试剂】

1. 仪器

MOS-500 型圆二色光谱仪；分析天平；酸度计。
移液器；石英吸收池；容量瓶(50 mL、100 mL)。

2. 试剂

牛血清白蛋白；布洛芬(分析纯)；K_2HPO_4-KH_2PO_4缓冲溶液(0. 02 mol · L^{-1}，pH 7.4)；去离子水；H_3PO_4溶液(0.1 mol · L^{-1})；NaOH 溶液(0.1 mol · L^{-1})；甲醇(分析纯)。

【实验步骤】

1. 溶液配制

(1) K_2HPO_4-KH_2PO_4缓冲溶液：称取 0.27 g K_2HPO_4和 0.05 g KH_2PO_4，加适量去离子水溶解后，稀释至 100 mL，用 H_3PO_4溶液(0.1 mol · L^{-1})或 NaOH 溶液(0.1 mol · L^{-1})，借助酸度计将溶液调至 pH 7.4。

(2) 血清白蛋白溶液：称取 20 mg 牛血清白蛋白，加适量 K_2HPO_4-KH_2PO_4缓冲溶液(0.02 mol · L^{-1}，pH 7.4)溶解后，定容于 100 mL 容量瓶，配制浓度为 0.2 mg · mL^{-1}的血清白蛋白溶液。

(3) 布洛芬溶液：称取 0.1031 g 布洛芬，加适量甲醇溶解后，用甲醇定容于 50 mL 容量瓶，配制浓度为 1.0×10^{-2} mol · L^{-1}的布洛芬溶液。

(4) 样品溶液：向 10 mL 血清白蛋白溶液中分别加入 20 μL、50 μL、100 μL、200 μL 1.0×10^{-2} mol · L^{-1}布洛芬溶液。

2. 仪器操作

(1) 打开氙灯光源，预热 15 min。

(2) 打开 MOS-500 型圆二色光谱仪主机开关；打开计算机，双击桌面 BioKine 图标启动程序。

(3) 选择菜单栏“Install”→“device”，勾选“MOS-500”，点击“OK”确认。

(4) 能量测试。样品室内不放任何样品，设 Ex 190 nm，slit 2 nm，shutter on，HV on，点击“Auto”，查看电压值，应小于 330 V。

(5) 设定测试条件。狭缝宽度：2 nm。起始波长：195 nm；终止波长：280 nm；扫描方式：CD，勾选“Record HV”和“Record Absorb”；测定次数设置为 3 次。

(6) 空白测试。准备好装有 K_2HPO_4-KH_2PO_4缓冲溶液的吸收池，放入样品室中，点击“Blank spectrum”的“Record”按钮，记录空白光谱。

(7) 样品测试。取出装有空白样品的吸收池，换成待测试样品溶液。点击“Acquisition control”按钮，进行样品测试。

(8) 测试完成后，点击“File”→“Save As”，在弹出的对话框中，设置保存的文件名和保存位置。点击“Save”。

(9) 关机前再次进行能量测试(样品室不放任何样品)。设 Ex 190 nm，slit 2 nm，shutter on，

HV on，点击“Auto”，查看电压值，应小于 330 V。

(10) 关闭 Bio-Kine 32 软件，关闭主机电源和计算机，最后关闭光源开关。

(11) 清洗石英吸收池。

【注意事项】

(1) 开机后灯的功率不要超过 150 W，灯箱上面的风扇必须保持转动。

(2) 测试前能量测试：样品室内不放任何样品，Ex 190 nm，slit 2 nm，auto HV 应小于 330 V。否则必须进行波长测试，调整灯位，或灯已老化，考虑换灯。

(3) 波长测试：Ex 0 nm，shutter 打开，样品室应有白光；Ex 546 nm，shutter 打开，样品室应有绿光。

(4) 使用过程中保持吸收池干净能够最大限度地延长其使用寿命。在测试间隔中，将吸收池保存在水或溶剂中，只能用擦镜纸或软布擦拭光学表面，大多数纸制品中都含有木质纤维，会划伤吸收池。使用结束后，确保吸收池清洗干净，待干燥后放入盒中保存。

【数据记录与结果处理】

(1) 双击 BioKine 图标启动程序。点击“File”→“Load data file”，在“Load File”对话框中选择文件。点击菜单栏“Analysis”按钮切换为分析窗口。

(2) 记录样品在 208 nm 和 222 nm 处的椭圆率θ，按式(6-6)换算成$[\theta]_{208}$或$[\theta]_{222}$。

(3) 依据上述数据，按式(6-4)和式(6-5)计算蛋白质中α螺旋的含量，并进行比较。

【思考题】

(1) 圆二色光谱分析蛋白质二级结构的基本原理是什么?

(2) 能否采用玻璃吸收池进行圆二色光谱测试?

(3) 试述布洛芬影响血清白蛋白二级结构的原因。

实验 6-2　圆二色光谱法测定汞离子含量

【实验目的】

(1) 了解汞离子的检测意义。

(2) 了解圆二色光谱法测定汞离子含量的基本原理。

(3) 掌握圆二色光谱仪的操作。

【实验原理】

汞离子是常见的环境污染物。2019 年，汞及汞化合物被列入我国《有毒有害水污染物名录(第一批)》。汞对人体有较强的毒性作用，严重危害中枢神经系统、消化系统及肾脏，对呼吸系统、皮肤、血液和眼睛也有一定的影响。汞离子可与体内氨基酸或蛋白质中的巯基等电负性基团结合，从而影响能量代谢、蛋白质与核酸的合成等；汞还能通过与核酸的作用，阻碍细胞的分裂过程。无机汞和有机汞都可引起染色体异常并具有致畸作用。因此，汞离子含量分析在环境监测、工业排污、食品安全等领域具有重要意义。

氨基酸不仅能够通过肽键连接形成具有圆二色性的蛋白质，也能够通过与金属离子组装形成具有圆二色性的手性化合物。本实验首先利用 L-半胱氨酸与银离子作用形成手性配位化合物，其圆二色特征峰位于正的 254 nm。向该手性配位化合物中加入 Hg^{2+}，由于 Hg^{2+}能与 L-半胱氨酸分子中的巯基结合，从而破坏 L-半胱氨酸-Ag^{+}手性配位化合物的形成，圆二色特征峰减弱甚至消失。因此，通过监测 L-半胱氨酸-Ag^{+}手性配位化合物在 254 nm 处的椭圆度变化，可实现 Hg^{2+}的定量分析。

【仪器、试剂】

1. 仪器

MOS-500 型圆二色光谱仪；分析天平；微量移液器；超声波清洗仪。
石英吸收池；烧杯(200 mL)；棕色容量瓶(10 mL、100 mL)。

2. 试剂

Hg^{2+}标准储备液(1×10^{-5} mol · L^{-1})；硝酸银(分析纯)；L-半胱氨酸(分析纯)；环境水样；去离子水。

【实验步骤】

(1) 制备 L-半胱氨酸-Ag^{+}手性配位化合物：称取 0.0013 g L-半胱氨酸和 0.0017 g 硝酸银，分别溶解于 500 mL 去离子水中。将上述溶液各取 50 mL 置于 200 mL 烧杯中，在 37℃下超声 30 min，制得 L-半胱氨酸-Ag^{+}手性配位化合物。

(2) 配制系列浓度标准溶液：在 8 个 10 mL 棕色容量瓶中，分别加入 Hg^{2+}标准储备液 0 μL、50 μL、100 μL、200 μL、300 μL、400 μL、500 μL、600 μL，再各加入 2 mL L-半胱氨酸-Ag^{+}手性配位化合物，加去离子水至刻度，摇匀。其浓度分别为 0.05 μmol · L^{-1}、0.1 μmol · L^{-1}、0.2 μmol · L^{-1}、0.3 μmol · L^{-1}、0.4 μmol · L^{-1}、0.5 μmol · L^{-1}、0.6 μmol · L^{-1}。

(3) 测定 L-半胱氨酸-Ag^{+}手性配位化合物的圆二色光谱：选择适当的仪器测量条件，包括狭缝宽度、起始波长、终止波长、测定次数等。向 1 cm 吸收池中加样，扫描圆二色光谱，测定该条件下的圆二色光谱峰位。

(4) 制作多点标准曲线：测定系列浓度标准溶液的圆二色光谱。以浓度(μmol · L^{-1})为横坐标、圆二色光谱峰位的椭圆度为纵坐标，绘制标准曲线。

(5) 测定环境水样中的 Hg^{2+}：准确量取 5.00 mL 环境水样于 10 mL 棕色容量瓶中，加入 2 mL L-半胱氨酸-Ag^{+}手性配位化合物，加去离子水至刻度，摇匀。在相同的测量条件下，测量其圆二色光谱。平行测定三次。

仪器操作步骤如下：

(1) 打开氙灯光源，预热 15 min，启动计算机程序。

(2) 能量测试。

(3) 设定测试条件。狭缝宽度：2 nm。起始波长：200 nm；终止波长：360 nm；扫描方式：CD，勾选“Record HV”和“Record Absorb”；测定次数：3 次。

(4) 空白测试。将装有去离子水的吸收池放入样品室中，点击“Blank spectrum”的“Record”按钮，记录空白光谱。

(5) 测试样品，保存数据。
(6) 进行能量测试后关机。

【注意事项】

(1) 含 Hg^{2+}废液需统一收集至指定废液储存装置。
(2) 硝酸银和半胱氨酸溶液应现用现配，以免变质。

【数据记录与结果处理】

记录各项实验数据，以系列标准溶液浓度($\mu mol \cdot L^{-1}$)为横坐标、254 nm 处椭圆度为纵坐标绘制标准曲线。从标准曲线上查出环境水样中 Hg^{2+}的含量。

【思考题】

(1) 本实验所用的标准溶液和实际样品的制备为什么使用棕色容量瓶?
(2) 简述本实验中 Hg^{2+}含量定量分析的原理。

附录 6-1　MOS-500 型圆二色光谱仪操作说明

1. 开机

(1) 确认选择了氙灯或汞灯；打开 ALX-300 光源控制器机箱后部开关，然后按下机箱前面板“start”按钮，预热 15 min，确保光源达到稳定状态。

(2) 5～10 min 后待 ALX-300 前面板显示功率稳定，查看是否在 150 ± 2 以内，如不在此范围，可用前面旋钮调节功率。

(3) 打开 MOS-500 型圆二色光谱仪主机前面板开关；打开计算机，双击桌面 BioKine 图标启动程序。

2. 检查加载设备(如不更改配置则无需进行此步骤，直接进行步骤 3)

(1) 选择菜单栏“Install”→“device”。

(2) 在出现的“Device Installation”对话框中勾选配置的仪器和附件，一般勾选“MOS-500”。若有温控附件，则还需勾选“Peltier TCU-250”。最后点击“OK”确认。

3. 测试

(1) 仪器连线及初始化。选择菜单栏“Device”→“Scanning spectrometer (MOS-500)”；此时仪器开始连线及初始化运行(大约需要 2 min 等待时间)；若仪器自检过程中发生错误，窗口中会自动弹出提示。

(2) 能量测试 Energy test。样品室内不放任何样品，设 Ex 190 nm，slit 2 nm，shutter on，HV on，点击“Auto”，查看电压值，应小于 330 V。

(3) 设定测试条件。设置狭缝宽度，一般为 2 nm。点击窗口上部“Acquisition Setup”，在出现的“Scanning Setup”对话框中扫描方式“Acquisition mode”选择“CD”。其中，勾选“Record HV”可以同时记录电压，勾选“Record Absorb”可以同时记录吸收数据；快门设置一般选择

“always open”，对于光敏感样品，可以选“Open for scan”；快门开关需要数毫秒时间，要求采样时间大于 5 s · 点$^{-1}$；PM gain×10 用于测试 CD 信号很弱的样品，或电压很高(＞900V)的情况；“Reverse spectrum”为反向测试，即长波长向短波长扫描，用于光敏感样品测试；“CD parameters”要根据实际样品测得的 CD 信号强度选择对应范围。设置起始波长、终止波长、测定次数。

(4) 空白测试。准备好装有空白溶剂的吸收池，放入样品室中，点击“Blank spectrum”的“Record”按钮，记录空白光谱。

(5) 样品测试。取出空白样品的吸收池，换成待测试样品溶液。点击“Acquisition control”按钮，进行样品测试。

4. 数据存储

(1) 手动保存。测试完成后，点击“File”→“Save As”，在弹出的对话框中，设置保存的文件名和保存位置。点击“Save”后，文件即保存。

(2) 自动保存。在测试前勾选“AutoSave”功能的“On”，开启自动保存。再点击旁边的“Setup”按钮，设置自动保存文件的位置和文件命名方式。设置后，测试谱图即能够自动保存，在设置位置可找到谱图文件，可用记事本程序打开，数据可用于作图。

(3) 点击“Image”→“Save As MetaFile”，能够直接保存为 WMF 格式图片文件；点击“Image”→“Copy”，图片保存在剪贴板，可粘贴到其他软件中。

5. 关机

(1) 关机前再次进行能量测试(样品室不放任何样品)。设 Ex 190 nm，slit 2 nm，shutter on，HV on，点击“Auto”，查看电压值，应小于 330 V。

(2) 关闭 Bio-Kine 32 软件，关闭主机电源和计算机，最后关闭光源开关。

6. 数据处理

单纯的数据导入和分析只需要 Bio-Kine 32 软件即可，无需开启仪器主机。因此，可在个人计算机上安装 Bio-Kine 32 软件进行相应操作。

(1) 打开计算机，双击 BioKine 图标启动程序。

(2) 谱图文件导入。点击“File”→“Load data file”，在“Load File”对话框中选择相应文件，文件导入完成。之后可以利用软件的分析工具进行谱图分析。若要在谱图测试后直接进行分析，则直接点击菜单栏“Analysis”按钮切换为分析窗口。若要在已经打开的谱图窗口中添加一个谱图，需要点击“File”→“Add”进行添加。

(3) 谱图处理。“Smoothing”平滑功能，选择“Tools”→“Smoothing”→“Savitzky-Golay”，设置平滑方法的参数，一般采用默认 Smoothing Windows = 15，Polynomial Order = 3 即可。

7. 仪器维护和保养

(1) 灯箱冷却后，方可进行汞灯和氙灯之间的切换。

(2) 真空紫外区测试过程中必须采用高纯度氮气对光路进行吹扫，以降低水蒸气、臭氧等对测试的干扰。

(3) 换灯时需注意功率问题，切勿过高，可在切换灯前适当调低功率。

(4) 每三个月进行光源检查，灯功率应为 145～150 W，注意不要超过 150 W。平时要注意灯的状况，可以三个月(使用频率高可以一个月检查一次)打开灯箱看一下灯上面正极，如果有发黑情况，要把电极和端头拆开，接触部位打磨一下。否则时间长了之后正极有可能过热，导致灯烧坏。如果灯线老化严重，则需要更换灯线。

第 7 章　分子荧光光谱法与化学发光分析法

物质的基态分子吸收能量(电能、热能、化学能和光能等)被激发到较高电子能态，从不稳定的激发态跃迁回基态并发射出光子，此现象称为发光。基于分子发光建立起来的方法称为分子发光光谱法(molecular luminescence spectrometry)。分子发光光谱法包括分子荧光光谱法(molecular fluorescence spectrometry)、分子磷光光谱法(molecular phosphorescence spectrometry)、化学发光分析法(chemiluminometry)和生物发光法(bioluminescence)。

荧光和磷光同属光致发光，发射荧光时电子能量转移不涉及电子自旋改变，荧光寿命较短(10^{-11}～10^{-7} s)。荧光是由单重态-基态跃迁产生的，受激发的自旋状态不发生变化。磷光是由三重态-基态跃迁产生的，发射磷光时伴随电子自旋的改变，在辐射停止几秒或更长一段时间后，仍能检测到磷光，磷光寿命略长(10^{-4}～10 s)。

化学发光是指某些物质在进行化学反应时，由于吸收了反应时产生的化学能，反应产物分子由基态激发至激发态，受激分子由激发态再回到基态时，发出一定波长光的过程。生物发光是指生物体发光或生物体提取物在实验室中发光的现象，是由细胞合成的化学物质，在一种特殊酶的作用下，将化学能转化为光能。

本章介绍分子荧光光谱法与化学发光分析法。

7.1　分子荧光光谱法

7.1.1　分子荧光光谱法的基本原理

分子受光能激发后，由第一电子激发单重态(S_1)跃迁回到基态的任一振动能级时所发出的光辐射称为分子荧光。由于分子对光的吸收具有选择性，因此荧光的激发和发射光谱是荧光物质的基本特征。测定激发光谱时，通常是在一定的狭缝宽度下，固定待测物质的发射波长，然后改变激发光的波长，测量不同激发光波长所产生荧光强度的变化。荧光强度最大处所对应的激发波长就是最适宜的激发波长，称为最大激发波长。此时分子吸收的能量最大，能产生最强的荧光。测定发射光谱时，是将激发光波长固定在最大激发波长处，然后不断改变荧光的发射波长，测定不同的发射波长处的荧光强度的变化。通常用λ_{ex}和λ_{em}分别表示最大激发波长和最大发射波长。激发光谱和发射光谱可用于鉴别荧光物质，并可作为荧光测定时选择激发波长和测定波长的依据。图 7-1 为 1-萘酚的荧光激发光谱和发射光谱。

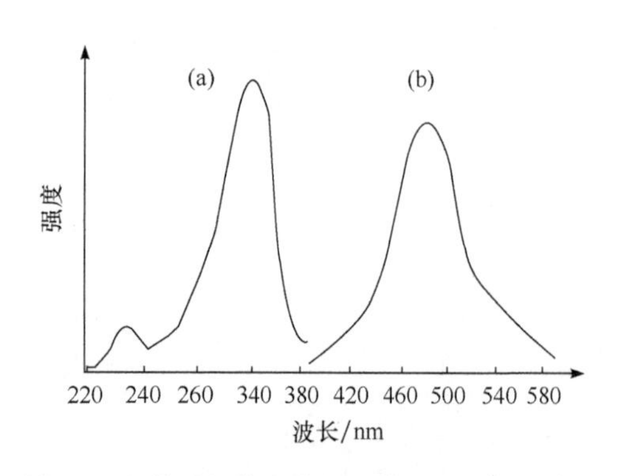

图 7-1　1-萘酚的荧光激发光谱(a)和发射光谱(b)

在一定条件下仪器所测得荧光物质发射荧光的大小用荧光强度来衡量。荧光是向四周发射的，没有固定方向，是各向同性的，因此实际上测量的是某一方向的荧光强度。荧光是光致发光，而物质吸收光以后再发射光，所以荧光强度(I_f)应与入射的光强度(I_0)以及荧光量子产率成正比，即

$$I_f = 2.303\phi I_0 \varepsilon bc \tag{7-1}$$

式中，ϕ为荧光量子产率；ε为摩尔吸光系数；b 为吸收池厚度；c 为待测物质的物质的量浓度。

当 I_0 和 b 不变时，式(7-1)可表示为

$$I_f = aI_0 c \tag{7-2}$$

式中，a 为常数，可以看出，荧光强度与浓度成正比。需要指出的是，这样的正比关系只有在被测物的浓度较低时才成立。

7.1.2　荧光与分子结构的关系

物质分子必须具有电子吸收光谱的特征结构，这是产生荧光的前提。另外，物质分子吸收光之后，还必须具有高的荧光量子产率。荧光物质分子的激发、发射性质都与分子结构密切相关。许多吸光物质由于其结构特征，分子的荧光量子产率很低，不一定发荧光。在有机分子中，最有效的荧光通常涉及$\pi \to \pi^*$跃迁。因此，荧光物质往往具有如下特征：具有大的共轭双键结构，具有刚性的平面结构，取代基团为给电子取代基。

1. 共轭π键体系

荧光分子都含有能发射荧光的基团，即荧光团。荧光团通常含有共轭π键，共轭π键达到一定程度才会发出荧光。电子共轭体系越大，π电子越容易激发，产生的荧光越强，同时荧光光谱越移向长波区。

2. 刚性平面结构

对于具有强荧光的化合物和荧光试剂，分子的共轭体系必须具有刚性平面结构。刚性平面结构增加了π电子体系的相互作用和共轭，使分子与溶剂或其他溶质分子的相互作用减小，降低了碰撞去活化的可能性。例如，8-羟基喹啉-5-磺酸在弱碱性介质中无荧光，但与 Zn(Ⅱ)、Cd(Ⅱ)等离子配位后，能够形成强荧光的配合物，就是由于喹啉上的羟基和 N 原子与金属离子形成了刚性的分子结构。

3. 取代基效应

给电子取代基如—NH_2、—NHR、—NR_2、—OH、—OR、—CN 等，取代后可使荧光增强。这是因为取代基上的非键电子 n 几乎与芳环上的π轨道平行，产生了 n-π共轭作用，增强了电子的共轭程度，导致荧光增强，荧光波长红移。

吸电子取代基如—C═O、—NO_2、—COOH、—CHO、—COR、—N═N—、卤素等，取代后荧光体的荧光强度一般会减弱甚至猝灭。这是由于虽然这类基团中也都含有 n 电子，但其 n 电子的电子云不与芳环上π电子云共平面，不能构成 n-π共轭，不能扩大电子共轭程度，这类化合物的 $n \to \pi^*$跃迁属于禁阻跃迁，其摩尔吸光系数小，导致荧光减弱。

芳烃取代上卤素之后，其化合物的荧光随卤素相对原子质量的增加而减弱，这种现象称为重原子效应，即在发光分子中引入质量相对较大的原子时出现荧光减弱的现象。这是由于相对

较重的原子带有的电磁场对分子中电子自旋的影响比较轻的原子影响大，造成激发的单重态和三重态在能量上更为接近，减小了单重态和三重态之间的能量差，导致荧光的量子产量降低。

7.1.3 影响荧光强度的环境因素

1. 溶剂的影响

同一种荧光物质在不同溶剂中，其荧光光谱的位置和强度可能有明显不同。例如，许多共轭芳香烃化合物的荧光强度随溶剂极性的增加而增强，且荧光峰波长向长波方向移动。这是因为共轭芳香烃化合物在激发时发生了$\pi \to \pi^*$跃迁，其激发态比基态的极性更大，随着溶剂极性的增大，对激发态比对基态产生更大的稳定作用，结果使荧光光谱发生了红移。

2. 温度的影响

对于大多数荧光物质，随着温度的降低，荧光的量子产率和荧光强度将增加；温度升高，荧光的量子产率和荧光强度下降。这是由于温度降低的时候，溶液中分子的活性减弱，溶液的黏度增大，溶质分子与溶剂分子间碰撞机会减少，降低了各种非辐射去活化概率，使荧光量子产率增加，荧光强度增强。在进行荧光测定时，激发光源产生的热量是溶液温度变化最重要的原因之一，而且分析过程中室温可能发生变化，因此在检测一些温度系数大的样品时，必须使用恒温池，保持溶液温度的恒定。

3. 溶液 pH 的影响

当荧光物质为有机弱酸(弱碱)或无机螯合物时，由于它们的分子和离子在电子构型上的差异，溶液 pH 的改变对荧光强度有很大的影响。例如，苯酚在酸性溶液中以分子形式存在，呈现荧光，但在碱性溶液中则以阴离子形式存在。因此，当溶液为强碱性时，溶液中主要是苯酚的负离子形态，荧光消失。

$$C_6H_5-OH \underset{H^+}{\overset{OH^-}{\rightleftharpoons}} C_6H_5-O^-$$

pH ≈ 1，有荧光　　　　pH ≈ 13，无荧光

4. 荧光猝灭作用

荧光猝灭是指荧光物质分子与溶剂分子或其他溶质分子相互作用而引起荧光强度降低的现象。与荧光物质分子相互作用引起荧光强度下降的物质称为猝灭剂。

荧光猝灭的类型很多，主要有以下几种类型。

(1) 动态猝灭：激发单重态的荧光分子 M^*与猝灭剂 Q 相互碰撞后，激发态分子以无辐射跃迁方式返回基态，产生猝灭作用，即动态猝灭。猝灭速度受扩散控制，并与溶液的温度和黏度有关。动态猝灭过程是与自发发射过程相竞争从而缩短激发态分子寿命的过程。

(2) 静态猝灭：静态猝灭是指基态的荧光分子 M 与猝灭剂分子 Q 生成非荧光配合物 MQ 的过程。由于与荧光分子 M 生成了一种新的不发光的基态配合物，因此荧光分子发出的荧光强度降低。基态配合物的生成也可能与荧光物质的基态分子竞争吸收激发光(内滤光效应)，从而降低荧光物质的荧光强度。

(3) 动态和静态的同时猝灭：在有些情况下，荧光分子与猝灭剂之间不仅能发生动态猝灭，

而且同时又能发生静态猝灭，即动态和静态的同时猝灭。

(4) 荧光物质的自猝灭：在高浓度的荧光物质中，荧光强度因其浓度高而减弱的现象称为自猝灭。自猝灭的原因并不完全一样，最简单的原因是激发态分子在发出荧光之前与未激发的荧光物质分子碰撞。此外，还有些荧光物质分子在高浓度溶液中生成二聚体或多聚体，使其吸收光谱发生变化，也会引起荧光的减弱或消失。

7.1.4　荧光光谱仪

荧光光谱仪一般由光源、单色器、样品池、检测系统、读数装置等部件组成。光源激发被测物，单色器分离出所需要的单色光，检测系统把荧光信号转换为电信号。从光源发出的光照射到盛有荧光物质的样品池上，产生荧光。荧光向四面八方发射，为了消除透射光的干扰，通常在与激发光传播方向成 90° 的方向上测量荧光。样品池通常为矩形，在矩形池中以 90° 的位置进行测量可使入射光及被测荧光物质垂直通过样品池壁，从而减少池壁对入射光及荧光的反射。

图 7-2 为荧光光谱仪结构示意图。

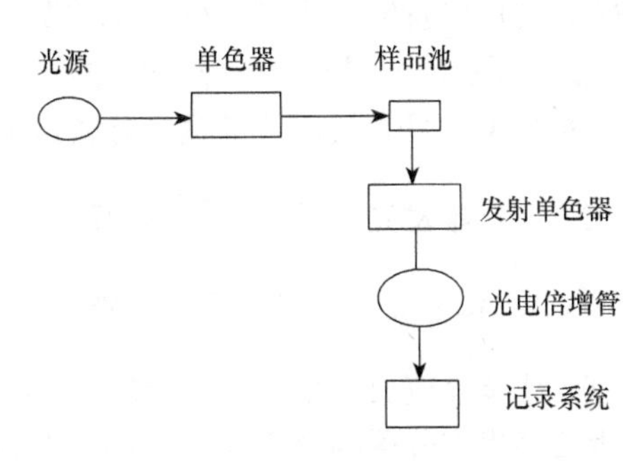

图 7-2　荧光光谱仪结构示意图

1. 光源

由于发射荧光强度与入射光强度成正比，所以光源的强度直接影响其测量的灵敏度；而光源的稳定性则直接影响测定的重复性。高压氙弧灯是目前荧光分光光度计中应用最广泛的一种光源。这种光源外套为石英，内充氙气。在 250～800 nm 波长区域为连续光谱，450 nm 附近有几条锐线。氙灯灯光很强，且在 250～400 nm 辐射线强度几乎相等。氙灯在平时或工作时都处于高压之下，因此安装和操作时应注意防护。另外，氙灯灯光很强，射线对眼睛有损害，因此工作者应避免直视光源。氙灯使用寿命约为 2000 h。

2. 单色器

多数荧光分光光度计采用光栅作为单色器。一般有两个单色器，第一个是激发单色器，置于光源和样品池之间，用来选择激发波长；第二个是发射单色器，置于样品池和检测器之间，用来选择荧光发射波长。第二单色器能够滤去激发光所产生的反射光、溶剂的杂散光和溶液中杂质的荧光，只让被测组分的一定波长的荧光通过，然后到达光电倍增管被检测，再输入记录仪显示记录。

3. 样品池

荧光分析用的样品池必须用低荧光材料制成，通常用不吸收紫外光的石英材料制成，形状通常为长、宽各为 1 cm 的柱形石英池。测定低温荧光时，一般在石英池外套上一个装有液氮的透明石英真空瓶，以降低温度。

4. 检测器

由于荧光的强度较弱，因此要求检测器有较高的灵敏度。光电倍增管是常规荧光分光光度计最常用的检测器。工作时，要使发射单色器和检测器所确定的方向与激发单色器和光源所确定的方向垂直。

7.2 化学发光分析法

某些物质在进行化学反应时，吸收了反应时产生的化学能，使反应产物分子激发至激发态，再由激发态回到基态时，产生光辐射而发射光子，此过程称为化学发光。根据化学发光的强度测定物质含量的分析方法称为化学发光分析法。化学发光不是由外界光、热或电激发物质而产生的光辐射。化学发光分析法不需要光源及单色器，仪器设备简单，没有散射光和杂散光引起的背景值，具有线性范围宽、分析速度快的优点。

7.2.1 化学发光分析法的基本原理

1. 化学发光反应的基本条件

化学反应要产生化学发光现象，必须满足以下条件：①该反应必须提供足够的激发能，即生成激发态分子的效率足够高；②化学反应的能量至少能被一种分子吸收生成激发态；③处于激发态的分子必须具有一定的化学发光量子产率，或者能将能量转移给另一个分子使其激发并释放出光子。

化学发光量子产率 ϕ_{CL} 为

$$\phi_{CL}=\frac{发射光子数}{反应分子数}=\frac{激发态分子数}{反应分子数}\times\frac{发射光子数}{激发态分子数} \tag{7-3}$$

2. 化学发光强度与反应物浓度的关系

在时间 t 时，化学发光反应的发光强度 I_{CL}(单位时间发射的光子数)取决于单位时间内参加化学反应分子数 n_A 的变化和反应的化学发光量子产率 ϕ_{CL}，即

$$I_{CL}=V\phi_{CL}c_0=Kc_0 \tag{7-4}$$

可以看出，在合适的条件下，化学发光强度与分析物的浓度成正比。

7.2.2 化学发光反应的主要类型

(1) 自身化学发光反应：被测物质作为反应物直接参加化学反应，利用自身化学反应释放的能量激发产物分子产生光辐射，称为自身化学发光反应。

(2) 敏化化学发光反应：在某些化学反应中，由于激发态产物本身不发光或发光十分微弱，但通过加入某种荧光剂(能量接受体)可导致发光，称为敏化化学发光反应。这是一类间接化学发光，弥补了自身化学发光荧光量子产率低的不足，具有广泛的用途。

(3) 电致化学发光反应：电解的氧化还原产物之间或与体系中某种组分进行化学反应并发光，称为电致化学发光反应，如水溶液中 $Ru(bpy)_3^{2+}$ 和 $Ru(bpy)_3^{2+}$ - $C_2O_4^{2-}$ 体系的电致化学发光反应。

7.2.3 常见的化学发光试剂

1. 鲁米诺

鲁米诺是化学发光分析中研究和应用最多的试剂之一。以鲁米诺的化学发光反应为基础测

定的化合物有许多氧化剂，如 Cl_2、H_2O_2、O_2、MnO_4^- 等。产生化学发光时的量子产率 ϕ_{CL} 为 0.01～0.05，在水介质中，最大发射波长为 425 nm。

鲁米诺在碱性溶液中的反应历程如图 7-3 所示。

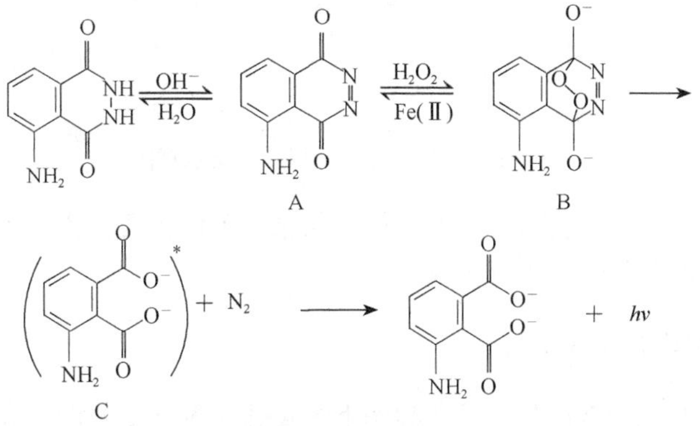

图 7-3　鲁米诺在碱性溶液中的反应示意图

关键的中间体为与氧化剂 H_2O_2 作用生成的不稳定的跨环过氧化物 B，此中间体分解的唯一结果是产生激发态而获得发射光。利用该发光反应可检测低至 10^{-9} mol · L^{-1} 的 H_2O_2。

2. 吖啶衍生物

光泽精是一种吖啶衍生物，是最常见的化学发光试剂之一。在碱性条件下可被氧化而发出波长为 470 nm 的光，与鲁米诺一样具有较高的化学发光量子产率(0.01～0.02)。

3. 过氧草酸盐类

过氧草酸盐类物质自身并不发光，其化学发光为敏化化学发光。与鲁米诺相比，过氧草酸盐化学反应的发光效率高，可达到 27%，且在较宽的酸度范围内(pH 为 4～10)都能发光。

4. 多羟基化合物

多羟基化合物，如没食子酸、焦性没食子酸、苏木色精、桑色素、槲皮素等都可以作为化学发光试剂。例如，没食子酸(3,4,5-三羟基苯甲酸)和焦性没食子酸等在碱性介质中被 H_2O_2 或 O_2 氧化时有化学发光现象，发出蓝色(475～505 nm)和红色(643 nm)两种光。微量金属离子，如 Co(Ⅱ)、Mn(Ⅱ)、Cd(Ⅱ)、Pb(Ⅱ)等对这一反应有催化作用，由此可以测定这些金属离子。又如，微量甲醛的存在使没食子酸-H_2O_2 反应的化学发光强度大大提高，且与甲醛含量呈线性关系，用此发光体系测定水中的微量甲醛，检出限可达 1.0×10^{-8} mol · L^{-1}。

7.2.4　化学发光分析的测量仪器

化学发光分析的测量仪器主要包括样品室、光检测器、放大器和信号显示记录系统，如图 7-4 所示。

在样品室中，当试样与有关试剂在反应器中混合后，化学发光反应立即发生，从反应器产生的化学发光直接进入检测系统进行光电转换，再通过放大器处理输出信号。在试样与有关试剂混合过程中应立即测定信号强度，否则会造成光信号的损失。由于化学发光反应的这一特点，

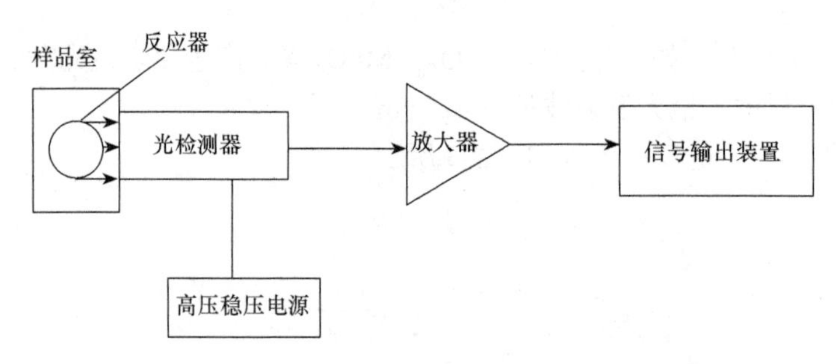

图 7-4 化学发光分析测量仪器示意图

试样与试剂混合方式的重复性就成为影响分析结果精密度的主要因素。按照进样方式，有分立取样式和流动注射式两种化学发光分析仪。

1. 分立取样式化学发光分析仪

分立取样式化学发光分析仪是一种在静态下测量化学发光信号的装置。利用移液管或注射器先将试样与试剂加入储液管中，然后使试样与试剂同时流入样品室的反应器中混合均匀，根据发光峰面积的积分值或峰高进行定量测定。分立取样式仪器具有简单、灵敏度高的特点，还可用于反应动力学的研究。但手动进样重复性差，测量的精密度不高，且难以实现自动化。

2. 流动注射式化学发光分析仪

流动注射分析是一种自动化溶液分析方法，将一定体积的液体(几十到几百微升)试样注射到一个流动着的、无空气间隔的、由适当液体组成的载流中，试样被载到反应器中，在此与由另一流路引入的反应试剂反应发光，再连续地记录其信号强度。采用流动注射式进样，可以准确地控制试样及有关反应试剂的体积，并可以选择试样准确进入反应器的时间，使其与反应试剂进入反应器的时间一致。与分立取样式化学发光分析法相比，该方法具有更高的灵敏度和精密度。

实验 7-1　分子荧光光谱法测定维生素 B_2 的含量

【实验目的】

(1) 掌握分子荧光光谱法的基本原理。
(2) 了解荧光分光光度计的结构，学习其使用方法。
(3) 掌握标准曲线法定量分析维生素 B_2 的基本原理。

【实验原理】

常温下，处于基态的分子吸收一定的紫外-可见光的辐射能成为激发态分子，激发态分子通过无辐射跃迁至第一激发态的最低振动能级，再以辐射跃迁的形式回到基态，发出比吸收光波长长的光而产生荧光。固定一个假设的发射波长进行激发波长扫描，找出最大激发波长 λ_{ex}，然后固定最大激发光波长 λ_{ex} 进行荧光发射波长扫描，找出最大发射波长 λ_{em}。最大激发波长和最大发射波长的选择是本实验的关键。

在稀溶液中，荧光强度与物质的浓度呈线性关系。由于荧光物质具有猝灭效应，此方法仅适用于痕量物质分析。

维生素 B_2 也称核黄素，是橘黄色无臭的针状结晶。易溶于水，而不溶于乙醚等有机溶剂。光照易分解，对热稳定，在中性或酸性溶液中稳定，在碱性溶液中较易被破坏。维生素 B_2 水溶液在 430～440 nm 蓝光或紫外光照射下会发出绿色荧光，荧光峰在 525 nm 附近，在 pH 为 6～7 的溶液中荧光强度最大。最大激发波长 λ_{ex}=465 nm，最大发射波长 λ_{em}=520 nm。pH=11 时，荧光消失。维生素 B_2 在水溶液中稳定。在稀溶液中，其荧光强度(I_f)与维生素 B_2 溶液浓度(c)呈线性关系，即

$$I_f = Kc \tag{7-5}$$

维生素 B_2 在碱性溶液中经光线照射会发生分解而转化为另一物质光黄素(图 7-5)，光黄素也能发出荧光，其荧光强度比维生素 B_2 强，因此测量维生素 B_2 的荧光时要控制在酸性和避光条件下进行。

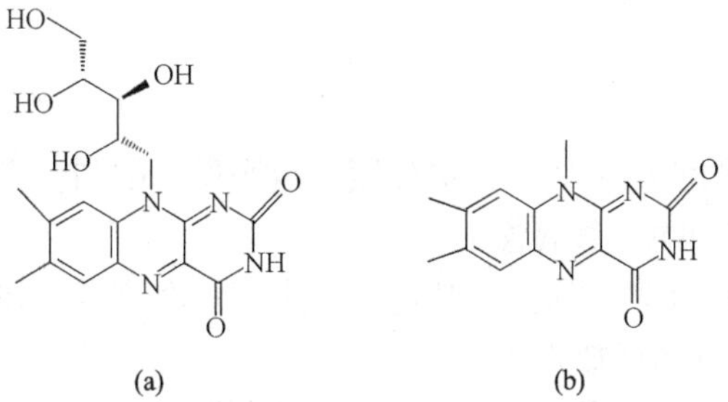

(a)　　(b)

图 7-5　维生素 B_2(a)和光黄素(b)的结构式

本实验采用标准曲线法测定多维葡萄糖粉中维生素 B_2 的含量。

【仪器、试剂】

1. 仪器

RF-5301PC 荧光光度计；电子天平。

移液管(2 mL)；棕色容量瓶(1000 mL)；比色管(50 mL)。

2. 试剂

维生素 B_2；冰醋酸(分析纯)；多维葡萄糖粉(含有维生素 B_1、维生素 B_2、维生素 C、维生素 D 和葡萄糖)。

3. 标准溶液的配制

维生素 B_2 标准储备液(10 μg · mL^{-1})：准确称取 10.0 mg 维生素 B_2，用热去离子水溶解后，转入 1000 mL 棕色容量瓶中，冷却后加去离子水至刻度，摇匀，置于暗处冰箱内保存。

【实验步骤】

(1) 系列浓度标准溶液的配制：在 7 支 50 mL 比色管中分别加入 10 μg · mL^{-1} 维生素 B_2 标准储备液 0.00 mL、0.50 mL、1.00 mL、1.50 mL、2.00 mL、2.50 mL、3.00 mL，再各加入 2.0 mL 冰醋酸，加去离子水至刻度，摇匀。其浓度分别为 0.00 μg · mL^{-1}、0.01 μg · mL^{-1}、0.02 μg · mL^{-1}、

0.03 μg · mL^{-1}、0.04 μg · mL^{-1}、0.05 μg · mL^{-1}、0.06 μg · mL^{-1}。

(2) 维生素 B_2 的荧光激发光谱和发射光谱的测定：选择适当的仪器测量条件，即灵敏度、激发发射狭缝宽度、扫描速度、采样间隔、反应时间、纵坐标和横坐标。向 1 cm 荧光比色皿中加样，任意确定激发波长，如 400 nm，在 480～580 nm 区间扫描荧光光谱，确定最大发射波长 λ_{em} 的数值。再固定所测得的最大发射波长 λ_{em}，在 400～500 nm 区间扫描荧光发射光谱，测定该条件下的最大激发波长 λ_{ex} 的数值。

(3) 制作多点标准曲线：将最大激发波长固定在所测得的 λ_{ex} 数值，最大发射波长固定在所测得的 λ_{em} 数值，测定系列浓度标准溶液的荧光强度。以浓度(μg · mL^{-1})为横坐标、荧光强度为纵坐标，得到多点标准曲线。

(4) 多维葡萄糖粉中维生素 B_2 的测定：准确称取 0.15～0.2 g 多维葡萄糖粉，用少量水溶解后转入 50 mL 比色管中，加 2.0 mL 冰醋酸，加去离子水至刻度，摇匀。在相同的测量条件下，测量其荧光强度。平行测定三次。

【注意事项】

(1) 吸量管、容量瓶的使用和移液、定容须规范操作。配制标准溶液时，为了减少误差，取不同体积的同种溶液应用同一移液管。

(2) 使用荧光分光光度计时，须按照既定程序进行。在测定系列浓度标准溶液的荧光强度时，必须按浓度由低到高的顺序放入测定。

(3) 因为荧光是从石英池下部通过，所以拿取石英池时，应用手指捏住池体的上部，不能接触下部。清洗样品池后，应先用吸水纸吸干四个面的液滴，再用擦镜纸往同一方向轻轻擦拭。

(4) 在测试样品时，应注意样品的浓度不能太高，否则由于存在荧光猝灭效应，样品浓度与荧光强度不呈线性关系，导致定量分析出现误差。

【数据记录与结果处理】

列表记录各项实验数据，以系列标准溶液浓度(μg · mL^{-1})为横坐标、荧光强度为纵坐标绘制标准曲线。从标准曲线上查出待测试液中维生素 B_2 的质量，并计算出多维葡萄糖粉试样中维生素 B_2 的质量分数。

【思考题】

(1) 激发波长与发射波长有何关系？为什么？

(2) 维生素 B_2 在 pH=6～7 时荧光最强，本实验为什么在酸性溶液中测定？

实验 7-2　分子荧光光谱法测定水杨酸和乙酰水杨酸

【实验目的】

(1) 学习荧光分析法测定多组分含量的原理，掌握用荧光光谱法测定药物中水杨酸和乙酰水杨酸的方法。

(2) 进一步掌握 RF-5301PC 荧光光度计的操作方法。

【实验原理】

乙酰水杨酸通常称为阿司匹林，其水解能生成水杨酸，而阿司匹林中或多或少存在着水杨酸。由于二者都有苯环，也有一定的荧光效率，所以可在以三氯甲烷为溶剂的条件下用荧光光谱法测定。在 1%(体积分数，下同)乙酸-氯仿中，乙酰水杨酸和水杨酸的激发光谱和发射光谱如图 7-6 所示。由于二者的激发波长和发射波长均不相同，可利用此特点，在其各自的激发波长和发射波长下分别测定。加少量乙酸可以增加二者的荧光强度。

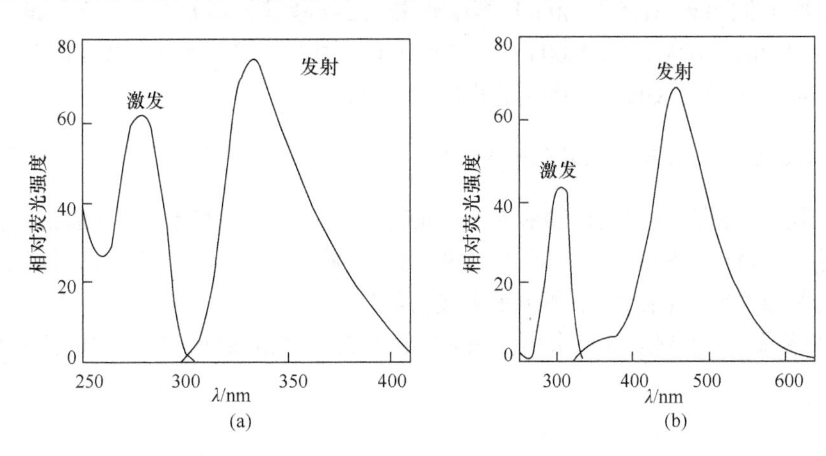

图 7-6　1%乙酸-氯仿中乙酰水杨酸(a)和水杨酸(b)的激发光谱和发射光谱

为了消除药片之间的差异，可取 5～10 片药片一起研磨成粉末，然后取一定量有代表性的粉末样品(相当于一片的量)进行分析。

【仪器、试剂】

1. 仪器

RF-5301PC 荧光光度计；电子天平。
容量瓶(50 mL、100 mL、1000 mL)；移液管(5 mL、10 mL)；1%乙酸-氯仿溶液。

2. 试剂

乙酰水杨酸(分析纯)；乙酸(分析纯)；氯仿(分析纯)；水杨酸(分析纯)；阿司匹林药片。

3. 标准溶液的配制

(1) 乙酰水杨酸储备液(400 μg · mL^{-1})：称取 0.4000 g 乙酰水杨酸溶于 1%乙酸-氯仿溶液中，用 1%乙酸-氯仿溶液定容于 1000 mL 容量瓶中。

(2) 水杨酸储备液(750 μg · mL^{-1})：称取 0.7500 g 水杨酸溶于 1%乙酸-氯仿溶液中，用 1%乙酸-氯仿溶液定容于 1000 mL 容量瓶中。

【实验步骤】

1. 绘制激发光谱和发射光谱

将乙酰水杨酸和水杨酸储备液分别稀释 100 倍(可每次稀释 10 倍，分两次完成)。用该溶液分别绘制乙酰水杨酸和水杨酸的激发光谱和发射光谱，并分别确定它们的最大激发波长和最大发射波长。

2. 制作标准曲线

(1) 乙酰水杨酸标准曲线：在 5 个 50 mL 容量瓶中，用移液管分别加入 4.00 μg · mL^{-1} 乙酰水杨酸溶液 2.00 mL、4.00 mL、6.00 mL、8.00 mL、10.00 mL，用 1%乙酸-氯仿溶液稀释至刻度，摇匀。在选定的激发波长和发射波长分别测量它们的荧光强度。

(2) 水杨酸标准曲线：在 5 个 50 mL 容量瓶中，用移液管分别加入 7.50 μg · mL^{-1} 水杨酸溶液 2.00 mL、4.00 mL、6.00 mL、8.00 mL、10.00 mL，用 1%乙酸-氯仿溶液稀释至刻度，摇匀。在选定的激发波长和发射波长分别测量它们的荧光强度。

3. 样品中乙酰水杨酸和水杨酸的测定

将 5 片阿司匹林药片称量后研磨成粉末，准确称取 400.0 mg 粉末，用 1%乙酸-氯仿溶液溶解，全部转移至 100 mL 容量瓶中，用 1%乙酸-氯仿溶液稀释至刻度。迅速通过定量滤纸过滤，用该滤液在与标准溶液相同条件下测量水杨酸的荧光强度。

将上述滤液稀释 1000 倍(分三次稀释完成)，在与标准溶液相同条件下测量乙酰水杨酸的荧光强度。

【注意事项】

阿司匹林药片溶解后，必须在 1 h 内完成测定，否则乙酰水杨酸的含量将降低。

【数据记录与结果处理】

(1) 根据绘制的乙酰水杨酸和水杨酸激发光谱和发射光谱，确定它们的最大激发波长和最大发射波长。

(2) 分别绘制乙酰水杨酸和水杨酸标准曲线，根据标准曲线确定试样溶液中乙酰水杨酸和水杨酸的浓度，计算每片阿司匹林药片中乙酰水杨酸和水杨酸的含量(mg)，并将乙酰水杨酸测定值与说明书上的值比较，确定阿司匹林药片质量是否合格。

【思考题】

(1) 标准曲线是直线吗？若不是，从何处开始弯曲？并解释原因。

(2) 根据乙酰水杨酸和水杨酸的激发光谱和发射光谱，解释本实验方法可在同一溶液中分别测定两种组分的原因。

(3) 溶液环境的哪些因素影响荧光发射？

(4) 试讨论乙酰基对荧光光谱的影响。

实验 7-3　流动注射化学发光分析法测定水样中的铬

【实验目的】

(1) 了解水中铬的化学发光分析方法。

(2) 学习和掌握微波炉压力密封消解水样的技术。

(3) 学习 IFFM-E 型化学发光仪的基本操作。

【实验预习】

掌握化学发光分析法测定铬的原理，查阅流动注射式化学发光分析仪的结构和操作方法，详细阅读使用说明书和操作规程。

【实验原理】

H_2O_2 氧化碱性鲁米诺的反应在 Cr^{3+} 等金属离子存在下加速进行，并伴随亮蓝色的化学发光(λ_{max}=425 nm)。当固定 H_2O_2 和鲁米诺溶液(pH≥12.0)的浓度及用量时，其化学发光强度与 Cr^{3+} 的浓度(10^{-10}～10^{-5} g · mL^{-1})呈线性关系，检出限为 6.2×10^{-13} g · mL^{-1}，据此可以定量测定溶液中的痕量 Cr^{3+}。

由于 $Cr_2O_7^{2-}$、CrO_4^{2-} 对鲁米诺发光体系无催化活性，测定总铬时，可向水样中加入过量的 H_2SO_3，用聚四氟乙烯生料带密封后，于家用微波炉中快速加热，中挡功率消解 4～5 min，将水样中的 Cr(Ⅵ)还原为 Cr(Ⅲ)，或在水浴上加热 10～15 min，然后在与 Cr^{3+} 测定条件相同的情况下定量测定总铬量 $Cr_{总}$。根据 $Cr_{总}$ 和 Cr(Ⅲ)之差，求得水样中 Cr(Ⅵ)的含量。

水样中共存的 Fe^{3+}、Fe^{2+}、Ca^{2+}、Mg^{2+}、Cu^{2+} 等离子可迅速与试剂中加入的 EDTA 生成相应的配合物，不干扰测定。自来水中的 Co^{2+} 一般含量极少，不足以干扰 Cr^{3+} 的测定，通常不予考虑，如果有显著干扰，可用 PAN 掩蔽消除。

【仪器、试剂】

1. 仪器

IFFM-E 型化学发光仪；微波消解炉；酸度计；电磁搅拌器；电子天平；聚四氟乙烯生料带；橡皮筋。

烧杯(25 mL、1000 mL)；容量瓶(50 mL、1000 mL)；棕色试剂瓶(1000 mL)。

2. 试剂

$CrCl_3\cdot 6H_2O$(分析纯)；鲁米诺(分析纯)；NaOH(分析纯)；EDTA(分析纯)；KBr(分析纯)；$NaHCO_3$(分析纯)；KOH(分析纯)；盐酸(分析纯)；H_2O_2(分析纯)；H_2SO_3(分析纯)；自来水样品。

3. 标准溶液的配制

(1) Cr^{3+} 标准储备液(1.000×10^{-4} g · mL^{-1})：准确称取 0.5125 g 干燥的 $CrCl_3\cdot 6H_2O$ 溶于少量超纯水中，定容为 1000 mL 溶液储存。

(2) Cr^{3+} 标准溶液：逐级稀释 Cr^{3+} 标准储备液成所需浓度，本实验使用 1.0×10^{-7} g · mL^{-1} 的 Cr^{3+} 标准溶液。

(3) 鲁米诺储备液(1.000×10^{-3} mol · L^{-1})：准确称取 0.1771 g 鲁米诺于小烧杯中，加入 2 mL 1.0 mol · L^{-1} NaOH 溶液溶解，定容为 1000 mL 溶液，于棕色试剂瓶中保存，备用。

(4) 鲁米诺分析液(2.5×10^{-4} mol · L^{-1})：量取 250 mL 鲁米诺储备液于 1000 mL 烧杯中，加入 100 mL 0.01 mol · L^{-1} EDTA、200 mL 2.5 mol · L^{-1} KBr 和 8.4 g $NaHCO_3$，再加 300 mL 超纯水，置于电磁搅拌器上搅拌，不断加入 1.0 mol · L^{-1} KOH 溶液，直至用酸度计测得 pH=12.50 时止，移

入 1000 mL 棕色容量瓶中，用超纯水定容，摇匀。

(5) 盐酸(pH=2.50)：在 1000 mL 烧杯中加入 900 mL 超纯水，用 1.0 mol · L^{-1} 盐酸在酸度计上调节 pH=2.50，备用。

【实验步骤】

1. 总铬水样的预处理

于洁净的 50 mL 容量瓶中准确加入 25.00 mL 自来水、2.00 mL 6% H_2SO_3，用聚四氟乙烯生料带(2～3 层)密封容量瓶颈口，用橡皮筋紧固，置于微波炉中加热，中挡功率维持微沸 4 min，关闭微波炉电源，取出容量瓶，冷却至室温，备用。

2. 标准溶液及待测液的制备

取 3 个 50 mL 容量瓶，分别编号为 1、2、3，在 1、2 号容量瓶中分别加入 0.00 mL 和 5.00 mL 1.0×10^{-7} g · mL^{-1} Cr^{3+}标准溶液，用超纯水稀释至 25.00 mL；在 3 号容量瓶中准确加入上述自来水样 25.00 mL，前述预处理过的总 Cr 水样编号为 4，然后小心地用 pH=2.50 的盐酸定容，摇匀。

3. 测定

开机，预热 20 min 后，进入 IFFM 分析系统，选择流动注射进样，设置实验参数和条件为负高压 750 V，增益 1。运行参数的第一步为运行时间 20 s，主泵速度 30 r · min^{-1}，副泵速度 20 r · min^{-1}，重复 1，右阀位；第二步为运行时间 20 s，主泵速度 30 r · min^{-1}，副泵速度 20 r · min^{-1}，重复改为 0，左阀位。然后压紧主泵和副泵的泵管，将副泵两根进样管分别插入鲁米诺分析液和 H_2O_2 溶液中，主泵两根进样管插入 pH=2.50 的盐酸中，开始测量。待基线稳定后，将 pH=2.50 的盐酸分别换成 1、2、3、4 号溶液进行测定。每种溶液至少测量 3 次。切换至谱处理界面，记录数据。测量完毕后，先用 pH=2.50 的盐酸清洗管道 3～5 min，然后用超纯水清洗管道 10～15 min，最后将管道中的水排空。退出 IFFM 分析系统，松开泵管，关机。

【注意事项】

(1) 实验中所用玻璃仪器应事先用稀硝酸浸泡，然后用超纯水洗净后使用。

(2) 严禁把金属材料的器皿放入微波炉，以保护磁控管。注意阅读微波炉使用说明书及其他方面的安全知识。

(3) pH 为 11.0 左右时可获得最高的灵敏度。

【数据记录与结果处理】

(1) 按下式计算水样中总 Cr 含量：

$$c_{\text{Cr总}}=\frac{1.0\times10^{-7}\ \text{g}\cdot\text{mL}^{-1}\times5.00\ \text{mL}\times(I_4-I_1)\times1000\ \text{mL}\cdot\text{L}^{-1}}{(I_2-I_1)\times25.00\ \text{mL}}=\frac{2.0\times10^{-5}\times(I_4-I_1)}{I_2-I_1}\text{g}\cdot\text{L}^{-1}$$

式中，I_1、I_2、I_4分别为测定 1 号(空白)、2 号(标准)、4 号(总 Cr 水样)容量瓶中溶液的相对发光平均峰值。

(2) 按下式计算水样中 Cr(Ⅲ)的含量：

$$c_{Cr(III)} = \frac{1.0\times10^{-7}\ g\cdot mL^{-1}\times5.00\ mL\times(I_3-I_1)\times1000\ mL\cdot L^{-1}}{(I_2-I_1)\times25.00\ mL} = \frac{2.0\times10^{-5}\times(I_3-I_1)}{I_2-I_1} g\cdot L^{-1}$$

式中，I_1、I_2、I_3分别为测定 1 号(空白)、2 号(标准)、3 号容量瓶中溶液的相对发光平均峰值。

水样中 Cr(Ⅵ)的含量按下式计算：

$$c_{Cr(VI)} = c_{Cr总} - c_{Cr(III)}$$

【思考题】

(1) 向鲁米诺分析液中加入 EDTA 和 KBr 的作用是什么？

(2) 标准溶液和所有待测液的 pH 为什么要调到 2.50 左右？

(3) 流动注射化学发光分析法有什么优点？

附录 7-1 RF-5301PC 荧光光度计操作说明

1. 软件的设置和仪器的连接

将荧光光度计的右侧氙灯开关置于“ON”的位置，再打开电源开关和计算机电源。双击计算机上的 RF-5301PC 图标，静等仪器自检完成，显示 RF-5301P 窗口。

1) 软件的设置

第一次进入软件，在菜单栏中选择“Configure”、“PC Configuration”，在出现的对话框设置数据以及导出的路径、指定连接的通信口、指定文本以及图形的打印机。在菜单栏中选择“Configure”、“Save Parameters”，以“RFPC”为文件名保存。

2) 仪器的连接

在菜单栏中选择“Configure”、“Instrument”。在弹出的对话框中的“Fluorometer”选择“On”，仪器开始初始化。初始化进行一系列检查和初置，若一切顺利通过，对话框中各项目亮起，开始测定。

2. 光谱测定

1) 参数测定

在菜单栏中选择“Acquire Mode”、“Spectrum”，进入光谱模式，选择“Configure”、“Parameters”，弹出光谱参数对话框。设置要测量的光谱类型以及合适的激发光、发射光的波长或范围，显示范围、扫描速度、采样间隔、激发发射狭缝宽度、灵敏度、反应时间，点击“OK”确定。若样品激发光谱的发射波长或发射光谱的激发波长未知，则在上述对话框中设置合适的激发发射狭缝宽度、灵敏度(控制荧光强度不会过大)，放置样品，在光度计按键中点击“Search”，在弹出的对话框中选择激发光和发射光的范围以及激发光波长的间隔，等待一段时间，由仪器给出最优波长。

2) 数据采集

放置样品，点击“Start”开始测定，测定完毕后在弹出的对话框中输入文件名称，点击“Save”。

3) 数据的保存和通道的删除

在菜单栏中依次选择“File”、“Channel”、“Save Channel”，在出现的对话框中选择要保存的通道，点击“OK”后数据写入计算机硬盘。在菜单栏中依次选择“File”、“Channel”、“Erase Channel”，在出现的对话框中选择要删除的通道，点击“OK”。

4) 结果处理

(1) 寻峰。

在菜单栏中选择“Manipulate”、“Peak Pick”，弹出寻峰结果并在图中标识峰号。若需改变寻峰条件，可在结果对话框中选择“Options”、“Change Threshold”，在弹出的对话框“Enter Threshold”中设置阈值，如“0.001”等。

(2) 面积计算。

在菜单栏中选择“Manipulate”、“Peak Area”，拖动读数条或输入数值，选择需要计算的波长范围，点击“Recalc”。

点击“Output”，选择输出的方式，如“Print Table”、“Save Table to Text File”等。

(3) 选点检测。

在菜单栏中选择“Manipulate”、“Point Pick”，拖动读数条或输入数值后，点击“OK”，将弹出结果并在图中标识波长位置。

3. 定量

1) 参数设定

在菜单栏中选择“Acquire Mode”、“Quantitative”进入定量模式，选择“Configure”、“Parameters”，在弹出的参数对话框中选择方法、激发发射光波长、激发发射狭缝宽度、灵敏度、反应时间、单位、浓度以及强度范围。

2) 制作标准曲线

以多点标准曲线为例，在“Quantitative Parameters”对话框中，点击“Method”下拉菜单中，选择“Multipoint Working Curve”后，选择标准曲线的次数、是否过原点，如在“Order of Curve”选择“1st”、“Zero Interception”选择“Yes”。点击“OK”，在光度计按键中点击“Standard”，进入标准曲线制作界面。

放入空白溶剂，点击“Auto Zero”，放入标准样品，点击“Read”，弹出如下“Edit”对话框，输入标准样品浓度，点击“OK”，类似地，得到剩余标准样品数据，软件显示标准曲线并给出曲线方程(选择“Presentation”、“Display Equation”)。

3) 测定样品浓度

在光度计按键中点击“Unknown”，依次逐个放入样品，点击“Read”。

4) 数据的保存和通道的删除

在菜单栏中选择“File”、“Channel”、“Save Channel”，在下图的对话框中选择要保存的通道(Standard，Unknown)，输入文件名称，点击“OK”。

在菜单栏中选择“File”、“Channel”、“Erase Channel”，在下图的对话框中选择要删除的通道(Standard，Unknown)，输入文件名称，点击“OK”。

4. 动力学

1) 参数设定

在菜单栏中选择“Acquire Mode”、“Time Course”，进入定量模式，选择“Configure”、

“Parameters”，在弹出的参数对话框中选择激发发射光波长、激发发射狭缝宽度、灵敏度、反应时间、强度范围以及计时方式。计时方式可选择“Auto”或“Manual”，在“Auto”方式下，给定时间总量后，采样间隔和采样点自动设定；在“Manual”方式下，需设置采样间隔和采样点并指明时间单位。

2) 数据采集

放置空白溶剂，点击“Auto Zero”，放入样品，点击“Start”开始采集数据。

3) 数据的保存和通道的删除

与光谱测定模式下方法类似。

4) 活度计算

选择“Manipulate”、“Data Print”，在弹出的对话框的菜单栏中选择“Act. Calc”，在出现的对话框中点击“Recalc”。

5. 打印

在菜单栏中点击“Presentation”、“Plot”，在弹出的对话框选择打印的内容以及象限(位置)，其中象限是指将纸张划分，点击“Print”打印报告。

测试完毕后，关闭计算机。然后要先关闭氙灯开关(置于“Off”位置)，散热 20 min 后，再关闭电源开关。

6. 注意事项

(1) 开机时，请确保先开氙灯电源，再开主机电源。每次开机后请先确认排热风扇工作正常，以确保仪器正常工作，发现风扇有故障，应停机检查。开机预热 20 min 后才能进行测定工作。

(2) 使用石英样品池时，应手持其棱角处，不能接触光面，用毕将其清洗干净。

(3) 操作者错误操作或其他干扰引起微机错误时，可重新启动计算机，无需关氙灯电源。

(4) 光学器件和仪器运行环境需保持清洁。切勿将比色皿放在仪器上。清洁仪器外表时，请勿使用乙醇、乙醚等有机溶剂，请勿在工作中清洁，不使用时请加防尘罩。

(5) 为延长氙灯的使用寿命，实验完毕后要先关闭氙灯，不关主机电源(光度计的右侧)，等其散热完毕后再关闭电源。

附录 7-2　IFFM 流动注射化学发光分析系统操作说明

1. 使用范围

IFFM 流动注射化学发光/光谱/光度分析系统是集流动注射/顺序注射进样、化学发光/光谱/光度检测、数据采集与分析于一体的全自动分析系统。

2. 操作程序

1) 启动步骤

(1) 将仪器连接好电源，并将仪器信号线连接到计算机串行通信口上(RS232，COM1)。

(2) 开启仪器电源。

(3) 在“开始/程序/IFFM分析系统”中点击“IFFM分析系统”，运行程序。如果系统正常，程序将进入主界面。

2) 样品测量步骤

(1) 建立测量参数表。测量参数表可以通过新建参数表和读入参数表两种方式完成，只有建立了测量参数表，才能完成测量的后续步骤。

(2) 打开辅助控制器。可以根据需要完成此步骤。

(3) 测量初始化。

(4) 测量样品，获取的样品谱按设置好的谱号自动存盘。

(5) 设置加亮区、本底、基线。这些功能在谱处理界面中完成。

(6) 在谱处理界面中选择第(4)步获取的样品谱计算加亮区强度，并存放在标样数据表中。或进行第(4)步，设置按标准样品测量开关，测量新的样品，程序自动计算新测量的样品谱的加亮区强度，并存放在标样数据表中。

(7) 在标样数据表中输入对应浓度。

(8) 切换到曲线拟合界面，根据标样数据表建立拟合曲线，选择满意的曲线。

(9) 回到样品测量界面，按第(4)步进行新样品测量，如果设置了按未知样品测量开关，程序在获取了一个样品谱后自动利用拟合曲线计算出样品的浓度值，并将测量结果存放在测量结果表中。

(10) 数据处理，保存，关机。

3. 注意事项

(1) 使用仪器前要经过使用培训，得到使用许可后方可独立操作本仪器。

(2) 仪器使用过程中禁止关机和打开检测器顶盖。

(3) 仪器使用后要使用清洗程序清洗仪器管道。

(4) 先关闭控制程序，再关闭仪器的电源。

(5) 仪器使用后注意将泵头的压杆螺丝松开，以保护蠕动管。

第8章　红外光谱法

8.1　红外光谱法的基本原理

红外光谱法是根据分子内部原子间的相对振动和分子转动等信息确定物质分子结构和鉴别化合物的分析方法，主要用于有机化合物及部分无机化合物的结构分析和鉴定。

当一束具有连续波长的红外光照射物质的分子时，如果分子中某个基团的振动频率或转动频率与红外光的频率一致，光的能量就可以通过分子偶极矩的变化传递给分子，分子吸收能量后，由原来的基态转(振)动能级跃迁到能量较高的转(振)动能级，于是相应的基团发生振动和转动能级的跃迁，该处波长的光被分子吸收，形成这一分子的红外吸收光谱。若用不同频率的红外光依次通过测定分子，将会出现不同强弱的吸收现象。各种化合物的分子结构不同，分子中各个基团的振动频率不同，每种分子都有其组成和结构特有的红外吸收光谱，据此可以对化合物进行结构分析和鉴定。将分子吸收红外光的情况用仪器记录下来，就得到红外光谱图。红外光谱图通常用波长(λ)或波数(σ)为横坐标，表示吸收峰的位置，用透光率(T%)或吸光度(A)为纵坐标，表示吸收强度。

红外光谱是反映红外辐射强度或其他与之相关性质随波长(波数)变化的谱图。目前，它广泛应用于研究表征物质的化学组成、分子层次上的结构及分子间的相互作用。红外光发现于1800年，在用普通温度计测量可见光谱的温度效应时，在红光一端的外侧观察到有较强的热效应。后来，实验证实了这是由一种肉眼看不见、波长比红光更长的电磁辐射造成的，这种电磁辐射称为红外光。通常将红外辐射的波长范围定为0.8～1000 μm，并可粗略地分为三个波段：①近红外的波段为0.8～2.5 μm，波数为12 500～4000 cm^{-1}；②中红外的波段为2.5～50 μm，波数为4000～200 cm^{-1}；③远红外的波段为50～1000 μm，波数为200～10 cm^{-1}。相应地，有近红外光谱、中红外光谱和远红外光谱。

红外光谱的形式虽然多种多样，但从本质上可分为发射光谱和吸收光谱两大类。物体的红外发射光谱是指样品在受激或自发辐射的条件下，发射的红外光的强度随波长(波数)变化的光谱图，红外发射光谱主要取决于物体的温度和化学组成。红外吸收光谱是指样品对红外光的吸收能力随波长(波数)变化的光谱图。在实验上，使红外光与样品发生相互作用，测定红外光与物质相互作用前后光强的变化与波长(波数)之间的关系，称为红外吸收光谱。

红外光谱在化学领域中主要用于两方面。一是分子结构的基础研究，应用红外光谱可以测定分子的键长、键角，以此推断出分子的立体构型；根据所得的力常数可知化学键的强弱；由简正频率来计算热力学函数。二是对物质化学组成的分析，可以根据红外光谱中吸收峰的位置和形状推断未知物结构，依照特征吸收峰的强度测定混合物中各组分的含量。物质的红外光谱是其分子结构的反映，谱图中的吸收峰与分子中各基团的振动形式相对应，其中应用最广泛的是化合物的结构鉴定，根据红外光谱的峰位、峰强及峰形判断化合物中可能存在的官能团，从而推断出未知物的结构。通过比较大量已知化合物的红外光谱，发现组成分子的各种基团，如O—H、N—H、C—H、C═C和C═O等，都有自己特定的红外吸收区域，分子的其他部分对其吸收位置影响较小。通常把这种能代表基团存在并有较高强度的吸收谱带称为基团频率，其所在的位置一般又称为特征吸收峰。另外，除光学异构体及长链烷烃同系物外，几乎没有两种化合物具有相同的红外吸收光谱，即所谓红外光谱具有“指纹性”。特征区：4000～1300 cm^{-1} 高频区，光谱与基团的对应关系强；指纹区：1300～400 cm^{-1} 低频区，光谱与基团不能一一对应，其意义在于表示整个分子的特征。

红外光谱是由分子振动能级(同时伴随转动能级)跃迁产生的，物质吸收红外光应满足两个条件：第一，辐射具有的能量应能满足物质产生振动跃迁所需的能量；第二，辐射与物质间有相互偶合作用。对称分子没有偶极矩，辐射不能引起共振，无红外活性，如 N_2、O_2、Cl_2 等。非对称分子有偶极矩，具备红外活性。因为红外吸收只有振-转跃迁，所以能量低，且应用范围广，几乎所有有机物均有红外吸收；可以更精细地表征分子结构，通过红外光谱的波数位置、波峰数目及强度确定分子基团、分子结构；其优点为分析速度快，固态、液态、气态样品均可以使用，且样品用量少、不破坏样品。

8.2 红外光谱仪

色散型红外光谱仪和傅里叶变换红外光谱仪是目前主要的两类红外光谱仪。

8.2.1 色散型红外光谱仪

色散型红外光谱仪主要由光源、单色器、吸收池、检测器和记录系统等部分组成。从光源发出的红外光分成两束，一束通过样品池，另一束通过参比池，通过参比池的光束经衰减器与通过样品池的光束会合于半圆扇形镜处，两光束交替进入单色器色散之后，被检测器检测。若样品对某一波数的红外光有吸收，两光束强度不等时，检测器产生与光强差成正比的交流信号，从而获得吸收光谱；当试样光束与参比光束强度相等时，检测器不产生交流信号。试样对各种不同波数的红外光的吸收有多有少，参比光路上的光楔也相应地按比例移动以进行补偿。记录笔与光楔同步，因而光楔部位的改变相当于试样的透射比，它作为纵坐标直接被描绘在记录纸上表示样品的吸收程度。由于单色器内棱镜或光栅的转动，单色光的波数连续地发生改变，并与记录纸的移动同步，这就是横坐标，表明单色器的某一波长(波数)的位置。这样在记录纸上就描绘出透光率 T 对波数(或波长)的红外光谱吸收曲线。

8.2.2 傅里叶变换红外光谱仪

傅里叶变换红外光谱仪(FTIR)没有色散元件，基于干涉调频分光，主要由光源、迈克尔孙(Michelson)干涉仪、检测器、计算机和记录仪组成。

(1) 光源：光源能发射出稳定、高强度连续波长的红外光，通常使用能斯特(Nernst)灯、碳化硅或涂有稀土化合物的镍铬旋状灯丝。

(2) 干涉仪：迈克尔孙干涉仪的作用是将复色光变为干涉光。中红外干涉仪中的分束器主要是由溴化钾材料制成的；近红外分束器一般以石英和 CaF_2 为材料；远红外分束器一般由 Mylar 膜和网格固体材料制成。

(3) 检测器：检测器一般分为热检测器和光检测器两大类。热检测器是把某些热电材料的晶体放在两块金属板中，当光照射到晶体上时，晶体表面电荷分布变化，由此可以测量红外光的功率。热检测器有氘代硫酸三甘肽、钽酸锂等类型。光检测器是利用材料受光照射后，由于导电性能的变化而产生信号，最常用的光检测器有锑化烟、汞镉碲等类型。

光源发射出的红外光由分束器分成两束：一束透射到定镜后反射入样品池后到达检测器；另一束通过分束器到达动镜后反射，穿过分束器后与定镜接收的光形成干涉光进入样品池和检测器。由于动镜在不断地周期性运动，这两束光的光程差随动镜移动距离的变化呈现周期变化。由于样品对某些谱带红外光的吸收，在检测器得到样品的干涉图谱，这些干涉图谱是动镜移动距离 x 的函数。通过计算机对检测器收集的信号进行函数数据处理，最终得到与经典红外光谱仪同样的光强随频率变化的红外吸收光谱图。

傅里叶变换红外光谱仪的优点是：测量波段宽，只需要换用不同的分束器、光源和检测器，就能测 10 000～10 cm^{-1} 整个波段；光通量大，检测灵敏度高；具有多路通过的特点，所有频率同时测量；扫描速度快，可进行快速反应动力学研究；测量分辨率高，可达 0.005～0.1 cm^{-1}。测量步骤简单，首先测得一组包含原辐射全部光谱信息的干涉图，再经计算机进行傅里叶变换，获得红外吸收光谱图。它具有以下几个显著特点：①FTIR 的扫描速度极快，能在很短的时间内(～1 s)获得全谱域的光谱响应，可测得多张红外光谱；②FTIR 不需要分光，一次扫描可得到全谱，检测器接收到的光通量比色散型仪器大得多，提高了信噪比和灵敏度，因此可以检测透光率较低的样品，便于衰减全反射、漫反射、镜面反射等各种附件，并能检测不同的样品(如气体、固体、液体、薄膜和金属镀层等)；③分辨率高，便于观察气态分子的精细结构；④测定光谱范围宽，一台傅里叶变换红外光谱仪，只要相应地改变光源、分束器和检测器的配置，就可以得到整个红外区的光谱，大大扩展了红外光谱法的应用领域。

8.3　红外光谱样品制备方法

红外光谱应用范围非常广泛。测试的对象可以是固体、液体或气体，单一组分或多组分混合物，各种有机物、无机物、聚合物、配位化合物，复合材料、木材、粮食、土壤、岩石等。对不同的样品要采用不同的制样技术，对同一样品，也可以采用不同的制样技术，但可能得到不同的光谱，所以要根据测试目的和要求选择合适的制样方法，才能得到准确可靠的测试数据。因此，样品的制备和处理是红外光谱分析中较为重要的环节。

固体样品一般采用压片法、糊状法、薄膜法和溶液法。

(1) 压片法：将 1～2 mg 固体试样在玛瑙研钵中充分磨成细粉末后，与 200～400 mg 干燥的纯 KBr 研细混合，研磨至完全混匀，粒度为约小于 2 μm(200 目)，取出约 100 mg 混合物装于干净的压模模具内(均匀铺撒在压模内)，将压片机在 20 MPa 下压制 1～2 min，压成透明薄片，即可用于测定。在定性分析中，制备的样品最好使最强的吸收峰透光率为 10%左右。

(2) 糊状法：在玛瑙研钵中，将干燥的样品研磨成细粉末。然后滴入 1～2 滴液体石蜡混研成糊状，涂于 KBr 或 NaCl 窗片上进行测试。

(3) 薄膜法：将样品溶于适当的溶剂中(挥发性，极性较弱，不与样品发生作用)，滴在红外晶片(溴化钾、氯化钾、氟化钡等)上，待溶剂完全挥发后得到样品的薄膜。滴在溴化钾上最适宜，因为不仅可以直接测定，而且如果吸光度太低，可以继续滴加溶液，如果吸光度太高，可以加溶剂溶解掉部分样品。此方法主要用于高分子材料的测定。

(4) 溶液法：把样品溶解在适当的溶液中，将所得溶液注入液体池内测试。选择的溶剂应不腐蚀池窗，在分析波数范围内没有吸收，并对溶质不产生溶剂效应。一般使用 0.1 mm 的液体池，溶液浓度在 10%左右为宜。

液体样品使用液体池。液体样品的制备分为有机液体和水溶液样品。

(1) 有机液体：最常用的是溴化钾和氯化钠。氯化钠低频端只能达到 650 cm^{-1}，溴化钾可达 400 cm^{-1}，所以溴化钾较为适合。用溴化钾液池，测试完毕后要用无水乙醇清洗，并用拭镜纸或纸巾擦干，使用多次后，晶片会有划痕，而且样品中微量的水会溶解晶片，使其下凹，此时需要重新抛光。

(2) 水溶液样品：可用有机溶剂萃取水中的有机物，然后将溶剂挥发干，所留下的液体涂于 KBr 窗片上测试；应特别注意含水的样品不能直接注入 KBr 或 NaCl 液体池内测试。水溶性的液体也可选择其他窗片进行测试，最常用的是氟化钡、氟化钙晶片等。

样品的沸点高于 100℃时可采用液膜法制样。黏稠的样品也采用液膜法。非水溶性的油状或黏稠液体，直接涂于 KBr 窗片上测试；非水溶性的流动性大、沸点低(≤100℃)的液体，可夹在两块溴化钾窗片之间或直接在两个盐片之间滴加 1～2 滴未知样品，使其形成薄的液膜，然后在液体池内测试。流动性大的样品，可选择不同厚度的垫片来调节液体池的厚度，对强吸收的样品需要用溶剂稀释后再测定，测试完毕使用相应的溶剂清洗红外窗片。

气体样品则使用气体池。

实验 8-1 苯甲酸红外光谱的测定——KBr 压片法制样

【实验目的】

(1) 掌握 IR Affinity-1 型红外光谱仪的使用方法。

(2) 掌握使用 PC-15 型压片机对固体样品进行压片的方法。

(3) 学习解析红外光谱谱图，指出苯甲酸的特征吸收峰。

(4) 初步了解中红外区几类有机化合物的特征吸收峰。

【实验原理】

红外光谱又称红外吸收光谱，属于分子振动-转动光谱。利用物质分子对红外辐射的吸收，由其振动或转动引起偶极矩的变化，产生振动-转动能级，从基态跃迁到激发态，获得分子振动和转动能级变化的振动-转动光谱。

红外光谱产生必须满足下列条件：①红外辐射的能量必须与分子的振动能级差相等；②分子振动过程中其偶极矩必须发生变化，即$\Delta\mu\neq0$，只有红外活性振动才能产生吸收峰。一个分子的振动是否有红外活性与分子的对称性有关。对称分子没有偶极矩的变化(同核双原子分子)，非对称分子有偶极矩的变化。

红外区分为三个区：近红外区、中红外区、远红外区。中红外区是绝大多数有机化合物和无机离子的基频吸收带出现的区，由于基频振动是红外光谱区中吸收最强的振动，所以该区最适合进行定性分析。通常，红外吸收带的波长位置与吸收带的强度反映了分子结构上的特点，可以用来鉴定未知物的结构组成或确定其化学基团；而吸收谱带的吸收强度与分子组成或其化学基团的含量有关，可以进行定量分析和纯度鉴定。随着傅里叶变换技术的出现，该光谱区也开始用于表面的显微分析，通过衰减全反射、漫反射及光声测定法等对固体试样进行分析。由于中红外吸收光谱，特别是在 4000～400 cm^{-1}(2.5～25 μm)最为成熟、简单，而且目前积累了大量的数据资料，因此它是红外光谱法鉴定有机化合物和测定分子结构的最常用方法之一。

固体样品红外光谱测试常用的制样方法有压片法、糊状法和薄膜法等。压片法是把固体样品的细粉均匀分散在碱金属卤化物中，并压制成透明薄片的方法。用于压片法的碱金属卤化物中，KCl 适用于 4000～400 cm^{-1}，KBr 适用于 4000～300 cm^{-1}，CsI 适用于 4000～200 cm^{-1}。由于 NaCl 晶格能高，不易压制成透明薄片，而 CsI 不易精制，故它们都不能用作压片法的分散剂。KBr 的价格比 CsI 便宜得多，波长适用范围也较宽，因此最为常用。测绘 200 cm^{-1} 以下远红外光谱时，常选用聚四氟乙烯、聚乙烯蜡作为压片法的分散剂。

本实验以苯甲酸为例，练习使用压片法制样进行红外光谱测定的一般流程。

【仪器、试剂】

1. 仪器

IR Affinity-1 型红外光谱仪及配套工作软件；红外烘烤灯；模具；红外烘箱；玛瑙研钵；称量纸；脱脂棉；PC-15 型压片机；干燥器。

2. 试剂

溴化钾(KBr，分析纯)；苯甲酸(分析纯)；无水乙醇；样品和 KBr 的质量比为 1：200～1：100。

【实验步骤】

1. 称量

使用称量纸称取 200 mg KBr 两份。称取苯甲酸 1～2 mg 一份。

2. 压片

压制 KBr 背景样品片：将一份 200 mg KBr 固体置于研钵中，在红外烘烤灯下研磨 15～20 min，将其研细至粒度为 2 μm 左右。取适量粉末装入压片机模具，在 PC-15 型压片机中进行压片。压片机压力为 20 MPa 左右，时间为 2 min，将压片机泄压后，取出压制成功的透明背景样品薄片。

压制待测试的苯甲酸样品片：将另一份 200 mg KBr 固体与所称量的 1～2 mg 苯甲酸置于研钵中混合均匀，按上述相同的方法进行研磨和压片。

3. 谱图采集

开启 IR Affinity-1 型红外光谱仪，在计算机界面进入红外光谱仪操作系统，待完成红外光谱仪自检后，开始进行测试，具体操作过程见附录 8-1。

背景谱图采集：将实验步骤 2. 压片制备好的透明 KBr 背景样品片固定好后放入样品室，设置背景测试的各项参数后，点击背景按钮进行测试，得到背景的扫描谱图。

苯甲酸样品谱图采集：将实验步骤 2. 压片制备好的透明待测试的苯甲酸样品片固定好后放入样品室，设置试样测试的各项参数后，点击试样按钮进行测试，得到苯甲酸的红外谱图，处理谱图，标注红外峰并保存。

完成测试后，取下样品架及样品架上面的 KBr 样品片和苯甲酸样品片，将压片模具、样品架等用无水乙醇和脱脂棉彻底擦洗干净，置于干燥处保存。关闭红外光谱仪操作系统，关闭红外光谱仪和计算机。清理实验台。

【注意事项】

(1) 样品的研磨要在红外烘烤灯下进行，防止样品吸水受潮。

(2) 压片用的模具使用之前要擦干净，用完后也需要立即擦干净，并干燥，防止锈蚀。

(3) 压片过程中，所加压力要控制得当，压力过大，会使模具受损缩短使用寿命；压力太小，压片的透光性不好。

【数据记录与结果处理】

结合谱图指出红外光谱图中苯甲酸的特征吸收峰，包括：3070 cm^{-1}附近，苯环中C—H的伸缩振动吸收峰；3000 cm^{-1}附近，羰基中O—H的伸缩振动吸收峰；1680 cm^{-1}附近，苯环上C═O的伸缩振动吸收峰；1600 cm^{-1}和1580 cm^{-1}附近，苯环上C═C的伸缩振动吸收峰；2000～1700 cm^{-1}附近，单取代苯环的倍频吸收峰；700 cm^{-1}和660 cm^{-1}附近，单取代苯环上C—H的变形振动吸收峰。

【思考题】

(1) 测试苯甲酸的红外吸收光谱时，可以采用哪些制样方法？

(2) 红外光谱实验室为什么要求温度和湿度维持一定的指标？

(3) 用压片法制样时，为什么要求研磨颗粒粒度在2 μm左右？研磨时不在红外烘烤灯下操作，谱图上会出现什么情况？

实验8-2　丙酮红外光谱的测定——液膜法制样

【实验目的】

(1) 学习使用红外光谱进行化合物的定性分析。

(2) 掌握液膜法测试物质红外光谱的方法。

(3) 学习解析红外光谱图，指出丙酮的特征吸收峰。

(4) 熟悉红外光谱仪的工作原理及其使用方法。

【实验原理】

酮在1870～1540 cm^{-1}出现强吸收峰，这是C═O即碳氧双键的伸缩振动吸收带，其位置相对较固定且强度大，很容易识别。而C═O的伸缩振动受样品的状态、相邻取代基团、共轭效应、氢键、环张力等因素的影响，其吸收带实际位置有所差别。饱和脂肪酮在1715 cm^{-1}左右有吸收，双键的共轭会造成吸收向低频移动。酮与溶剂之间的氢键也将降低羰基的吸收频率。

液体样品和溶液试样红外光谱测试常用的制样方法有两种，分别是液体池法和液膜法。液体池法适用于沸点较低(＜100℃)、挥发性较大的试样，可注入封闭液体池中，液层厚度一般为0.01～1 mm。液膜法通常用于沸点较高(≥100℃)的试样或黏稠的样品。将样品直接滴在两个

KBr(或 NaCl)片之间，以形成薄的液膜。对于流动性较大的样品，可选择不同厚度的垫片调节液膜厚度。

本实验以丙酮为例，练习使用液膜法制样进行红外光谱测定的一般流程。

【仪器、试剂】

1. 仪器

IR Affinity-1 型红外光谱仪及配套工作软件；红外烘烤灯；红外烘箱。

2. 试剂

无水丙酮(分析纯)。

【实验步骤】

用滴管取少量液体样品丙酮，滴到液体池的一块盐片上，然后盖上另一块盐片，轻微转动以便驱走气泡，使样品在两盐片间形成一层透明薄液膜。固定液体池后将其置于红外光谱仪的样品室中，测定样品的红外光谱。

【注意事项】

(1) 可拆式液体池的盐片应保持透明干燥，不可以用手触摸盐片表面。每次测定前后均应在红外烘烤灯下用无水乙醇及滑石粉进行抛光，使用拭镜纸擦拭干净，并在红外烘烤灯下烘干后，置于干燥器中备用。

(2) 可拆式液体池的盐片不能用水冲洗。

【数据记录与结果处理】

在丙酮试样的红外吸收谱图上，标出各特征吸收峰的波数，并确定其归属。

【思考题】

(1) 进行红外吸收光谱测试时，液体或溶液试样的制备方法有哪几种？

(2) 液膜法适用于具有哪种物理性质特点的液体物质？

附录 8-1　IR Affinity-1 型红外光谱仪操作说明

1. 开机

(1) 开启红外光谱仪的电源。

(2) 打开计算机，进入 WINDOWS XP 操作系统。

(3) 双击桌面图标，启动 IRsolution 软件。

(4) 选择测量菜单(Measurement)中的初始化菜单(Initialize)。(注意：只有在测量模式才可以进行初始化操作)

(5) 参数设置。

点击功能条中的“Measure”，在 Data 页中：设置 Measuring Mode，选择%Transmittance(透光率)；Apodization(变迹函数)选择 Happ-Genzel(哈-根函数)；No. of Scans(扫描次数)，设置 32；Resolution(分辨率)，设置 4.0 cm^{-1}；Range(波数范围)，设置 4000～400 cm^{-1}；其他的 More 页、Files 页、Advanced 页、Instrument 页不用设定。

2. 光谱测定

(1) 背景扫描：将压好的 KBr 片放入样品池，点击“BKG”进行背景扫描。

(2) 样品扫描：把含有待测样品的 KBr 压片放入样品室，点击“Sample”进行样品测试，测试完成后可以获得样品的图谱。

(3) 点击“View”可以查看样品测试的图谱。

(4) 保存图谱：点击“File”菜单中的“Save as”，选择或者输入保存路径和文件名(扩展名：*.smf)。

(5) 选择“File”中的“Open”可以查看以前保存过的图谱。

3. 图谱处理

打开要处理的图谱，点击“Manipulation 1”的下拉式菜单的“Peak Table”选项自动转换到“处理”栏显示峰检测屏。要检测峰值可以用“噪声”(Noise)，“阈值”(Threshold)和“最小面积”(Min Area)设置，给每一个参数输入一个数值，点击“计算”(Calc)显示吸收峰检测结果。要增加或减少检测吸收峰数目，则改变各个参数的输入数值，点击“计算”(Calc)。点击“OK”可以得到峰值表。要撤销计算可以点击“Calculate”。打印图谱，关机。

附录 8-2　红外光谱的特征吸收峰

物质的红外光谱是其分子结构的反映，谱图中的吸收峰与分子中各基团的振动形式相对应。多原子分子的红外光谱与其结构的关系一般通过实验手段得到，即通过比较大量已知化合物的红外光谱，从中总结出各种基团的吸收规律。实验表明，组成分子的各种基团，如 O—H、N—H、C—H、C═C、C═O 和 C≡C 等，都有特定的红外吸收区域，分子的其他部分对其吸收位置影响较小。通常把这种能代表其存在、并有较高强度的吸收谱带称为基团频率，其所在的位置一般称为特征吸收峰。

红外光谱最重要的用途之一是通过谱图获得相关的特征官能团信息。中红外光谱区可分为 4000～1300 cm^{-1} 和 1800(1300)～600 cm^{-1} 两个区域。最有分析价值的基团频率为 4000～1300 cm^{-1}，这一区域称为基团频率区、官能团区或特征区。区内的峰是由伸缩振动产生的吸收带，比较稀疏，容易辨认，常用于鉴定官能团。在 1800(1300)～600 cm^{-1} 区域内，除单键的伸缩振动外，还有因变形振动产生的谱带。这种振动与整个分子的结构有关。当分子结构稍有不同时，该区的吸收就有细微的差异，并显示出分子特征。这种情况就像人的指纹一样，因此称为指纹区。指纹区对于指认结构类似的化合物很有帮助，而且可以作为化合物存在某种基团的旁证。常见官能团的特征吸收频率见表 8-1。

表 8-1　常见官能团的特征吸收频率

化学键	吸收峰位置/cm^{-1}
O—H、N—H	3750～3000
C—H(烷烃)、—CHO	3300～2700
═C—H(烯烃和芳烃)	3300～3000
≡C—H(炔烃)	3300
—C—C—(烷烃)	1200～700
—C═C—(烯烃)	1680～1500
C≡C(炔烃)、C≡N	2400～2100
C═O	1900～1650
C═O(醛)	1750～1720
C═O(酮)	1725～1705
C═O(酸及酯)	1750～1710
C═O(酰胺)	1690～1650
—OH	3750～3000
—OH(醇及酚)	3750～3610
—OH(氢键结合的醇及酚)	3400～3200
$—NH_2$(胺)	3750～3000
C—X	750～500
C—X(氯化物)	750～700
C—X(溴化物)	700～500

(1) 4000～2500 cm^{-1} 为 X—H 的伸缩振动区(O—H、N—H、C—H、S—H 等)。

(2) 2500～2000 cm^{-1} 为三键和累积双键的伸缩振动区(C≡C、C≡N、C═C═C、N═C═S 等)。

(3) 2000～1550 cm^{-1} 为双键的伸缩振动区(主要是 C═C 和 C═O 等)。

(4) 1550～600 cm^{-1} 主要为弯曲振动，C—C、C—O、C—N 单键的伸缩振动。

具体如下：

a. O—H(3750～3000 cm^{-1})：醇、酚、酸。其中，自由的醇和酚羟基振动频率为 3650～3600 cm^{-1}(伯醇：3640 cm^{-1}，仲醇：3630 cm^{-1}，叔醇：3620 cm^{-1}，酚：3610 cm^{-1})，存在分子间氢键时，振动频率向低波数移动，大致范围为 3500～3200 cm^{-1}。羧酸的吸收频率为 3400～2500 cm^{-1}(缔合)。

b. N—H(3500～3100 cm^{-1})：胺和酰胺。

c. C—H(3300～2700 cm^{-1})：C—H 的振动频率存在明显的分界线，3000 cm^{-1} 以上为不饱和碳上的 C—H，3000 cm^{-1} 以下为饱和碳上的 C—H。醛基 C—H 比较特殊，为 2900～2700 cm^{-1}。

(5) 2500～1500 cm^{-1} 为不饱和键的伸缩振动吸收(表 8-2)。

表 8-2　不饱和键的伸缩振动吸收频率

化学键	吸收峰位置/cm^{-1}
C═C(烯烃)	1680～1500
C═C(芳烃)	1600～1450
C≡C(炔烃)	2400～2100
C═O(醛)	1750～1720
C═O(酮)	1725～1705
C═O(羧酸)	1750～1710
C═O(酯)	1750～1710
C═O(酸酐)	1850～1740
C═O(酰胺)	1680～1630

三键和累积双键：2500～2000 cm^{-1}。

C═O 键(1850～1630 cm^{-1})在很多化合物中都有出现，根据诱导效应，可以明显看到差异：酸酐＞酰氯＞酮、酸＞醛、酯＞酰胺。

C═C 键中苯环由于存在共轭效应(1600～1450 cm^{-1}，一般为多峰)，其振动频率一般比烯烃(1680～1500 cm^{-1})低。

注：红外振动吸收峰的强度与键的极性有关，极性越强，强度越大。因此，C═O 键的峰一般比 C═C 键大。

(6) C—O 伸缩振动(醇、酚、酸、酯、酸酐)：1300～1000 cm^{-1}。

这类振动产生的吸收带通常是该区中的最强峰。醇的 C—O 为 1260～1000 cm^{-1}，酚的 C—O 为 1350～1200 cm^{-1}，醚的 C—O 为 1250～1100 cm^{-1}(饱和醚常在 1125 cm^{-1} 出现，芳香醚多靠近 1250 cm^{-1})。

(7) C—H 弯曲振动：

烷基：—CH_3(1460 cm^{-1}、1380 cm^{-1})，—CH_2—(1465 cm^{-1})，—CH—(1340 cm^{-1})。

烯烃：1000～650 cm^{-1}。

芳烃：960～690 cm^{-1}(不同取代基位置使得 C—H 弯曲振动峰位置不一样)。

═CH 的面外弯曲振动吸收频率见表 8-3。

表 8-3　═CH 的面外弯曲振动吸收频率

化学键	吸收峰位置/cm^{-1}
$R_1CH{=}CH_2$	995～985，910～905
$R_1R_2{=}CH_2$	895～885
$R_1CH{=}CHR_2$(顺)	730～650
$R_1CH{=}CHR_2$(反)	980～965
$R_1R_2C{=}CHR_3$	840～790

第 9 章　激光拉曼光谱法

9.1　激光拉曼光谱法的基本原理

拉曼光谱法(Raman spectrometry)是研究晶格及分子的振动模式、旋转模式和在系统中的其他低频模式的一种分光技术及分子结构表征技术。当光照到物体上时，一部分光被物体反射，一部分光被物体吸收，如果物体是透明的，还有一部分透过物体，除此之外，还有一部分被散射。散射的过程有两种，即弹性散射(又称为瑞利散射)和非弹性散射。弹性散射和非弹性散射的区别在于：在碰撞过程中，发生弹性散射的两个粒子各自保持原来的能量，没有能量的转移；发生非弹性散射的两个粒子中，能量高的粒子将部分能量传递给能量低的粒子。弹性散射和非弹性散射统称为拉曼散射。拉曼光谱法是一种以拉曼散射为基础的分子光谱分析方法，通常用来做激发的激光范围为可见光、近红外光或在近紫外光范围附近。拉曼散射光与入射光之间的频率差称为拉曼位移。拉曼光谱是物质内分子与入射光之间的相互作用导致的散射光频率的改变，因此拉曼光谱能反映物质内部的分子结构信息。此外，散射光频率的改变表现为拉曼位移，其不随入射光的频率或强度的改变而改变，是物质分子层面的特征结构参数。而每个物质都有其独特的分子结构，也即对应独特的拉曼光谱。对同一物质，拉曼位移与入射光频率无关，取决于分子振动能级的变化，不同的化学键或基态有不同的振动方式，决定了其能级间的能量变化，与之对应的拉曼位移是特征的，这是拉曼光谱进行分子结构定性分析的理论依据。

拉曼光谱的分析方向：

(1) 定性分析：不同的物质具有不同的特征光谱，因此可以通过光谱进行定性分析。

(2) 结构分析：对光谱谱带的分析，又是进行物质结构分析的基础。

(3) 定量分析：根据物质对光谱的吸光度的特点，可以对物质的量有很好的分析能力。

拉曼光谱的特点：

(1) 几乎所有包含分子键的物质都可以用于拉曼光谱分析，即固态、液态和气态都可以使用拉曼光谱进行分析。

(2) 拉曼光谱提供快速、简单、可重复且更重要的是无损伤的定性、定量分析，它无需样品准备，样品可直接通过光纤探头或玻璃、石英和光纤测量。

(3) 拉曼光谱覆盖 40～4000 cm^{-1} 区间，可对有机物和无机物进行分析。由于水的拉曼散射很微弱，因此拉曼光谱是研究水溶液中化合物和生物样品的理想工具。

(4) 拉曼激光束的聚焦部位通常只有 0.2～2 mm，因此所需要的测试样品量较少。

由于拉曼散射光的强度很弱，拉曼光谱法的应用受到了限制。增强拉曼光谱法克服了这一缺点，有两类增强方式，即表面增强和共振增强。将被测物吸附在金、银、铜等金属的粗糙表面或胶粒上，可大大增强这些被测物的拉曼光谱信号，增强因子达 10^4～10^8，基于这种表面增强效应的光谱法称为表面增强拉曼光谱法。当激发光波长与分子的电子跃迁产生的吸收峰波长接近或相同时，分子的一些拉曼谱带的强度大大增加，增强因子达 10^4～10^6。这一效应称为共振拉曼效应，基于这一效应建立的方法称为共振拉曼光谱法。同时利用表面增强效应和共振效应建立的方法称为表面增强共振拉曼光谱法。

通常将拉曼光谱强度相对波数的函数图称为拉曼光谱图。拉曼光谱图横坐标的常用单位是相对激发波长偏移的波数，或称为拉曼频移。拉曼光谱图中各拉曼峰的高度、宽度、面积、位置和形状都带有物质的特征。通过拉曼频移可以确定物质的组成，由峰位变化可以确定分子应力，由峰宽可以确定晶体质量，由峰强度可以确定物质总量。

9.2 激光拉曼光谱仪

激光拉曼光谱仪主要由光源、样品装置、单色器、检测和记录系统等组成。图 9-1 为激光拉曼光谱仪结构示意图。

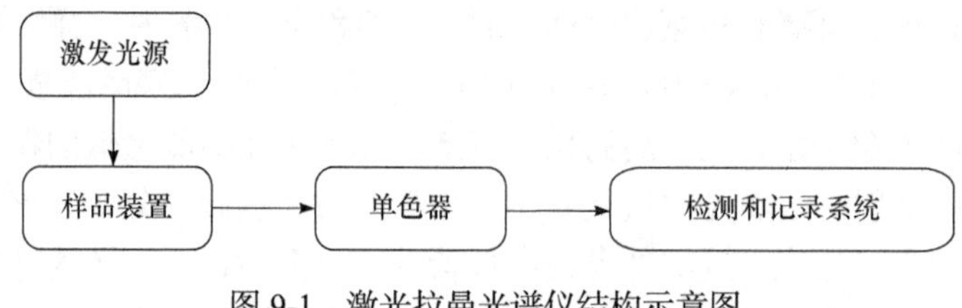

图 9-1 激光拉曼光谱仪结构示意图

1. 光源

激光具有亮度高、方向性强、谱线窄和发散小等优点，是拉曼光谱的理想光源。常用的有波长为 514 nm 和 488 nm 的氩离子(Ar^+)激光器，波长为 531 nm 和 647 nm 的氪离子(Kr^+)激光器，波长为 633 nm 的氦-氖(He-Ne)激光器，波长为 1064 nm 的钕-铱铝石榴石(Nd-YAG)激光器，波长为 785 nm 半导体激光器。

在拉曼光谱中，散射光的强度与激发光频率的四次方成正比。因此，早期使用的 He-Ne 激光光源逐渐被 Ar^+和 Kr^+激光光源所代替。但值得注意的是，在选择光源时要考察光源对样品的影响，如是否引起光解、是否激发产生荧光等。

2. 样品装置

气态、液态和固态样品都可以进行拉曼光谱的测量，样品的制备比红外光谱法简单。样品池的材料可以用玻璃和石英，代替较易损坏的卤化物晶体。气体样品一般置于直径为 1～2 cm、厚 1 mm 的玻璃管中。对于液体样品，可以置于常规的样品池中，也可以装在毛细管样品池中。固体样品相对容易，固体粉末可以填入开口的毛细管中，透明的棒状、块状和片状固体则可直接分析。

3. 单色器

单色器是拉曼光谱仪的核心部分，要求单色器不仅具有较高的分辨率，而且必须使相当弱的拉曼谱线与强的瑞利散射线分开，同时还要消除其他杂散光。现在拉曼光谱仪中多采用全息光栅代替刻痕光栅，大大提高了单色器的性能。凹面全息光栅已应用于拉曼光谱中，只需改变进、出口狭缝就可使杂散辐射进一步降低并使光通量得到改善。在实际样品分析时，应该综合考虑拉曼散射光强度和所期待的分辨率。

4. 检测器

由于拉曼散射光处于可见区，因此拉曼光谱中最常见的检测器是光电倍增管。另外，阵列型多道光电检测器，如电荷耦合阵列检测器(CCD)是一种高感光度半导体器件，适合分析微弱的拉曼信号。电子倍增 CCD(EMCCD)是一种特殊的 CCD 探测器，能够用于信号水平特别低的场合以提高光谱质量。

9.3　激光拉曼光谱的应用

激光拉曼光谱作为一种新型的光谱手段逐渐被人们重视。利用此技术可以研究分子的对称性及分子动力学等问题。激光拉曼光谱与红外光谱互为补充，综合二者的信息可以得到分子结构的完整信息。

在无机化学领域，激光拉曼光谱常用于研究无机晶体的结构和性质，通过激光拉曼光谱的测量可以了解晶体的各个振动模式，反映晶格的对称性，测定薄层晶体的晶向。激光拉曼光谱也常用于研究催化剂的结构、组成，催化剂表面吸附物等。

在有机化学领域，激光拉曼光谱可以阐明分子的结构，表征分子中不同基团的振动特征，同时对有机分子的构象进行分析。激光拉曼光谱往往测定有机物分子的骨架，红外光谱则适合测定有机物分子的端基，二者结合可以有效地对有机物分子结构进行解析。由于激光拉曼光谱可用于研究水溶液，因此在无机化学研究领域显得更加重要，应用更多。激光拉曼光谱对—C—S—、—S—S—、—C—C—、—N═N—、—C═C—等官能团的鉴定特别有用，而红外光谱法则适用于—O—H、C═O、P═O、$—NO_2$和 S═O 等官能团的鉴定。

在生物化学领域，激光拉曼光谱有独特的优点，水的拉曼散射非常弱，而绝大多数生化样品都溶于水，其次样品用量特别少。例如，多肽和蛋白质是由氨基酸构成的，肽键的振动可以产生多种类型的谱带。通过测量酰胺 I 谱带的强度分布可以测定蛋白质分子在水溶液中的二级结构。

实验 9-1　激光拉曼光谱检测对乙酰氨基酚

【实验目的】

(1) 了解激光拉曼光谱在分子检测方面的应用，进一步增强对激光拉曼光谱的认识。

(2) 学习激光拉曼光谱仪的使用方法和操作流程。

(3) 掌握激光拉曼光谱和红外光谱的原理和区别。

【实验原理】

目前，药品的安全性问题已成为人们时刻关注的焦点。保证药品质量对保障广大人民用药的安全、有效和维护人民身体健康有重要的意义。

对乙酰氨基酚(acetaminophen，药物名扑热息痛，简称 APAP)，别称泰诺林、必理通，是一种解热镇痛药物，其解热作用持久而缓慢，有良好的耐受性。但是，若过量服用则会导致面色苍白、恶心、呕吐、厌食和腹痛等症状，最不容忽视的是药物对肝、肾的损伤，严重者会引发肝肾功能衰竭，危及生命。因此，有效判别药物是否含有对乙酰氨基酚可提醒患者慎重服药。

激光拉曼光谱是一种简单、灵敏的研究分子结构的重要工具，不仅在药物研究领域具有越来越重要的应用，在医药工业领域也逐渐被认可。拉曼光谱技术用于过程监测和过程控制、鉴别药物和药物释放实验，以及检测大批量的原料药和单态物质的结晶过程观察等。激光拉曼光谱和红外光谱都源于分子振动光谱，区别在于激光拉曼光谱是散射光谱，红外光谱是吸收光谱。红外光谱是根据分子的偶极矩发生变化才能测到，而激光拉曼光谱是根据分子的极化性(polarizability)发生变化进行测试。与红外光谱一样，特定的基团具有一定的频率范围，因此可以根据基团的频率推断分子结构。

本实验利用拉曼光谱法对感冒止痛常用药对乙酰氨基酚片进行定性鉴别，深入研究拉曼光谱在药物研究领域应用的可行性。

【仪器、试剂】

1. 仪器

HR Evolution 拉曼光谱仪及配套工作软件。

2. 试剂

对乙酰氨基酚片。

【实验步骤】

1. 制备样品

将乙酰氨基酚片研磨 15 min，直至研磨为细粉末，置于载玻片上，压紧样品。

2. 测定样品

选择适当的实验条件，扫描得到激光拉曼光谱图。

【注意事项】

(1) 对样品进行充分研磨，保证样品的均匀性。
(2) 粉末样品必须压紧。
(3) 对于同一粉末样品，可以多选几处进行激光光谱的测试。
(4) 激光对眼睛有害，切忌直视。

【数据记录与结果处理】

参考标准谱图和特征拉曼频移，对得到的谱图上的特征峰进行基团归属。

【思考题】

(1) 激光拉曼光谱与红外光谱的原理有什么区别?
(2) 红外光谱与激光拉曼光谱的吸收峰是否是一一对应的关系？峰的相对强度是否一致?

实验 9-2　激光拉曼光谱测定甲醇、乙醇及应用

【实验目的】

(1) 掌握激光拉曼散射的基本原理和实验方法。

(2) 熟悉激光拉曼光谱仪的使用方法和操作流程。

(3) 掌握利用激光拉曼光谱仪对比甲醇、乙醇及其混合醇得出峰的强度与混合溶液中甲醇、乙醇体积比的关系。

【实验原理】

甲醇和乙醇从色泽和味道上无法分辨，微量的甲醇可对人体造成慢性损害，高剂量的甲醇会引起人体急性中毒。酒精中毒就是饮用了含有甲醇的工业酒精配制的酒所导致的。利用激光拉曼光谱测定食用酒中的甲醇含量，可以预防酒精中毒的发生。

激光拉曼光谱法作为一种新型无损检测技术，广泛应用于样品的定性、定量分析。本实验通过甲醇与乙醇的拉曼光谱特征峰组成相对强度比。本实验方法测定简单、操作方便，无需添加其他化学试剂。甲醇和乙醇具有不同的分子结构，因此它们对应的振动拉曼光谱不同。选择甲醇、乙醇及其混合醇谱线中最明显的峰进行对比，得出峰的强度与混合溶液中甲醇、乙醇体积比的关系，并将其应用于实际检测中。

【仪器、试剂】

1. 仪器

HR Evolution 拉曼光谱仪及配套工作软件；石英测试池。

2. 试剂

无水甲醇(分析纯)；无水乙醇(分析纯)。

【实验步骤】

1. 配制测试样品

配制甲醇和乙醇体积比分别为 3∶1、1∶1、1∶3 的混合溶液。

2. 测试样品

在 550～650 nm 测量以下样品的激光拉曼光谱：

(1) 无水甲醇。

(2) 甲醇、乙醇体积比为 3∶1 的混合醇。

(3) 甲醇、乙醇体积比为 1∶1 的混合醇。

(4) 甲醇、乙醇体积比为 1∶3 的混合醇。

(5) 无水乙醇。

【注意事项】

(1) 若光学零件表面有灰尘，不允许接触擦拭，需用洗耳球小心吹掉。

(2) 取放样品管时，动作要稳、轻，以免损坏。

(3) 激光对眼睛有害，切忌直视。

【数据记录与结果处理】

随着甲醇浓度不断减小，乙醇浓度不断增加，甲醇的特征谱线强度逐渐变小，乙醇的特征谱线强度逐渐增大。对上述所得谱图进行数据处理，选择甲醇 562.6 nm 和乙醇 558.0 nm 的谱线作为最明显的峰进行分析，得到强度比与两者混合的比例呈线性关系。

【思考题】

(1) 试述激光拉曼光谱的适用范围。

(2) 不同的纯净物有对应的激光拉曼光谱，是否可以通过测量不同物质的拉曼光谱作为参考，利用激光拉曼光谱仪测量混合物中某一物质的含量？并解释具体原因。

第 10 章　气相色谱法

10.1　气相色谱法的基本原理

气相色谱法(gas chromatography，GC)是色谱法的一种，它分析的对象是气体和可挥发的物质。色谱法中有两个相，一个是流动相，另一个是固定相。如果用液体作流动相，就称为液相色谱；用气体作流动相，就称为气相色谱，也就是说气相色谱法是一种以气体为流动相的柱色谱法，根据所用固定相状态的不同可分为气固色谱和气液色谱。

气相色谱法实际上是一种物理分离的方法，基于不同物质物理化学性质的差异，在固定相(色谱柱)和流动相(载气)构成的两相体系中具有不同的分配系数(或吸附性能)，当两相做相对运动时，这些物质随流动相一起迁移，并在两相间进行反复多次的分配(吸附-脱附或溶解-析出)，使分配系数只有微小差别的物质在迁移速度上产生了很大的差别，经过一段时间后，各组分实现分离。被分离的物质顺序通过检测装置，给出每个物质的信息，一般是一个对称或不对称的色谱峰。根据出峰的时间和峰面积的大小，对被分离的物质进行定性和定量分析。

气固色谱以表面积大且具有一定活性的吸附剂为固定相。当多组分的混合物样品进入色谱柱后，由于吸附剂对每个组分的吸附力不同，经过一段时间后，各组分的混合物样品进入色谱柱后，各组分在色谱柱中的运行速度也就不同。吸附力弱的组分容易被解吸下来，最先离开色谱柱进入检测器，而吸附力最强的组分最不容易被解吸下来，则最后离开色谱柱。据此各组分在色谱柱中彼此分离，然后顺序进入检测器中被检测、记录下来。

气液色谱以均匀地涂在载体表面的液膜为固定相，这种液膜对各种有机物都具有一定的溶解度。当样品被载气带入柱内到达固定相表面时，就会溶解在固定相中。当样品中含有多个组分时，由于它们在固定相中的溶解度不同，经过一段时间后，各组分在柱内的运行速度也就不同。溶解度小的组分先离开色谱柱，而溶解度大的组分后离开色谱柱。这样，各组分在色谱柱中彼此分离，然后顺序进入检测器中被检测、记录下来。

10.2　气相色谱仪

气相色谱仪一般包括五个组成部分，分别是载气系统、进样系统、分离系统(色谱柱)、检测系统和数据处理系统。

10.2.1　载气系统

载气系统是指流动相载气流经的部分，它是一个密闭管路系统，必须严格控制管路的密闭性。载气系统包括气源、气体净化器、气路控制系统。载气构成气相色谱分离过程中的重要一相——流动相。因此，正确选择载气，控制载气的流速，是保证气相色谱分析的重要条件。

可以作为载气的气体很多，原则上，只要没有腐蚀性，且不与被分析组分发生化学反应的气体都可以作为载气，常用的有 H_2、He、N_2、Ar 等。在实际应用中，载气的选择主要是根据检测器的特性来决定，同时考虑色谱柱的分离效能和分析时间。载气的纯度、流速对色谱柱的分离效能、检测器的灵敏度均有很大影响，气路控制系统的作用就是将载气及辅助气进行稳压、稳流及净化，以满足气相色谱分析的要求。

10.2.2 进样系统

进样系统包括进样器和气化室，它的功能是引入试样，并使试样瞬间气化。气体样品可以通过六通阀进样，进样量由定量管控制，进样量的重复性可达 0.5%；液体样品可用微量注射器进样，重复性较差，在使用时，注意进样量与所选用的注射器相匹配，最好是在注射器最大容量下使用。工业流程色谱分析和大批量样品的常规分析中常用自动进样器，重复性很好。在毛细管柱气相色谱中，由于毛细管柱样品容量很小，一般采用分流进样器，进样量较多，样品气化后只有一小部分被载气带入色谱柱，大部分被放空。气化室的作用是把液体样品瞬间加热变成蒸气，然后由载气带入色谱柱。

10.2.3 分离系统

分离系统主要由色谱柱组成，它是气相色谱仪的心脏，功能是使试样在柱内运行的同时得到分离。色谱柱基本有两类：填充柱和毛细管柱。填充柱是将固定相填充在金属或玻璃管中(常用内径 4 mm)。毛细管柱是用熔融二氧化硅拉制的空心管，也称弹性石英毛细管。柱内径通常为 0.1～0.5 mm，柱长 30～50 m，绕成直径 20 cm 左右的环状。用这样的毛细管作分离柱的气相色谱称为毛细管气相色谱或开管柱气相色谱，其分离效率比填充柱高得多。毛细管柱可分为开管毛细管柱、填充毛细管柱等。填充毛细管柱是在毛细管中填充固定相，也可先在较粗的厚壁玻璃管中装入松散的载体或吸附剂，然后拉制成毛细管。如果装入的是载体，使用前在载体上涂渍固定液成为填充毛细管柱气液色谱。开管毛细管柱又分以下四种：①壁涂毛细管柱：在内径为 0.1～0.3 mm 的中空石英毛细管的内壁涂渍固定液，这是目前使用最多的毛细管柱；②载体涂层毛细管柱：先在毛细管内壁附着一层硅藻土载体，然后在载体上涂渍固定液；③小内径毛细管柱：内径小于 0.1 mm 的毛细管柱，主要用于快速分析；④大内径毛细管柱：内径为 0.3～0.5 mm 的毛细管，通常在其内壁涂渍 5～8 μm 的厚液膜。

色谱柱主要是选择固定相和柱长。固定相选择需注意两个方面：极性及最高使用温度。按相似性原则和主要差别选择固定相。柱温不能超过最高使用温度，在分析高沸点化合物时，需选择高温固定相。柱温的选择对分离度影响很大，经常是条件选择的关键。选择的基本原则是：在使最难分离的组分达到符合要求的分离度的前提下，尽可能采用较低柱温，但以保留时间适宜及不拖尾为前提。分离高沸点样品(300～400℃)，柱温可比沸点低 100～150℃。分离沸点低于 300℃的样品，柱温可以在比平均沸点低 50℃至平均沸点的温度范围内。对于宽沸程样品(混合物中高沸点组分与低沸点组分的沸点之差称为沸程)，选择一个恒定柱温通常不能高沸点组分与低沸点组分兼顾，需采取程序升温方法。

10.2.4 检测系统

检测器的功能是将进入色谱柱后已被分离的组分的信息转变为便于记录的电信号，然后对各组分的组成和含量进行鉴定和测量，是色谱仪的“眼睛”。原则上，被测组分和载气在性质上的任何差异都可以作为设计检测器的依据，但在实际中常用的检测器只有几种，它们结构简单，使用方便，具有通用性或选择性。检测器的选择要依据分析对象和目的来确定。常用的检测器有热导检测器、氢火焰离子化检测器、电子捕获检测器和火焰光度检测器。

热导检测器是利用被测组分和载气热导率不同而响应的浓度型检测器，它是整体性能检测器，属物理常数检测方法。这种检测器的基本原理是基于不同组分与载气有不同的热导率。在通过恒定电流以后，钨丝温度升高，其热量经四周的载气分子传递至池壁。当被测组分与载气一起进入热导池时，由于混合气的热导率与纯载气不同(通常是低于载气的热导率)，钨丝传向池壁的热量也发生变化，致使钨丝温度发生改变，其电阻也随之改变，进而使电桥输出端产生不平衡电位而作为信号输出。热导检测器是气相色谱法中最早出现和应用最广的检测器。

氢火焰离子化检测器是典型的破坏性、质量型检测器，是以氢气和空气燃烧生成的火焰为能源，当有机化合物接触氢气和氧气燃烧的火焰，在高温下产生化学电离，电离产生比基流高几个数量级的离子，在高压电场的定向作用下形成离子流，微弱的离子流(10^{-12}～10^{-8} A)经过高阻(10^{6}～10^{11} Ω)放大，成为与进入火焰的有机化合物的量成正比的电信号，因此可以根据信号的大小对有机化合物进行定量分析。氢火焰离子化检测器结构简单、性能优异、稳定可靠、操作方便。其主要特点是对几乎所有挥发性的有机化合物均有响应，对所有烃类化合物(碳数≥3)的相对响应值几乎相等，对含杂原子的烃类化合物中的同系物(碳数≥3)的相对响应值也几乎相等，这给化合物的定量分析带来很大的方便，而且灵敏度高、响应快，可以和毛细管柱直接联用，并具有对气体流速、压力和温度变化不敏感等优点，所以成为应用最广泛的气相色谱检测器。氢火焰离子化检测器是选择型检测器，只能检测在氢火焰中燃烧产生大量碳正离子的有机化合物。但 CO、CS_2 等由于产生的离子流很小，因此基本上不能利用这种检测器进行检测。

电子捕获检测器属于浓度型检测器，是放射性离子化检测器的一种，它是利用放射性同位素在衰变过程中放射出具有一定能量的β粒子作为电离源，当只有纯载气分子通过离子源时，在β粒子的轰击下，电离成正离子和自由电子，自由电子在电场条件下形成检测器的基流。当对电子有亲和力的电负性强的组分进入检测器时，这些组分捕获电子，形成带负电荷的离子。由于电子被捕获，因而降低了检测器原有的基流，电信号发生了变化，检测器电信号的变化与被测组分浓度成正比。电子捕获检测器适用于含有电负性强的卤素、酯基、羟基及过氧化物官能团的有机化合物的分析。

火焰光度检测器属于光度法中的分子发射检测器，是利用富氢火焰使含硫、磷杂原子的有机物分解，形成激发态分子，当它们回到基态时，发射出一定波长的光，透过干涉滤光片，用光电倍增管将其转换为电信号，测量特征光的强度。载气、氢气和空气的流速对火焰光度检测器有很大的影响，所以气体流量控制很重要。要根据样品的不同选择氢氧比，还要把载气和补充气量进行适当的调节，以获得好的信噪比。

10.2.5　数据处理系统

数据处理系统目前多采用配备操作软件包的工作站，用计算机控制，既可以对色谱数据进行自动处理，又可以对色谱系统的参数进行自动控制。

实验 10-1　气相色谱归一化法测定混合物中苯、甲苯和乙苯的含量

【实验目的】

(1) 学习并熟悉气相色谱的原理、方法和应用。

(2) 熟悉气相色谱仪的组成，掌握其基本操作过程和使用方法。

(3) 掌握峰面积归一化法进行定量分析的方法和特点。

(4) 熟悉保留值、相对校正因子、峰高、半峰高、峰面积积分的测定方法。

【实验原理】

气相色谱法是一种很好的分离方法，也是一种定性、定量分析的手段。当样品进入色谱柱后，它在固定相和流动相之间进行分配。由于各组分性质的差异，固定相对它们的溶解或吸附能力不同，则它们的分配系数不同。分配系数小的组分在固定相上的溶解或吸附能力弱，先流出柱子；反之，分配系数大的组分后流出柱子，从而实现各组分的分离。

色谱法根据保留值的大小进行定性分析。在一定色谱条件(固定相、操作条件等)下，各种物质均有确定不变的保留值。定性分析时，必须将被分析物与标准物质在同一条件下所测的保留值进行对照，以确定各色谱峰所代表的物质。定量分析的依据是被分析组分的质量或其在载气中的浓度与检测器的响应信号成正比。对于微分型检测器，物质的质量正比于色谱峰面积(或峰高)，其表达式为 $m_i=f_i'A_i$(或 $m_i=f_i'h_i$)，式中，m_i 为组分 i 的质量；A_i 和 h_i 分别为组分 i 的峰面积和峰高；f_i' 为比例常数，称为校正因子。

当组分通过检测器时所给出的信号称为响应值。物质响应值的大小取决于物质的性质、浓度、检测器的灵敏度及其特性等。同一种物质在不同类型的检测器上有不同的响应值，且不同的物质在同一种检测器上的响应值也不同。为了使检测器产生的响应值能真实地反映物质的含量，就要对响应值进行校正，在进行定量计算时引入相对校正因子 f_i，即某物质的组分 i 和标准物质 s 的绝对校正因子之比：

$$f_i=\frac{f_i'}{f_s'} \tag{10-1}$$

式中，f_s' 为标准物质的绝对校正因子；f_i' 为组分 i 的绝对校正因子。

在测定混合物中苯、甲苯、乙苯的含量时，一般选择苯为标准物质，即苯的相对校正因子 $f_{苯}$为 1.0，这样由实验就可求出混合样品中甲苯、乙苯的相对校正因子 $f_{甲苯}$和 $f_{乙苯}$。然后通过测量色谱图中各组分的峰面积就可以求出混合物中各组分的含量。若用单一组分的峰面积与其相对校正因子乘积的总和的百分比来表示各组分的含量就是归一化法。用峰面积归一化法求各组分含量可按式(10-2)进行计算：

$$w_i=\frac{A_i f_i}{A_1 f_1+A_2 f_2+\cdots+A_i f_i+\cdots+A_n f_n}\times 100\% \tag{10-2}$$

本实验采用氢火焰离子化检测器进行检测。首先在已经确定的分离条件下，分别测定标准物质苯、甲苯和乙苯溶液的色谱图，然后在同样的条件下测定待测样品的色谱图。通过保留时间鉴别待测样品中所含组分，通过峰面积的积分进行定量分析。因本实验采用的待测样品中只含被测的三种成分，且能够全部出峰，故采用归一化法进行待测组分的含量分析。

【仪器、试剂】

1. 仪器

气相色谱仪；色谱工作站；氢火焰离子化检测器(FID)；氮气发生器或高纯氮气钢瓶；氢气

发生器；空气发生器。

弱极性填充柱：可选填充柱 GDX-103、毛细管色谱柱 HP-1(二甲基聚硅氧烷)、HP-5(5%二苯基+95%二甲基聚硅氧烷交联)、OV101。

移液枪(5～50 μL)；气相进样针(5 μL 或 10 μL)；容量瓶(50 mL)；螺纹口样品瓶(10 mL)。

2. 试剂

无水甲醇(分析纯)；苯(分析纯)；甲苯(分析纯)；乙苯(分析纯)。

【实验步骤】

1. 色谱柱的准备与安装

根据待测物质和检测器类型选择合适固定相的不锈钢填充柱或毛细管色谱柱，安装到气相色谱仪上。色谱柱事先已经过老化处理。

2. 仪器准备

将所需气源连接到仪器上，打开 GC 载气氮气、支持气体氢气和空气的气源，设置压力为 0.5 MPa 左右；注意气源气体应经过过滤净化柱净化后进入仪器。

3. 条件设置与优化

(1) 打开计算机进入色谱工作站，设置色谱操作条件。混合烃 FID 条件：载气 N_2 流速 30～40 mL · min^{-1}；柱温 100℃；气化室温度 150℃；FID 温度 120℃；热导桥电流 150 mA。

(2) FID 条件：载气 N_2 流速 40 mL · min^{-1}；氢气流速 30～40 mL · min^{-1}；空气流速 400 mL · min^{-1}；样品-混合烃：进样口气化室温度 160℃(后进样口)；柱温 140℃；FID 温度 220℃(前检测器)。

实验条件的调整与优化：设定后进一针混合样品，根据混合样品色谱图判断色谱分离结果是否合适，如不合适再调整进样口温度、柱温等，重新进样考察，直至达到满意的分离效果，然后存储新方法并用于下面的测定。

4. 配制测试样品

(1) 标准样品溶液的配制：取适量分析纯苯、甲苯、乙苯(体积比为 1∶1∶1)分别加入三个 50 mL 容量瓶，用甲醇为溶剂稀释至刻度，分别标记为 1、2、3 号样品，用于进行定性测试。

(2) 混合样品溶液的配制：准确量取 10 μL 苯、甲苯、乙苯加入 50 mL 容量瓶，用甲醇稀释至刻度，标记为 4 号样品，此时 $V_s=V_i$，可以用于计算校正因子。

(3) 未知样品溶液的配制：分别移取一定量的苯、甲苯或乙苯，标记为 5 号样品，用于定量计算各物质的含量。

5. 测试样品

条件设置好后，运行设定的条件方法，仪器自动完成条件准备工作，达到设定条件并稳定后，则提示可以进样测试，此时进样，进样量为 1 μL。

(1) 用气体进样针进 1 μL 标准苯样品(1 号样品)，测定其保留时间，用于定性鉴别。

(2) 按(1)的方法分别测定甲苯(2 号样品)、乙苯(3 号样品)的保留时间。若用同一根进样针进不同样品，要彻底清洗进样针，建议学生用不同进样针分别进不同样品。

(3) 以苯为标准物质测定甲苯、乙苯的相对校正因子。注入 1 μL 混合样品(4 号样品)，测定相应的峰面积，计算各物质的相对校正因子。重复操作三次。

(4) 未知样品测试：在完全相同的色谱条件下，注入 1 μL 未知样品(5 号样品)，采集并处理数据，打印色谱图。

6. 数据处理，打印报告

调出存储的数据和色谱图，对各样品色谱图进行积分处理，用归一化法计算待测样品各组分的含量。设置测试报告打印格式，输出图谱测试报告。

7. 测试仪器维护与整理

设置关机条件正确关机：确认柱内样品已全部流出后，关闭检测器及辅助气源，再将进样口温度、柱温、检测器温度至室温或 50℃，最后关闭载气，关闭主机电源，退出工作站。

清洗进样针和试剂瓶，整理实验物品，处理废液(注意本实验所用的芳香族化合物均为有毒致癌物质，不可倒入下水道污染环境，应倒入指定的回收瓶进行无害化处理)。盖好仪器防尘罩，清理实验室卫生，最后签好仪器使用记录。

【注意事项】

(1) 气相色谱仪使用氢气气源，还使用芳香烃类易燃试剂，应禁止明火和吸烟。

(2) 芳香族化合物有致癌毒性，注意防止试剂的挥发和吸入，保持室内通风良好。

(3) 实验用气相色谱仪属贵重精密仪器，使用仪器前一定要熟悉仪器的操作规程，在教师指导下进行练习，不可随意操作。

(4) 为了获得较好的精密度和色谱峰形状，进样时速度要快而果断，并且每次进样速度、留针时间应保持一致。

(5) 用后的进样针要及时清洗干净，否则会报废。

【数据记录与结果处理】

(1) 数据记录(表 10-1)。

表 10-1　与纯物质的对照定性

序号	色谱峰	甲醇	苯(1)	甲苯(2)	乙苯(3)
标准样品(1 号、2 号、3 号样品)	t_R/min				
混合样品(4 号样品)	t_R/min(峰面积)				
	A		$A_{4苯}$	$A_{4甲苯}$	$A_{4乙苯}$
未知样品(5 号样品)	t_R/min(峰面积)				
	A		$A_{5苯}$	$A_{5甲苯}$	$A_{5乙苯}$

(2) 结果处理。

a. 根据混合样品(4 号样品)中各组分峰面积的数据结果，计算各物质的相对校正因子。

b. 利用各组分的相对校正因子和未知样品(5 号样品)中各组分峰面积的数据结果，计算未知样品中各组分的含量(以%计)。

【思考题】

(1) 本实验中是否需要准确进样？为什么？

(2) 氢火焰离子化检测器是否对任何物质都有响应？

实验 10-2　气相色谱法测定药品中吡啶残留量

【实验目的】

(1) 学习气相色谱仪的组成，掌握其基本操作过程和使用方法。

(2) 掌握内标法测定样品的方法和特点。

(3) 熟悉药品中残留溶剂的气相色谱法定量分析原理及方法。

【实验原理】

气相色谱的两大理论——塔板理论和速率理论分别从热力学和动力学的角度阐述了色谱分离效能及其影响因素。塔板理论是在对色谱过程进行多项假设的前提下提出的。它的贡献在于借助化工中塔板理论的概念推导出流出曲线方程，即塔板理论的基本方程：

$$c=\frac{W\sqrt{n}}{V_{\mathrm{R}}\sqrt{2\pi}}\mathrm{e}^{-\frac{\pi}{2}\left(1-\frac{V}{V_{\mathrm{R}}}\right)^{2}} \tag{10-3}$$

式中，c 为气相中组分的浓度；W 为进样量；V_{R} 为组分的保留体积；V 为载气体积；n 为理论塔板数。由上述流出曲线方程可以推导出理论塔板数 n 的计算公式：

$$n=5.54\left(\frac{t_{\mathrm{R}}}{y_{1/2}}\right)^{2} \tag{10-4}$$

式中，t_{R} 为组分的保留时间；$y_{1/2}$ 为半峰宽。色谱分析的目标就是将混合物中的各组分分离，两个相邻色谱峰的分离度 R 定义为两峰保留时间差与两峰峰底宽平均值之商，即

$$R=\frac{t_{\mathrm{R}_2}-t_{\mathrm{R}_1}}{(w_1+w_2)/2}=\frac{2\Delta t_{\mathrm{R}}}{w_1+w_2} \tag{10-5}$$

式中，t_{R_1} 和 t_{R_2} 分别为峰 1 和峰 2 的保留时间；w_1 和 w_2 分别为峰 1 和峰 2 在峰底(基线)的峰宽，即通过色谱峰的变曲点(拐点)所作三角形的底边长度。

内标法是一种间接或相对的校准方法。在分析测定样品中某组分含量时，加入一种内标物质来校准和消除由于操作条件的波动而对分析结果产生的影响，以提高分析结果的准确度。内标法在气相色谱定量分析中是一种重要的技术。使用内标法时，在样品中加入一定量的标准物质，它可被色谱柱分离，又不受试样中其他组分峰的干扰，只要测定内标物和待测组分的峰面积与相对响应值，即可求出待测组分在样品中的百分含量。

由于气相色谱采用气体或液体的方式进样，因此平行性差，测量结果的精密度和准确度较差，采用内标物质校正曲线可以克服这个问题。选择一种物质作内标，以固定浓度加入标准溶液和样品溶液中，可以抵消实验条件和进样量变化引起的误差。

在选择内标物时，应注意以下几点：①样品中不含有这种物质；②内标物色谱峰的位置在待测组分之间或与其相近；③内标物质性质稳定，纯度高，与被测样品能互溶且无化学反应；④浓度适当，使其峰面积和待测组分面积相差不大。

【仪器、试剂】

1. 仪器

气相色谱仪(氢火焰离子化检测器)；色谱柱：不锈钢填充柱，柱长 1.8 m，内径 3 mm。

2. 试剂

1,4-二氧六环(分析纯)；吡啶(分析纯)。

【实验步骤】

1. 仪器条件

固定相：乙烯苯-二乙烯苯高分子聚合物。
气体流量：载气氮气流量 40 mL · min^{-1}，氢气流量 35 mL · min^{-1}，空气流量 400 mL · min^{-1}。
进样器温度：200℃；柱箱温度：180℃；检测器温度：220℃。

2. 配制内标工作曲线溶液

按照表 10-2 配制内标工作曲线溶液。

表 10-2 工作曲线溶液的配制

编号	1	2	3	4
1,4-二氧六环的浓度/(μg · mL^{-1})	20	20	20	20
吡啶的浓度/(μg · mL^{-1})	10	15	20	25

3. 仪器操作步骤

(1) 开启载气钢瓶，通氮气。打开氢气发生器及空气压缩机。

(2) 打开色谱仪主机电源开关，打开色谱工作站。在工作站中设定各项温度条件，进样口、检测器条件以及气体流量条件，然后升温至设置温度。

(3) 用 10 μL 微量注射器取样并进样 1 μL，每个标准样及待测样品平行测试两次。根据色谱工作站给出的相应数据文件，设置合适的积分参数，按照二氧六环和吡啶色谱峰的保留时间及半峰宽，计算理论塔板数和分离度。

(4) 关闭氢气发生器和空气发生器。

(5) 从工作站上降低进样口、检测器温度，待温度降至 50℃，关闭载气，退出工作站，关闭色谱仪电源开关。

【注意事项】

(1) 为了获得较好的精密度和色谱峰形状，进样时速度要快而果断，并且每次进样速度、留针时间应保持一致。

(2) 开机时，要先通载气，再升高气化室、检测室温度和分析柱温度，为使检测室温度始终高于分析柱温度，可先加热检测室，待检测室温度升至近设定温度时再升高分析柱温度；关机前须先降温，待柱温降至 50℃以下时，才可停止通载气、关机。

【数据记录与结果处理】

(1) 计算理论塔板数 n(吡啶)，要求 $n>1000$。

(2) 计算分离度(二氧六环与吡啶)R，要求 $R>1.5$。

(3) 画出内标工作曲线，求出线性回归方程和线性相关系数 r，计算样品中吡啶的含量。

【思考题】

(1) 选择一个合适内标物的基本要求是什么？

(2) 气相色谱定量分析中内标法有什么特点？

附录 10-1　6890N 气相色谱仪操作说明

1. 开机

(1) 打开气源(按相应的检测器所需气体)。

(2) 打开计算机，进入 WindowsNT(或 Windows2000)画面。

(3) 打开 6890N GC 电源开关(6890N 的 IP 地址已通过其键盘提前输入 6890N)。

(4) 待仪器自检完毕，双击“Instrument 1 Online”图标，化学工作站自动与 6890N 通讯，此时 6890N 显示屏上显示“Loading…”。进入工作站界面。

(5) 从“View”菜单中选择“Method and Runcontrol”画面，点击“Show Top Toolbar”，“Show Status Toolbar”，“Instrument Diagram”，“Sampling Diagram”，使其命令前有“√”标志，来调用所需的界面。

2. 数据采集方法编辑

从“Method”菜单中选择“Edit Entire Method”项，选中除“Data Analysis”外的三项，点击“OK”进入下一画面。

在“Method Comments”中输入方法的信息(如方法的用途等)，点击“OK”进入下一画面。

1) 选择位置

如果未使用自动进样器，则在“Select Injection Source/Location”画面中选择“Manual”，并选择所用的进样口的物理位置(Front 或 Back)，点击“OK”进入下一画面。

2) 柱参数设定

点击“Columns”图标，则该图标对应的参数显示出来。在“Column”下方选择 1 或 2，然后点击“Change”，点击“Add”，点击“Increment”，点击“OK”，从柱子库中选择需要的柱子，则该柱子的最大耐高温及液膜厚度显示在窗口下方，点击“OK”，点击“Install as Column 1”或“Install as Column 2”(填充柱不定义)。Mode，选择合适的模式，恒压或恒流；Inlet，柱连接进样口的物理位置；Detector，柱连接检测器的物理位置；Outlet Psi，选择 Ambient(连 MSD 则为真空)。选择合适的柱头压、流速、线速度(三者只输一个即可)，点击“Apply”。

3) 进样器参数设定

点击“Injector”图标，进入设定画面。选中进样器的位置(如“Use Front Injector”)，进样体积(如 1 μL)。Preinjection，进样前，Postinjection，进样后；Sample，用样品洗针次数；Solvent A，溶剂 A 洗针的次数；Solvent B，溶剂 B 洗针的次数；Pumps，赶气泡的次数，5～6 次即可。然后点击“Apply”。

(1) 填充柱进样口参数设定。

点击“Inlets”图标，进入进样口设定画面。点击“Apply”上方的下拉式箭头，选中进样口的位置选项(Front 或 Back)。

点击“Gas”下方的下拉式箭头，选择合适的载气类型(如 N_2)。

在“Setpoint”下方的空白框内输入进样口的温度、进样口的压力(如 200℃、10 psi)，然后点击“On”前面的方框，点击“Apply”。

(2) 分流/不分流进样口参数设定。

点击“Inlets”图标，进入进样口设定画面。点击“Apply”上方的下拉式箭头，选中进样口的位置选项(Front 或 Back)。

点击“Gas”下方的下拉式箭头，选择合适的载气类型(如 N_2)。

点击“Mode”下方的下拉式箭头，选择合适的进样方式(如不分流方式 Splitless，分流方式 Split)，在“Setpoint”下方的空白框内输入进样口的温度、进样口的压力(如 200℃、15 psi)，然后点击“On”下方的所有方框。

在“Split Vent”右边的空白框内输入吹扫流量(如 0.75 min 后 60 mL · min^{-1})，点击“Apply”(若选择分流方式，则要输入分流比)。

(3) 冷柱头进样口参数设定。

点击“Inlets”图标，进入进样口设定画面。点击“Apply”上方的下拉式箭头，选中进样口的位置选项(Front 或 Back)。

点击“Gas”下方的下拉式箭头，选择合适的载气类型(如 N_2)。

点击“Mode”下方的下拉式箭头，选择合适的升温方式(如炉温跟踪 Track Oven，程序升温 Ramped Temp，其设置方式与柱温的设置类似)。

在“Setpoint”下方的空白框内输入进样口的压力(如 15 psi)，然后点击“On”旁边的方框；再点击“Apply”。

4) 柱温箱温度参数设定

点击“Oven”图标，进入柱温箱参数设定画面。

在“Setpoint”右边的空白框内输入初始温度(如 40℃)，点击“On”左边的方框；Ramp，升温阶次；℃ · min^{-1}，升温速率；Next，下一阶温度，Hold min，保持的时间；也可输入色谱柱的最大耐高温、平衡时间(如 325℃、3 min)；然后点击“Apply”。

(1) FID 参数设定。

点击“Detector”图标，进行检测器参数设定。

点击“Apply”上方的下拉式箭头，选中进样口的位置选项(Front 或 Back)。

在“Setpoint”下方的空白框内输入：H_2，33 mL · min^{-1}；Air，400 mL · min^{-1}；检测器温度(如300℃)；辅助气(如 25 mL · min^{-1})，并选择辅助气体的类型(如 N_2)，选中该参数。Lit Offset，点火下限值(2.0 Pa 为缺省值)，若显示信号小于输入值，仪器将自动点火，两次点不着，仪器将发生报警信息，并关闭 FID 气体。

注意：此时必须在主机键盘上开启各气体及检测器！编辑完毕，点击“Apply”。

(2) TCD 参数设定。

点击“Detector”图标，进行检测器参数设定。

点击“Apply”上方的下拉式箭头，选中进样口的位置选项(Front 或 Back)。

在“Setpoint”下方的空白框内输入：检测器温度(如 300℃)；辅助气为 40 mL · min^{-1}(或辅助气及柱流量的和为恒定值，如 40 mL · min^{-1}。当程序升温时，柱流量变化，仪器会相应调整辅助气的流量，使到达检测器的总流量不变)，并选择辅助气体的类型(如 N_2)，选中该参数。Negative Polarity，负极性，由被测物质与载气的热传导性决定；选中“Filament”。编辑完毕，点击“Apply”。

(3) ECD 参数设定。

点击“Detector”图标，进行检测器参数设定。

点击“Apply”上方的下拉式箭头，选中进样口的位置选项(Front 或 Back)。

在“Setpoint”下方的空白框内输入：检测器温度(如 300℃)；辅助气为 40 mL · min^{-1}(或辅助气及柱流量的和为恒定值，如 40 mL · min^{-1}。当程序升温时，柱流量变化，仪器会相应调整辅助气的流量，使到达检测器的总流量不变)，并选择辅助气体的类型(如 N_2)，选中该参数。

选中“Electrometer”，点击“Adjust”，输入检测器的输出值(如 40 Hz)，点击“Start”，则仪器调整使输出为 40 Hz。

注意：只有仪器稳定了才能调整。编辑完毕，点击“Apply”。

5) 信号参数设定

点击“Signals”图标，进入信号参数设定画面。

在“Signal 1”或“Signal 2”处选择“Det”，在“Source”处选“Front Detector”(如果 Front Detector 是所用检测器)。

选择“Save Data”，并选择“All”，表示存储所有的数据。

点击“Data Rate”下方的下拉式箭头，选择数据采集数率(如 20 Hz)。

点击“Apply”。

6) 时间表设定

点击“Time Table”图标，进入时间表参数设定画面。在“Time”下方的空白处输入时间(如 0.01 min)，点击“Specifier”分类符下方的下拉式箭头，选中事件(如 Valve 阀)。点击“Parameter”下方的下拉式箭头，选中事件的位号(如 1)。点击“Setpoint”下方的下拉式箭头，选中事件的状态(如 On)。输入完一行，点击“Add”。依次输入多行，点击“OK”。

在“Runtime Check List”中选中“Data Acquisition”，点击“OK”。

点击“Method”菜单，选中“Save Method As”，输入一方法名，如“Test”，点击“OK”。

从“View”菜单中选中“Online Signal”，选中 Windows1，然后点击“Change”，将所要的绘图信号移到右边的框中，点击“OK”(如同时检测两个信号，则重复下一步，选中“Windows2”)。

从“Run Control”菜单中选择“Sample Info”，输入操作者名称(如 zzz)，在“Data File”中选择“Manual”或“Prefix”。

点击“OK”，等仪器“Ready”，基线平稳，从“Method”菜单中选择“Run method”，进样。

3. 数据分析方法编辑

第一，从“View”菜单中点击“Data Analysis”进入数据分析画面。

第二，从“File”菜单中选择“Load Signal”加载信号选项，选中您的数据文件名，点击“OK”。

第三，进行谱图优化：从“Graphics”谱图菜单中选择“Signal Options”，从“Ranges”中选择“Auto Scale”及合适的显示时间，点击“OK”或选择“Use Range”调整。反复进行，直到图的比例合适为止。

1) 积分

(1) 从“Integration”菜单中选择“Auto Integrate”。如果积分结果不理想，再从菜单中选择“Integration Events”，选择合适的“Slope Sensitivity”(斜率灵敏度)、“Peak Width”(峰宽)、“Area Reject”(拒绝面积)、“Height Reject”(拒绝高度)。

(2) 从“Integration”菜单中选择“Integrate”，则数据被积分。

(3) 若积分结果不理想，则重复上两步动作，直到满意为止。

(4) 点击左边“√”图标，将积分参数存入方法。

2) 定量

调用相应谱图积分优化后，从“Calibration”菜单中选择“New Calibration Table”，建立多级校正表。调出未知样的谱图进行积分优化。

3) 打印报告

(1) 从“Report”菜单中选择“Specify Report”。

(2) 点击“Quantitative Results”中“Calculate”右侧的黑三角下拉选项，选中“Percent”(面积百分比)，其他选项不变。

(3) 点击“OK”。

(4) 从“Report”菜单中选择“Print Report”，则报告结果将显示到屏幕上，如想输出到打印机上，则点击“Report”底部的“Print”。

4. 关机

实验结束后，退出化学工作站，退出 Windows 所有的应用程序。

用“Shut Down”关闭 PC，关闭打印机电源。

在主机键盘上关闭 FID/NPD/FPD 气体(H_2, Air)，同时关闭检测器，降温各热源(Oven Temp，Inlet Temp，Det Temp)。

待各处温度降下来后(低于 50℃)，关闭 GC 电源，最后关载气。

5. 注意事项

(1) 色谱柱老化时，勿将柱端接到检测器上，防止污染检测器。

(2) 色谱柱老化时，在室温下通载气 10 min 后，再老化，以防损坏色谱柱。

第 11 章　液相色谱法

11.1　液相色谱法的基本原理

高效液相色谱法(high performance liquid chromatography，HPLC)是在经典液相色谱法的基础上引入气相色谱理论，并在技术上采用了高压泵、高效固定相和高灵敏度检测器而实现分离测定的分析方法。该方法具有分离速度快、分离效率高、选择性好、检测灵敏度高、操作自动化程度高和应用范围广等特点，因此称为高效液相色谱法。

11.1.1　高效液相色谱法与气相色谱法比较

气相色谱法的许多理论与技术同样适用于高效液相色谱法，但也有一定的差别。

1. 应用范围

气相色谱适用于沸点低、热稳定性好、中小相对分子质量的化合物，难以分离高沸点、非挥发性、热不稳定、离子型物质及相对分子质量大的高聚物，因此应用范围受到一定限制，据统计有 20%～30%有机物适合用气相色谱测定。高效液相色谱不受此限制，相对分子质量大、难气化、挥发性差、热敏感性成分、离子型化合物及高聚物均可用高效液相色谱法测定，其应用范围很广。

2. 流动相

气相色谱的流动相不参与分配平衡，仅起运载样品的作用，试样分子只与固定相作用。高效液相色谱的流动相除运载样品外，还参与分离过程，与固定相竞争被测分子。由于流动相种类多，因此改变流动相组成可提高分离的选择性，使样品组分得到有效的分离。

3. 色谱柱

气相色谱柱很长，特别是毛细管柱可长至几十米甚至上百米，柱效也很高，理论塔板数可达 10^4～10^6。高效液相色谱柱较短，一般为 15～25 cm，柱效低于气相色谱柱，理论塔板数一般仅为几千至几万。

4. 检测器

气相色谱检测器的种类较少，已有发展成熟的通用型检测器，如火焰离子化检测器和热导检测器，特别是火焰离子化检测器，灵敏度较高。高效液相色谱检测器的种类多，但通用型的不多，如示差折光检测器和蒸发光散射检测器属于通用型检测器，但灵敏度均较低。

5. 柱外效应

柱外效应也称柱外展宽，是指色谱柱外的各种因素引起的柱效降低、色谱峰展宽。引起柱外效应的主要因素是柱前和柱后的连接管、流通池等柱外体积。对于气相色谱，色谱柱体积很大，柱外体积远比柱体积小，所以柱外效应的影响可忽略。但对于高效液相色谱，色谱柱体积较小，柱外体积占色谱系统总体积比例较大，柱外效应就不可忽略。另外，由于液体的黏度高且扩散性比气体小 10^5 倍，液相色谱中，流动相在空柱管中流动速度分布的纵断面呈抛物线形，且被测物分子在液相中径向扩散很慢，因此引起峰展宽。而气相色谱中，气体的黏度低且具有扩散性，因此这种柱外效应可忽略。

6. 纯化合物的制备

气相色谱一般难以用于制备纯化合物，因为其进样量小、样品随载气流出色谱柱后难以收集，以及样品组分常被检测器破坏等。高效液相色谱进样量大，可将样品中的组分分离后，随流动相进入检测器，往往不被破坏，易于收集，因此可用于制备高纯化合物，被广泛应用于有机合成、石油化工、环境工程、植物化学、药物化学、生物工程、生命科学等诸多领域目标物的分离制备工作。

11.1.2 液相色谱法的分类

高效液相色谱法一般可分为以下几类。

1. 液固吸附色谱法

液固色谱法的固定相为固体吸附剂，属于固体多孔性物质，表面具有活性吸附中心。利用活性中心对试样中各组分吸附能力的差异实现分离，因此该方法也称为液固吸附色谱法。

2. 液液分配色谱法

流动相与固定相均为液体的色谱法称为液液色谱法，又称液液分配色谱法。它是利用组分在两相中溶解度的差异进行分析。

3. 化学键合相色谱法

化学键合相色谱法是由液液分配色谱法发展起来的。为了克服固定液流失问题，人们将各种不同的有机官能团通过化学反应键合到载体(常用硅胶)表面的游离羟基上，生成化学键合相固定相，进而发展成为化学键合相色谱法。化学键合相色谱可分为非极性、弱极性、极性和离子型四种类型。极性键合相色谱中流动相极性小于固定相极性，因此属于正相色谱。非极性键合相色谱中流动相极性大于固定相极性，因此属于反相色谱。弱极性键合相色谱中流动相极性可大于或小于固定相极性，因而可作为正相色谱，也可作为反相色谱。通常所说的反相色谱主要是非极性键合相色谱。

4. 离子交换色谱法

离子交换色谱法是以能交换离子的材料作为固定相，利用离子交换原理和液相色谱技术对离子型化合物进行分离的色谱学方法，属于液相色谱法的重要分支。离子交换色谱法主要用于离子型或可解离化合物的分离测定，如无机离子及氨基酸、蛋白质、脂肪酸等有机和生物物质。

5. 空间排阻色谱法

排阻色谱法又称空间排阻(尺寸排阻、体积排阻、分子排阻)色谱法和凝胶渗透色谱法等，是利用多孔凝胶固定相，按照分子空间、尺寸大小或形状差异进行分离的一种液相色谱法。排阻色谱法因其具有特殊的分离机理，主要应用于分离大分子物质，其分离组分的相对分子质量的范围为2000～2 000 000，这些组分往往是蛋白质、多糖、多肽、核糖核酸等生物大分子及聚合物。此外，排阻色谱法应用较多的是通过测定相对分子质量分布鉴定高聚物，并研究高聚物的聚合机理、合成工艺及条件等。

11.2　高效液相色谱仪

高效液相色谱仪包括以下几个部分(图 11-1)。

(1) 高压泵：驱动流动相和样品通过色谱分离柱和检测系统，耐高压(30～60 MPa)，耐各种流动相，有往复泵和隔膜泵两种。

(2) 色谱柱：分离样品中的各物质；为长 10～30 cm、内径 2～5 mm 的内壁抛光的不锈钢管柱；填充高效微粒固定相。

(3) 进样器：将待分析样品引入色谱系统；种类有微量注射器进样器、阀进样、自动进样器。

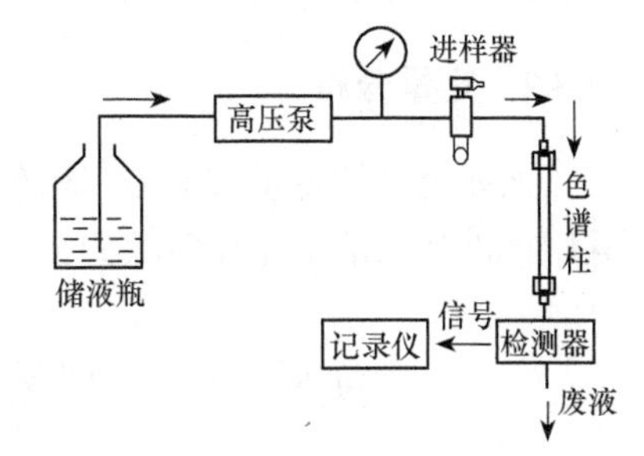

图 11-1　高效液相色谱仪装置图

(4) 检测器：将被分析组分在柱流出液中浓度的变化转化为光学或电学信号；有示差折光检测器、紫外吸收检测器、紫外-可见分光光度检测器、二极管阵列紫外检测器、荧光检测器、电化学检测器。

11.3　高效液相色谱的应用

高效液相色谱既可用于混合组分的定量分析，也可用于定性分析。

11.3.1　高效液相色谱定性方法

1. 与纯物质保留值对照法

高效液相色谱的定性方法主要是直接利用纯物质(标准物质)与样品中未知物的保留值对照，此方法与气相谱法相似，根据同一物质在相同的色谱条件下保留值相同，基本上可以认定未知物与标准物质是同一物质。通常可采用更有效的方法，即直接将标准物质加入试样中，如果未知物的色谱峰增高，且在改变色谱柱或流动相组成后，仍能使该色谱峰增高，则可基本认定二者为同一物质。但当没有标准物质时，此法则不适用。

2. 化学定性法

由于高效液相色谱法比气相色谱法容易收集组分，尤其是制备色谱法，因此可将组分利用专属性化学反应进行定性分析，此法常用于官能团的鉴别。

3. 两谱联用定性法

两谱联用定性法一般分为离线联用定性和在线联用定性两种方法。

1) 离线联用定性法

通常将样品中某组分用液相制备色谱仪分离制备后，通过紫外光谱、红外光谱、核磁共振谱、质谱等光谱分析进行定性和结构分析。

2) 在线联用定性法

联用仪一般是将高效液相色谱仪与光谱仪或质谱仪联机而形成的整体仪器。使用联用仪能给出样品的色谱图，同时又能快速地给出每个组分的光谱图或质谱图，并给出定性和定量的分析信息，是目前发展最快、应用也越来越广泛的分析方法。目前比较重要的联用仪器主要有液相色谱-质谱、液相色谱-质谱-质谱、液相色谱-光二极管阵列检测器、液相色谱-傅里叶变换红外光谱和液相色谱-核磁共振等联用仪。

11.3.2 定量分析

液相色谱的定量方法与气相色谱定量方法基本相同，常用外标法、内标法和标准加入法，其中标准加入法应用相对较少。

实验 11-1 高效液相色谱法分析水样中的酚类化合物

【实验目的】

(1) 掌握高效液相色谱仪的基本原理和使用方法。

(2) 了解反相液相色谱法分离非极性、弱极性化合物的基本原理。

(3) 以水中酚类化合物为例，掌握高效液相色谱进行定性和定量分析的方法。

(4) 学习和掌握色谱柱的评价方法。

【实验原理】

酚类是指苯环或稠环上带有羟基的化合物。酚类对人体具有致癌、致畸、致突变的潜在毒性，毒性大小与它的基团和结构、取代基的大小、位置、分布状态有关。因此，国内外对水中酚类化合物的检测非常重视。气相色谱法分离效果好，灵敏度高，但衍生化过程烦琐，所需试剂合成困难、毒性大。高效液相色谱法可同时分离、分析各种酚类化合物，并保持原化合物的组成不变，直接测定。

应用高效液相色谱法进行混合物的分离及定量、定性分析包括以下内容：

(1) 色谱柱的选择。本实验采用高效液相色谱法分析水中的酚类物质。根据酚类物质的极性，色谱柱可以选择 C8 或 C18 烷基键合相填料的色谱柱。

(2) 流动相的选择。反相色谱所采用的流动相通常是水或缓冲溶液与极性有机溶剂如甲醇、乙腈的混合溶液。在分离分析疏水性很强的实际样品时，也可采用非水流动相从而提高其洗脱能力。本实验分析水相中的酚类物质，若选择 C8 柱可选用甲醇：水=20：80(体积比)作为流动相，流速 0.8 mL · min^{-1}；若选用 C18 柱，流动相可选择 45%～80%的乙腈，或 20%乙腈及 80% 0.01 mol · L^{-1} 磷酸混合液，流速 1.5 mL · min^{-1}。柱温 35℃。

(3) 定性分析。本实验采用绝对保留时间法进行定性分析。测定已知标准物质的保留时间，当待测组分的保留时间在已知标准物质的保留时间预定的范围内即被鉴定。

(4) 定量分析。本实验采用外标法进行定量分析。

(5) 评价色谱柱。通过实验数据计算下列参数评价色谱柱：柱效(理论塔板数)n、容量因子K'、相对保留值α(选择因子)、分离度R。为达到好的分离，希望n、α和R值尽可能大。一般的分离(如α=1.2，R=1.5)，n需达到2000。柱压一般为104 kPa或更小。

(6) 参考色谱操作条件。色谱柱：(4.6 mm×150 mm，5 μm)C8或C18柱；柱温：35℃；流动相：甲醇：水=20：80(体积比，有报道55：45为最佳)，流速0.5～30.8 $mL \cdot min^{-1}$；或20%乙腈/80% 0.01 $mol \cdot L^{-1}$ H_3PO_4、45%乙腈(7.5 min内)至80%乙腈(2 min内)，流速1.5 $mL \cdot min^{-1}$；紫外检测波长：270 nm；进样量20 μL。

【仪器、试剂】

1. 仪器

1525型高效液相色谱仪；真空脱气装置；柱温箱(温控范围10～80℃)；C8或C18柱(4.6 mm×150 mm，5 μm)；紫外检测器；20 μL定量环；25 μL微量进样器；溶剂过滤器；滤膜(水相和有机相，0.45 μm)；溶剂过滤头；超声波清洗仪。

螺纹口样品玻璃瓶；棕色容量瓶(500 mL、50 mL、10 mL)；移液管(2 mL)。

2. 试剂

邻苯二酚(分析纯)；间苯二酚(分析纯)；对苯二酚(分析纯)；甲醇(色谱纯)或乙腈(色谱纯)；异丙醇(色谱纯)。

【实验步骤】

(1) 配制各组分的标准溶液：分别准确称取50 mg(精确到0.1 mg)邻苯二酚、间苯二酚和对苯二酚，用超纯水溶解后定容至500 mL棕色容量瓶中，制成浓度为100 $\mu g \cdot mL^{-1}$单一组分的标准溶液，作为定性用标准溶液，避光保存。

(2) 配制混合组分的标准溶液：配制含有邻苯二酚、对苯二酚、间苯二酚各 100 $\mu g \cdot mL^{-1}$的混合标准样品溶液于50 mL棕色容量瓶中，避光保存。

(3) 配制系列浓度标准溶液：分别准确吸取混合标准溶液0.2 mL、0.4 mL、0.6 mL、0.8 mL、1.0 mL于10 mL容量瓶中，用水稀释至刻度，摇匀。该系列浓度标准溶液含有邻苯二酚、对苯二酚、间苯二酚浓度分别为2 $\mu g \cdot mL^{-1}$、4 $\mu g \cdot mL^{-1}$、6 $\mu g \cdot mL^{-1}$、8 $\mu g \cdot mL^{-1}$、10 $\mu g \cdot mL^{-1}$。

(4) 样品测定：用微量进样器取20 μL试样依据下面仪器操作步骤进行分析。

【仪器操作步骤】

(1) 溶液与溶剂的膜过滤和脱气处理：将以上样品溶液经0.45 μm滤膜过滤后避光保存备用。流动相溶剂(甲醇和水)分别经滤膜过滤后超声脱气10～20 min，分别装入色谱仪指定储液瓶内。流动相使用前必须过滤，不要使用存放多日的去离子水(易滋生细菌)。

(2) 安装好色谱柱(注意方向)，将过滤脱气后的流动相组分(甲醇和水)分别加入储液瓶内。

(3) 打开计算机进入操作系统；打开液相色谱仪泵、进样器、柱温箱、检测器等仪器模块电源，完成模块自检。

(4) 进入液相色谱仪化学工作软件，设置色谱实验参数：泵流速 0.8 mL · min^{-1}，甲醇 20%～55%、水 45%～80%；最高压力设为 200 psi；柱温：20～25℃；检测波长：270 nm。

(5) 运行仪器：打开泵的 Purge 阀，运行仪器控制系统(System On)，泵入流动相，排空废液管内的气泡，关闭 Purge 阀，平衡色谱柱。同时，打开操作界面的信号监测窗口，选择所要监控的 270 nm 的信号。待基线稳定，点击信号窗口的平衡按钮(Balance)，调整零点。

(6) 编辑样品信息：点击"Run Control"菜单，选择样品信息选项(Sample Info)，编辑样品信息。

(7) 进样分离，采集信号：选择手动进样方式(使用自动进样器请另外参考相关说明)，用微量进样器分别进样 20 μL 上述各样品溶液(标准样品和混合样品，并稀释到线性范围)，扳动进样阀至"Inject"位置。仪器开始自动记录分离过程。

(8) 结束信号采集：待测物出完全峰后，按停止采集按钮(Post run 或 F8)停止采集，保存采集信息和图谱。

(9) 数据分析和处理：进入数据分析系统，调用所保存的数据，优化谱图，优化积分，建立一、二级校正表，制作校正曲线，进行定性和定量分析，输出报告和结果。

(10) 关机操作：关机前，用 100%的水冲洗系统 20 min，然后用有机溶剂(如乙腈)冲洗系统 10 min(此法适用于反相色谱柱，正相色谱柱用适当的溶剂冲洗)。对于手动进样器，当使用缓冲溶液时，还要用水冲洗进样口，同时扳动进样阀数次，每次数毫升。若使用带 Seal-wash 的高效液相色谱仪，还要配制 90%水+10%异丙醇的溶液，以每分钟 2～3 滴的速度虹吸排出，溶剂不能干涸。做好上述处理后再关泵。然后退出化学工作站及其他窗口，关闭计算机，最后关闭液相色谱仪电源开关。

(11) 实验整理：色谱柱长时间不用，柱内应充满溶剂后存放，两端封死(如乙腈适用于反相色谱柱，正相色谱柱用相应的有机相封存)。

【注意事项】

(1) 本实验的重点是：样品和流动相的预处理，液相色谱仪的操作规程，工作站的使用和数据处理。

(2) 注意试剂和样品的预处理，一定要经滤膜过滤和脱气后才能使用。

(3) 分离时注意观察柱压，若柱压很高，应检查液路和泵系统是否堵塞，及时更换试剂过滤头和泵上的过滤包头。

(4) 注意保护检测器的光源，不检测时可暂时关闭光源以延长灯的使用寿命。

(5) 注意保持试剂瓶、液路不受污染，更应防止水样发霉和细菌滋生。

(6) 液相色谱仪为贵重精密仪器，使用仪器前一定要熟悉仪器的操作规程，在教师指导下进行练习，不可随意操作。甲醇、乙腈和酚类均为有毒试剂，避免吸入其蒸气或误服，按规定处理有机试剂，杜绝污染环境。

【数据记录与结果处理】

记录实验过程的相关参数和数据，利用色谱工作站进行数据分析和处理。

(1) 调出色谱图，进行谱图优化、优化积分、建立数据表，绘制标准曲线，调用待测样品的色谱图，进行谱图优化、积分计算测定结果，设置报告打印格式输出实验报告。

(2) 评价色谱柱的性能：根据实验所得结果计算色谱峰的保留时间、半峰宽，然后计算色谱柱参数相对保留值α，以及相邻两峰的分离度 R。

【思考题】

(1) 从色谱原理、色谱仪器、操作技术和应用范围等方面，比较气相色谱法和液相色谱法的相同点和不同点。

(2) 说明外标法进行色谱定量分析的优点和缺点。

(3) 如何保护液相色谱柱?

(4) 解释酚类化合物的洗脱顺序。

实验 11-2　高效液相色谱法测定饮料中咖啡因的含量

【实验目的】

(1) 了解高效液相色谱法测定咖啡因的基本原理。

(2) 掌握高效液相色谱仪的操作。

(3) 掌握高效液相色谱法进行定性及定量分析的基本方法。

【实验原理】

咖啡因又称咖啡碱，属黄嘌呤衍生物，化学名称为 1,3,7-三甲基黄嘌呤，可由茶叶或咖啡中提取而得。它能兴奋大脑皮层，使人精神兴奋。咖啡中含咖啡因 1.2%～1.8%，茶叶中含 2.0%～4.7%。可乐、复方阿司匹林药片中均含有咖啡因。其分子式为 $C_8H_{10}O_2N_4$，结构式如图 11-2 所示。

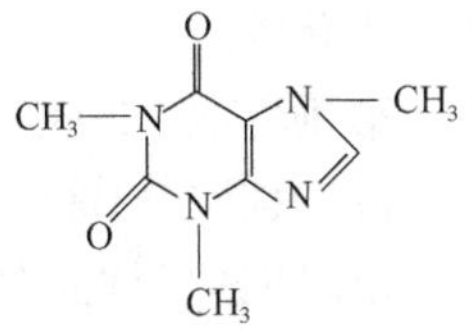

图 11-2　咖啡因结构式

用反相高效液相色谱法将饮料中的咖啡因与其他组分(如单宁酸、咖啡酸、蔗糖等)分离后，将已配制的浓度不同的咖啡因标准溶液进入色谱系统，以紫外检测器进行检测。在整个实验过程中，流动相流速和泵的压力是恒定的，测定它们在色谱图上的保留时间和峰面积后，可直接用保留时间定性，用峰面积作为定量分析的参数，采用标准曲线法(外标法)计算饮料中咖啡因的含量。

【仪器、试剂】

1. 仪器

1525 型高效液相色谱仪；真空脱气装置；柱温箱(温控范围 10～80℃)；C18 柱(4.6 mm×150 mm，5 μm)；紫外检测器；溶剂过滤器；滤膜(水相和有机相，0.45 μm)；溶剂过滤头；超声波清洗仪。

漏斗；平头微量进样器(10 μL)；螺纹口样品玻璃瓶；容量瓶(50 mL、100 mL)；烧杯(100 mL)；吸量管(5 mL)。

2. 试剂

甲醇(色谱纯)；咖啡因(分析纯)；可口可乐(瓶装)；咖啡；茶叶。

3. 标准溶液的配制

咖啡因储备液(1000 μg · mL^{-1})：将咖啡因在 110℃下烘干 1 h，准确称取 0.1000 g 咖啡因，用超纯水溶解，转移至 100 mL 容量瓶中，定容至刻度，待用。

【实验步骤】

1. 设置色谱条件

柱温：室温；流动相：甲醇∶水=60∶40(体积比)；流速：1.0 mL · min^{-1}；检测波长：275 nm。

2. 配制咖啡因系列标准溶液

分别用吸量管吸取 1000 μg · mL^{-1} 咖啡因储备液 0.50 mL、1.00 mL、2.00 mL、3.00 mL、4.00 mL 于 5 个 50 mL 容量瓶中，用超纯水定容至刻度，浓度分别为 10 μg · mL^{-1}、20 μg · mL^{-1}、40 μg · mL^{-1}、60 μg · mL^{-1}、80 μg · mL^{-1}。

3. 样品预处理

(1) 将 25 mL 可口可乐置于 100 mL 烧杯中，剧烈搅拌 30 min 或用超声波脱气 5 min，以赶净二氧化碳。

准确称取 0.2000 g 咖啡，用超纯水溶解，定容至 50 mL。

准确称取 0.1000 g 茶叶，用 80 mL 超纯水浸泡 30 min，定容至 50 mL。

(2) 将 3 份样品溶液分别进行干过滤(用干漏斗、干滤纸过滤)，弃去前过滤液，取续滤液，待用。分别取 5 mL 可口可乐、咖啡溶液、茶水用 0.45 μm 滤膜过滤，备用。

4. 绘制标准曲线

待液相色谱仪基线平直后，分别进样咖啡因系列标准溶液 10 μL，重复测定两次，要求两次所得的咖啡因色谱峰面积基本一致，记下峰面积与保留时间。

5. 样品测定

分别进样可口可乐、咖啡溶液、茶水 10 μL，根据保留时间确定样品中咖啡因色谱峰的位置，重复测定两次，记下咖啡因色谱峰的峰面积。

【注意事项】

(1) 液体样品必须经过处理，不能直接进样，虽然操作简单，但会影响色谱柱的寿命。

(2) 不同牌号的茶叶、咖啡中咖啡因的含量不大相同，称取样品可酌量增减。

(3) 为了获得良好结果，样品和标准溶液的进样量要严格保持一致。

【数据记录与结果处理】

(1) 确定标准样咖啡因和样品中咖啡因的保留时间，记录不同浓度下的峰面积。

(2) 根据咖啡因系列标准溶液的色谱图，绘制咖啡因峰面积与其浓度的关系曲线。

(3) 根据样品中咖啡因色谱峰的峰面积，由标准曲线计算可口可乐、咖啡溶液、茶水中咖啡因的含量(分别用$\mu g \cdot mL^{-1}$和$mg \cdot g^{-1}$表示)。

【思考题】

(1) 用标准曲线法的优缺点是什么?

(2) 解释用反相色谱柱测定咖啡因的理论基础。

(3) 在样品干过滤时，为什么要弃去前过滤液?

附录 11-1　1525 型高效液相色谱仪操作说明

1525 型高效液相色谱仪包括：1525 泵、2487 双波长检测器、计算机(Breeze 图谱处理软件)。

(1) 开启由 Breeze 系统软件控制的所有设备：柱温箱、检测器、高压泵输液泵。

(2) 开启 Breeze 系统计算机，启动 Breeze 应用程序。

(3) 点击“方法设定”按钮，设定柱温、流速、检测波长等参数。

(4) 用水以 0.3～0.5 $mL \cdot min^{-1}$的流速冲洗色谱柱 30～60 min，再用流动相以 0.3～0.5 $mL \cdot min^{-1}$的流速平衡色谱柱 30～60 min。

(5) 点击“基线检测”按钮，待基线平直后，进样，开始测定。

(6) 除另有规定外，对照品溶液及供试品溶液均做双样，各连续进样两次，四次检测结果的相对标准偏差(RSD)不得超过 1.5%；贵重对照品配制的对照溶液可做单样，但需平行连续进样至少 5 次，RSD 不得超过 1.5%。

(7) 检测完毕，依次用流动相(30～60 min)、水(120 min)、甲醇(120 min)以 0.2～0.5 $mL \cdot min^{-1}$的流速冲洗色谱柱。

(8) 冲洗色谱柱结束，逐渐降低流速至 0，待系统压力降至 100 psi 以下，关闭检测器、高压输液泵、柱温箱，退出 Breeze 系统，关闭电源。

(9) 用水和甲醇分别冲洗进样口 3 次，清洁仪器外部，盖上防尘罩，做好使用登记。

第 12 章　毛细管电泳法与离子色谱法

12.1　毛细管电泳法

12.1.1　毛细管电泳法的基本原理

毛细管电泳(high performance capillary electrophoresis，HPCE)是以弹性石英毛细管为分离通道，以高压直流电场为驱动力，根据试样中各组分淌度(单位电场强度下的迁移速度)和(或)分配行为的差异而实现分离的一种分析方法。其特点是：灵敏度高、分离效率高、速度快；进样量少，只需纳升级进样量；成本低，只需少量流动相和价格低廉的毛细管。由于具有以上优点以及分离生物大分子的能力，毛细管电泳法成为近年来发展最迅速的分离分析方法之一，广泛应用于分子生物学、医学、药学、化学、环境保护、材料等领域。

12.1.2　毛细管电泳的主要分离模式

1. 毛细管区带电泳

用毛细管区带电泳时，整个系统用一种缓冲溶液(背景电解质)，根据各组分荷质比不同而分离。

2. 毛细管等速电泳

毛细管等速电泳使用两种电解质：一种为迁移率较高的前导离子 L^-电解质，另一种为迁移率较低的尾随离子 T^-电解质，被分离组分夹在 L^-与 T^-之间，以同一速度运动，由于迁移率不同而分离。

3. 毛细管等电聚焦

毛细管等电聚焦是根据等电点差别分离生物大分子的高分辨率电泳技术。毛细管内充有两性电解质(合成的具有不同等电点范围的脂肪族多氨基多羧酸混合物)，当施加直流电压(6～8 V)时，管内将建立一个由阳极到阴极逐步升高的 pH 梯度。氨基酸、蛋白质、多肽等所带电荷与溶液 pH 有关，在酸性溶液中带正电荷，反之带负电荷。在其等电点时，溶液呈电中性，淌度为零。此技术经常用于生物大分子的分离。

4. 毛细管电色谱

毛细管电色谱分为填充柱和开管柱两种方式，可分离离子和中性分子，而且可分离手性分子。

5. 胶束电动毛细管色谱

胶束电动毛细管色谱具有两相，流动的水相和起固定相作用的胶束相(准固定相)，被测组分由于在水相和胶束相之间分配系数的差异而分离。

6. 毛细管凝胶电泳

毛细管凝胶电泳是将聚丙烯酰胺等在毛细管柱内交联生成凝胶。凝胶具有多孔性，类似分子筛的作用，试样分子按大小分离。能够有效减小组分扩散，所得峰形尖锐，分离效率高。蛋白质、DNA 等的电荷/质量比与分子大小无关，其他模式很难分离，采用毛细管凝胶电泳能获得良好分离，是测定 DNA 排序的重要手段。特点是抗对流性好、散热性好、分离度极高，且柱便宜、易制备。

12.1.3　高效毛细管电泳仪

高效毛细管电泳仪基本结构如图 12-1 所示。

(1) 高压电源：具有恒压、恒流、恒功率输出 0～30 kV 稳定、连续可调的直流电源。

(2) 毛细管柱：内径 20～75 μm，外径 350～400 μm，长度≤1 m，材料为石英或玻璃。

(3) 缓冲溶液池：要求化学惰性，机械稳定性好。

(4) 检测器：类型及特点如表 12-1 所示。

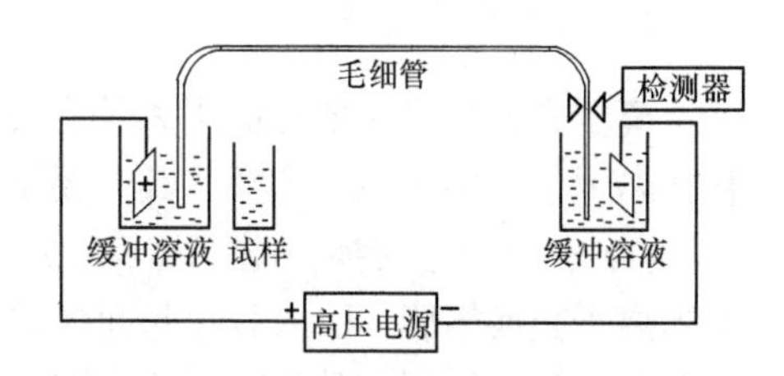

图 12-1　高效毛细管电泳仪装置图

表 12-1　毛细管电泳仪检测器

类型	检出限/mol	特点
紫外-可见	10^{-15}～10^{-13}	加二极管阵列，光谱信息
荧光	10^{-17}～10^{-15}	灵敏度高，样品需衍生
激光诱导荧光	10^{-20}～10^{-18}	灵敏度极高，样品需衍生
电导	10^{-19}～10^{-18}	离子灵敏，需专用的装置

12.2　离子色谱法

12.2.1　离子色谱法的基本原理

离子色谱法是以能交换离子的材料作为固定相，利用离子交换原理和液相色谱技术，对离子型化合物进行分离的色谱学方法，属于液相色谱法的重要分支。

常用离子交换树脂作为固定相，树脂上具有固定离子基团和可交换的离子基团。样品进入色谱柱后，流动相将携带组分电离生成的离子通过固定相，使组分离子与树脂上可交换的离子基团进行可逆交换。由于样品中不同离子对固定相的亲和力不同，因而产生了差速迁移，进而实现分离。在离子交换过程，流动相中组分离子与可交换离子进行竞争吸附，阳离子交换平衡可表示为

$$\mathrm{R{-}M(s) + X^+(m) \rightleftharpoons R{-}X(s) + M^+(m)}$$

$$K_c = \frac{[\mathrm{R{-}X}]_s[\mathrm{M^+}]_m}{[\mathrm{R{-}M}]_s[\mathrm{X^+}]_m} \tag{12-1}$$

阴离子交换平衡可表示为

$$R—A(s)+Y^-(m) \rightleftharpoons R—Y(s)+A^-(m)$$

$$K_a=\frac{[R—Y]_s[A^-]_m}{[R—A]_s[Y^-]_m} \tag{12-2}$$

式中，s 和 m 分别表示固定相和流动相；K_c 和 K_a 分别为阳离子和阴离子交换反应的平衡常数；X^+和 Y^-表示组分离子；M^+和 A^-表示树脂上可交换离子。由此可见，平衡常数 K_c 和 K_a 值越大，组分离子与树脂的作用越强，在色谱柱中的停留时间越长，保留值也越大。

12.2.2　离子色谱法的分类

1. 离子交换色谱

离子交换色谱主要是应用离子交换的原理，采用低交换容量的离子交换树脂来分离离子。它在离子色谱中应用最广泛，其主要填料类型有以下几种。

(1) 有机离子交换树脂：以苯乙烯-二乙烯苯共聚体为骨架，在苯环上引入磺酸基形成强酸型阳离子交换树脂，引入叔胺基而成季胺型强碱性阴离子交换树脂，此交换树脂具有大孔、薄壳型或多孔表面层型的物理结构，便于快速达到交换平衡。离子交换树脂耐酸碱，可在任何 pH 范围内使用，易再生处理，使用寿命长。缺点是机械强度差，易溶胀，易受有机物污染。

(2) 硅质键合离子交换剂：以硅胶为载体，将有离子交换基的有机硅烷与其表面的硅醇基反应形成化学键合型离子交换剂，其特点是柱效高、交换平衡快、机械强度高。缺点是不耐酸碱，只宜在 pH 为 2～8 使用。

2. 离子对色谱

离子对色谱的固定相为疏水型的中性填料，可用苯乙烯-二乙烯苯树脂或十八烷基硅胶(ODS)，也有用 C8 硅胶或 CN 固定相。流动相由含有所谓对离子试剂和含适量有机溶剂的水溶液组成，对离子是指其电荷与待测离子相反并能与其生成疏水性离子对，化合物的表面活性剂离子，用于阴离子分离的对离子是烷基胺类，如氢氧化四丁基铵、氢氧化十六烷基三甲烷等，用于阳离子分离的对离子是烷基磺酸类，如己烷磺酸钠、庚烷磺酸钠等，对离子的非极性端亲脂，极性端亲水，其—CH_2 键越长，则离子对化合物在固定相的保留越强，在极性流动相中往往加入一些有机溶剂，以加快淋洗速度。此法主要用于疏水性阴离子以及金属配合物的分离。

3. 离子排斥色谱

离子排斥色谱主要根据唐南(Donnan)膜排斥效应，电离组分受排斥不被保留，而弱酸有一定保留的原理制成。离子排斥色谱主要用于分离有机酸以及无机含氧酸根，如硼酸根、碳酸根、硫酸根等，它主要采用高交换容量的磺化 H 型阳离子交换树脂为填料，以稀盐酸为淋洗液。

离子色谱的特点是快速方便，用高效快速分离柱对 7 种常见阴离子实现基线分离只需 3 min，灵敏度高，选择性好，分离柱的稳定性好、容量高。

12.2.3　离子色谱仪

离子色谱系统的构成与高效液相色谱相同，最基本的组件是流动相容器、高压输液泵、进样器、色谱柱、检测器和数据处理系统。此外，可根据需要配置流动相在线脱气装置、自动进样系统、流动相抑制系统、柱后反应系统和全自动控制系统等。离子色谱仪装置图如图 12-2 所示。

离子色谱仪的工作过程是：输液泵将流动相以稳定的流速(或压力)输送至分析体系，在色谱柱之前通过进样器将样品导入，流动相将样品带入色谱柱，在色谱柱中各组分被分离，并依次随流动相流至检测器，抑制型离子色谱则在电导检测器之前增加一个抑制系统，即用另一个高压输液泵将再生液输送到抑制柱，在抑制柱中，流动相的背景电导被降低，然后将流出物导入电导检测池，检测到的信号送至数据系统记录、处理或保存。非抑制型离子色谱仪不用抑制柱和输送再生液的高压泵，因此仪器的结构相对简单得多。

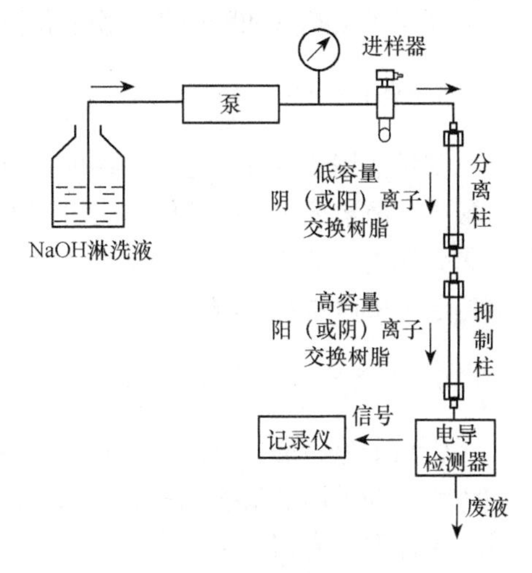

图 12-2　离子色谱仪装置图

12.2.4　离子色谱法的应用

1. 抑制电导检测法

抑制型电导技术由最初的抑制柱技术经历了可连续再生式的纤维管微膜抑制器阶段，最新的抑制技术采用电解抑制法，使抑制电导检测可以自动进行，而不必采用传统的再生液，通过电导抑制可以使背景电导值很低，而检测灵敏度可以达到很高水平。因此，目前大多数离子色谱基本上还是采用抑制电导法检测，无论是痕量测定的电场还是半导体工业，抑制电导检测始终是最理想的方法。

2. 直接电导检测法

目前直接电导检测法(又称单柱法)已发展为可补偿高达 6000 S 背景电导的电导检测器，五极式电导仪可消除极化和电解效应，以降低噪声水平，提高单柱法检测的灵敏度和稳定性。阳离子单柱法检测信号是离子电导与淋洗液电导之差，一般情况下为负值。只要淋洗条件得当，单柱法同样可达到很高的灵敏度。

3. 紫外吸收光度法

在 195～220 nm 具有强紫外吸收的阴离子可用弱紫外吸收的淋洗液直接进行紫外吸收检测，其选择性和灵敏度都很高。间接紫外检测用于本身不具紫外吸收离子的分析，淋洗液具有强紫外吸收，检测信号为负值，阴离子淋洗液多用芳香有机酸和邻苯二甲酸盐、磺基苯甲酸盐等，阳离子则以具有紫外吸收的 Cu^{2+}或 Ce^{3+}溶液为淋洗液。

4. 柱后衍生光度法

重金属、碱土金属、碱金属、稀土金属等 40 余种金属离子可用吡啶偶氮间苯二胺柱后衍生光度法检测，既灵敏又实用。重金属和碱土金属的检出限达μg · L^{-1}级，偶氮胂也为稀土金属离子的高灵敏柱后衍生剂，铬天青 S、十六烷基三甲胺、Triton X-100 对痕量铝离子和铁离子、水溶性卟啉衍生物对痕量 Cd^{2+}、Hg^{2+}、Zn^{2+} 的检测均具有高选择性和高灵敏度。柱后衍生荧光法主要用于氨基酸和胺类化合物的检测，也可能发展为稀土测定的选择性衍生方法。

5. 电化学法

安培法用于选择性检测某些能在电极表面发生氧化还原反应的离子，如亚硝酸根、氰根、硫酸根、卤素离子、硫氰根等无机离子，以及一些胺类、酚类等易氧化还原的有机离子，也用于重金属离子的检测。卤素离子和氰根也可用库仑法检测，或应用银电极的电位检测，还可用铜离子电极电位法检测，阳离子和阴离子库仑法还用于 As^{3+}、As^{5+}、Mo^{6+}、Cr^{3+}的检测。

6. 与元素选择性检测器联用法

将离子色谱的分离优势与元素选择性检测方法联用，可以结合分离及高选择性和高灵敏度的优势，并可用于某些元素的形态分析，如用原子吸收检测亚硒酸、硒酸、亚砷酸、砷酸等，等离子体发射光谱用于 Cr^{3+}、Cr^{6+}和砷、硒的检测。广泛应用于饮用水的安全、废水排放达标检测以及冶金工艺水样、石油工业样品等工业制品的质量控制。

实验 12-1　毛细管电泳法测定阿司匹林中的水杨酸

【实验目的】

(1) 了解毛细管电泳仪的基本结构和使用方法。
(2) 掌握毛细管电泳仪的 Chrom & Spec 色谱数据工作站的使用方法。
(3) 掌握用毛细管电泳法进行定性和定量分析的方法。

【实验原理】

毛细管电泳又称高效毛细管电泳，是以高压直流电场为驱动力，毛细管为分离通道，依据试样中的各种组分之间淌度和分配行为的差异而实现分离的新型液相分离分析技术。它是经典电泳和现代微柱分离技术相结合的产物。

电泳是指电场作用下离子或带电粒子在缓冲溶液中以不同的速度或速率向其所带电荷相反方向迁移的现象。毛细管电泳用淌度来描述带电粒子的电泳行为与特性。

电渗是毛细管中的整体溶剂或介质在轴向直流电场作用下发生的定向迁移或流动现象。电渗的方向与管壁表面定域电荷所具有的电泳方向相反。电渗的产生和双电层有关，当在毛细管两端施加高压电场时，双电层中溶剂化的阳离子向阴极运动，通过碰撞作用带动溶剂分子一起向阴极移动形成电渗流，相当于 HPLC 的压力泵加压驱动流动相流动。度量电渗流的大小可用电渗淌度μ_{eo}或电渗速率 v_{eo}：

$$v_{eo}=\mu_{eo}E \tag{12-3}$$

式中，v_{eo} 为电渗速率；μ_{eo} 为电渗淌度。

在有电渗流存在的情况下，带电粒子在毛细管内电解质溶液中的迁移速率 v 等于电泳速率 v_{ep} 和电渗速率 v_{eo} 的总和：

$$v=v_{ep}+v_{eo}=(\mu_{ep}+\mu_{eo})E \tag{12-4}$$

式中，v_{ep} 为电泳速率；μ_{ep} 为电泳淌度。

在毛细管电泳分离中，电渗流的方向一般是正极到负极，阳离子向阴极迁移，与电渗流的方向一致，移动速率最快，所以最先流出；阴离子向阳极迁移，与电渗流的方向相反，但电渗移动速率一般都大于电泳流率，所以阴离子被电渗流携带缓慢移向阴极；中性分子则随电渗流迁移，彼此不能分离，从而将阳离子、中性分子和阴离子先后分别带到毛细管的同一末端检出。

阿司匹林是一种抗菌消炎药，同时具有软化血管、预防心血管疾病的功效。其中主要成分为乙酰水杨酸，并含有少量杂质水杨酸(结构式如图 12-3 所示)。药典将阿司匹林中水杨酸杂质的含量作为一项质量控制指标，规定不得超过 0.1%。阿司匹林中水杨酸的测定方法有比值导数及紫外吸收光谱法。毛细管电泳以其高效、快速、微量的优势，在药物分析中得到了广泛应用。

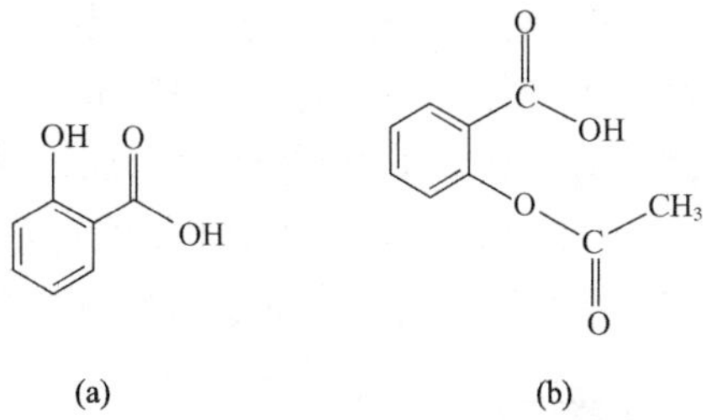

(a)　(b)

图 12-3　水杨酸(a)和乙酰水杨酸(b)结构式

【仪器、试剂】

1. 仪器

CAPEL-105 型毛细管电泳仪，配套 Chrom & Spec 色谱数据工作站；石英毛细管柱(65 cm×100 μm)；pHS-3C 型酸度计；CQ25-13 超声波清洗仪；滤膜(水相，0.45 μm)；振荡器；离心机。

烧杯(100 mL)；移液管(5 mL)；容量瓶(10 mL、100 mL)；移液枪(10～100 μL、100～1000 μL)。

2. 试剂

水杨酸(分析纯)；四硼酸钠(分析纯)；氢氧化钠(分析纯)；十二烷基硫酸钠(分析纯)；阿司匹林药片。

3. 缓冲溶液的配制

配制分离缓冲溶液含 2.00 $mmol \cdot L^{-1}$ 的四硼酸钠和 4.00 $mmol \cdot L^{-1}$ 的十二烷基硫酸钠，用 0.1000 $mol \cdot L^{-1}$ 的氢氧化钠将缓冲溶液 pH 调到 9.00。

【实验步骤】

(1) 仪器的预热和毛细管的冲洗：在实验教师的指导下，打开仪器和配套的工作站。

(2) 电泳参数设置：毛细管柱在使用前分别用 0.1000 $mol \cdot L^{-1}$ NaOH 溶液、去离子水及缓冲溶液依次冲洗 3 min 后，在运行电压下平衡 5 min。以后每次进样前用缓冲溶液冲柱 3 min。本实验采用电迁移进样(15 kV、5 s)，高压端进样，低压端检测，工作电压为 20 kV，检测波长为 210 nm。

(3) 1000 $\mu g \cdot mL^{-1}$ 水杨酸标准储备液的配制：准确称取 0.1000 g 水杨酸于 100 mL 小烧杯中，加水溶解，转移至 100 mL 容量瓶中，定容，作为标准储备液。

(4) 系列标准溶液的配制：分别移取 1000 $\mu g \cdot mL^{-1}$ 水杨酸标准储备液 0.05 mL、0.20 mL、0.50 mL、1.00 mL、3.00 mL、5.00 mL 于 10 mL 容量瓶中，用去离子水定容。水杨酸系列标准

溶液的浓度分别为 5 μg · mL^{-1}、20 μg · mL^{-1}、50 μg · mL^{-1}、100 μg · mL^{-1}、300 μg · mL^{-1}、500 μg · mL^{-1}。

(5) 水杨酸系列标准溶液的测定：分别测定 5 μg · mL^{-1}、20 μg · mL^{-1}、50 μg · mL^{-1}、100 μg · mL^{-1}、300 μg · mL^{-1}、500 μg · mL^{-1} 水杨酸系列标准溶液。

(6) 样品处理：将 5 片阿司匹林药片研碎成粉末，准确称量粉末状样品的质量并记录。将其倒入烧杯，加去离子水 30 mL，搅拌后，在振荡器中振荡 10 min。然后放入离心机中，在 3500 rpm 转速下离心分离 10 min，将上层清液转入 100 mL 容量瓶中，定容。

(7) 阿司匹林药片中水杨酸含量的测定：①取阿司匹林药片溶液，在上述电泳条件下测定样品溶液；②将一定浓度的水杨酸加入样品溶液中进行测定。计算水杨酸的质量分数。

【注意事项】

(1) 冲洗毛细管时禁止在毛细管上施加电压；严格按实验要求进行操作，不允许改动其他工作条件。

(2) 冲洗毛细管对于实验结果的可靠性和重现性至关重要，务必认真完成每一次冲洗，不允许缩短冲洗时间或者不冲洗。

(3) 每组做完实验后一定要用去离子水冲洗毛细管，并用空气吹干，防止毛细管堵塞，影响结果的测定。

【数据记录与结果处理】

1. 阿司匹林中水杨酸的定性分析

打开水杨酸标准样品、阿司匹林样品、水杨酸加阿司匹林样品这三个谱图。通过水杨酸样品与阿司匹林样品这两个谱图比较，能够确定阿司匹林样品中存在水杨酸。通过比较阿司匹林样品与水杨酸加阿司匹林样品这两个谱图，能够确定哪一个峰是水杨酸的峰。

2. 阿司匹林中水杨酸的定量分析

(1) 水杨酸标准曲线的绘制。打开谱图采集窗口，打开样品谱图，点击“Make report”、“Report”后，可看到谱图中峰的信息，包括保留时间和峰面积，并记录峰面积。按此步骤，记录测定的一系列浓度的样品峰的峰面积，平行实验的峰面积取三次进样的平均值。在 Excel 工作表中作峰面积-浓度的线性关系图并得到线性方程。

(2) 将样品中水杨酸峰面积的平均值代入(1)的峰面积-浓度线性方程，可求得水杨酸的浓度，并算出阿司匹林中水杨酸的质量分数。

【思考题】

(1) 毛细管电泳仪的分离原理是什么？

(2) 毛细管电泳有几种分离模式？常用的是哪种？并简述其分离原理。

实验 12-2　离子色谱法测定水中 F^-、Cl^-、NO_3^-、NO_2^-、SO_4^{2-}

【实验目的】

(1) 学习离子色谱法的分离、检测原理。
(2) 了解离子色谱仪的使用。
(3) 通过测定水样中的几种常见阴离子，了解离子色谱进行定性、定量分析的方法。

【实验原理】

离子色谱法是目前我国水域、大气、土壤等生态环境监测中对离子和离子型化合物的主要分析方式。作为环境监测中的重要检测方法，目前采用离子色谱法分析的主要是大气和水域中的阴离子或阳离子。本实验采用离子色谱法测定水样中的主要阴离子(F^-、Cl^-、NO_3^-、NO_2^-、SO_4^{2-})。

实验中填充离子交换树脂的分离柱是离子色谱的关键部分。在柱内，待测阴离子在 HCO_3^- (对阴离子交换一般采用 $NaHCO_3$-Na_2CO_3 为洗提液)洗提液的携带下，在树脂上发生下列交换反应：

$$X^- + HCO_3^-N^+R\text{—树脂} \rightleftharpoons X^-N^+R\text{—树脂} + HCO_3^- \tag{12-5}$$

其交换平衡常数为

$$K=\frac{[X^-N^+R\text{—树脂}][HCO_3^-]}{[HCO_3^-N^+R\text{—树脂}][X^-]} \tag{12-6}$$

式中，X^-为待测的溶质阴离子，它与树脂的作用力大小取决于自身的半径大小，电荷的多少及形变能力。因此，不同的离子被洗提的难易程度不同，一般阴离子洗提的顺序为：F^-、Cl^-、NO_2^-、NO_3^-、SO_4^{2-}。

该仪器采用电导检测器。溶液在进入电导池之前流入纤维薄膜再生抑制柱，该薄膜仅允许阳离子渗透。分离柱出来的溶液由薄膜内流过，膜外以逆流方式通过一定浓度的硫酸。这样，Na^+、H^+分别透过薄膜，HCO_3^- 及 CO_3^{2-} 被中和：

$$HCO_3^- + H^+ \longrightarrow H_2CO_3 \qquad CO_3^{2-} + 2H^+ \longrightarrow H_2CO_3$$

碳酸的解离度很小，其电导率很低，所以通过电导池的溶液主要显示待测离子的电导率。

检测数据由计算机工作站记录流出曲线及相关数据。

【仪器、试剂】

1. 仪器

ICS-2000 离子色谱仪；AS9-SC 分析柱；AG9-SC 保护柱。
容量瓶(100 mL、500 mL)；移液管(1 mL)；滤膜(水相，0.45 μm)。

2. 试剂

NaF(分析纯)；NaCl(分析纯)；$NaNO_3$(分析纯)；Na_2CO_3(分析纯)；K_2SO_4(分析纯)；$NaNO_2$(分

析纯)；$NaHCO_3$(分析纯)；自来水样。

【实验步骤】

(1) 1000 μg · mL^{-1} 标准溶液的配制：分别准确称取 0.2210 g NaF、0.1648 g NaCl、0.1371 g $NaNO_3$、0.1814 g K_2SO_4、0.1499 g $NaNO_2$，用超纯水分别于 100 mL 容量瓶中配成浓度为 1000 μg · mL^{-1} 的标准溶液。

(2) 混合标准溶液的配制：分别移取 1000 μg · mL^{-1} F^-标准溶液 2.5 mL、Cl^-标准溶液 5 mL、NO_3^- 标准溶液 20 mL、SO_4^{2-} 标准溶液 25 mL、NO_2^- 标准溶液 10 mL 于 500 mL 容量瓶中，用超纯水稀释至刻度，即为含 F^- 5 μg · mL^{-1}、Cl^- 10 μg · mL^{-1}、NO_3^- 40 μg · mL^{-1}、SO_4^{2-} 50μg · mL^{-1}、NO_2^- 20 μg · mL^{-1} 的混合标准溶液。

(3) 进混合标准溶液试样，绘制 F^-、Cl^-、NO_3^-、NO_2^-、SO_4^{2-} 标准曲线。

(4) 进自来水样，测定 F^-、Cl^-、NO_3^-、NO_2^-、SO_4^{2-}，平行测定三次。

测定条件为进样量 50 μL；洗提液流速 2 mL · min^{-1}；电导灵敏选择 10～30 μS。

【注意事项】

(1) 色谱柱用淋洗液保存，不能用水冲洗。

(2) 样品需经过 0.45 μm 滤膜过滤后再进样。

(3) 每星期至少开机一两次，每次冲洗 1～2 h。

(4) 色谱柱、抑制柱长时间不用需卸下，并用死堵头堵上。

【数据记录与结果处理】

采用标准曲线法，数据列于表 12-2。

表 12-2 实验数据记录与结果处理

项目	标准溶液					待测试样		
	1	2	3	4	5	1	2	3
峰高或峰面积								
阴离子浓度/(μg · mL^{-1})								

【思考题】

(1) 离子色谱仪的工作原理是什么?

(2) 离子色谱仪如何抑制 $NaHCO_3$-Na_2CO_3 洗提液的电导?

附录 12-1 CAPEL-105 型毛细管电泳仪介绍

毛细管电泳仪主要由以下五部分组成：高压电源、进样系统、毛细管柱、检测器和信号接收系统(计算机)。所有的控制按键都在仪器面板上。

在中间一个可开启的盖板下面，上部是装有毛细管和检测器的卡套盒；下部是带盖子的进口和出口自动进样器。键盘和显示屏位于右侧，两个指示仪器运行状态的二极管指示灯位于左侧。电源开关在仪器右侧面板。仪器左侧面板上有一个可开闭的盖子，里面可以放置高压电源、冷却水软管末端及一个可用于观测水位的窗口。

打开卡套盖板的仪器外观见图 12-4。卡套盒内包含以下组件：卡套本身内有毛细管和水调节恒温系统以及检测器，进口和出口配有电极和自动进样器的盖子。自动进样器包括传送待分析样品瓶及装配至工作位置。

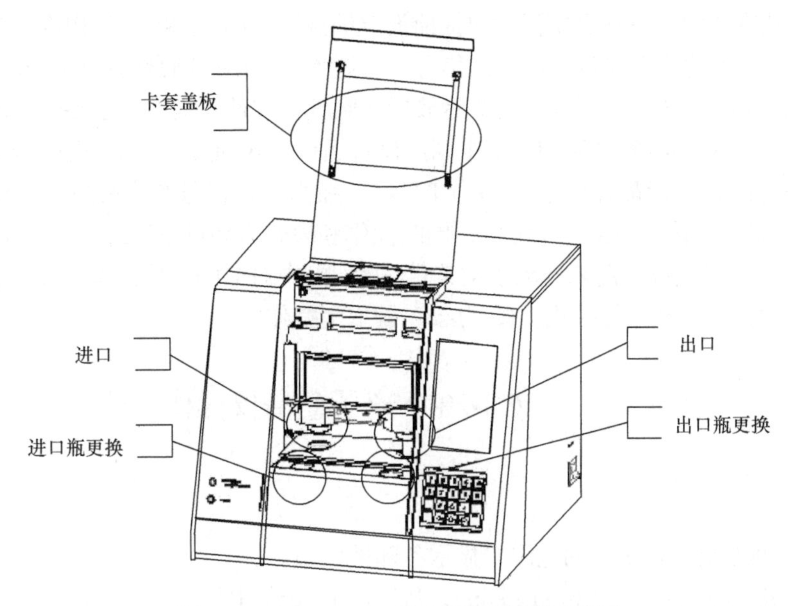

图 12-4　CAPEL-105 型毛细管电泳仪示意图

装置介绍如下。

1. 自动进样

自动进样装置包括两个各有 10 个聚氨酯袖筒的圆盘。袖筒内可放置 1.5 mL 装有待测溶液的离心管。这套装置由程序或操作人员控制，用键盘一步一步控制。圆盘上有数字标志。

2. 分光光度检测器

检测器包括具有线性谱带的光源、聚光镜、单色器、光圈、没有遮盖的毛细管区、参比和测量通道检测器，采用 24 位模/数转换器的电测量装置，用作光源的氘灯。

3. 毛细管恒温(冷却)系统

该系统通过流经毛细管内的流体来传递释放热量。系统由以下几部分组成：传热介质(去离子水)储罐、泵、过滤器、热交换器、半导体温度检测器、卡套内毛细管周围和线路周围的密封装置。该系统安装在仪器外壳的左下部。在运输过程中，该系统不填充去离子水。

4. 控制面板

控制面板由控制器和显示器构成，用于选取操作模式、创建自动检测程序、输入和调整参数值、输出结果。通过程序或操作人员在菜单中选择变量来实现设备的自动控制。敲击键盘、紧急状况和错误报告的提示都通过声音信号完成。键盘由 18 个键组成，包括 10 个数字键、4 个方向指示箭头、功能键 F、十进制小数点及两个管理键“Ent”和“Esc”。

5. 设备显示器和主菜单

显示器显示内容分为两部分。上半部分包括 9 行，显示当前设备运行的所有信息。前 6 行给出标准或调整后的参数值：电极电压、毛细管内液体流速、进口压力、检测信号值、单色器工作波长、传热介质温度——真实温度或提前设定的温度。第 7、8、9 行构成一个表格，分为左、右两个部分，左边是关于进口圆盘的信息，右边是关于出口圆盘的信息。放在毛细管和电极下的瓶子数在第 8 行显示。第 9 行则显示放置在圆盘前部袖筒内的瓶子序号，这些瓶子装填样品。下半部分是一个 13 行的菜单，其中列出设备运行模式和过程，设备匹配必要性。除第 1 行主菜单标题外的每一行都有行号(0～11)和名称。在当前行行号左边有矩形光标。可以通过“↑”和“↓”指针来选择主菜单中的行，同时操作和模式启动可以通过“Ent”键确认。也可以按选与行号相对应的数字键来启动手动菜单(主菜单)中对应的操作过程或模式(0～9)。同时开启参数设定对话框选择运行模式。按“Esc”键取消操作。

附录 12-2　ICS-2000 离子色谱仪操作说明

1. 开机

打开 ICS-2000 离子色谱仪的电源，显示各部件状态。

打开计算机电源，启动“Chromeleon”，从“Browser”中打开控制面板。

将去离子水注满淋洗液瓶，打开“HOME”页面，在“Eluent Level”处输入实际体积；或者在“Eluent Bottle”处输入也可。ICS-2000 离子色谱仪根据流速和运行时间显示淋洗液的消耗程度，体积少于 200 mL 时自动发出警报。在“STATUS”页面中还可以显示使用淋洗液的剩余时间。

2. 排气泡

如果淋洗液被抽干或更换，需要排气泡。

3. 设置操作条件

点击“Chromeleon”控制面板的“System Startup”。泵、抑制器、CR-TC 和淋洗液发生器开始工作，流速、抑制器电流和淋洗液浓度等参数恢复到系统停机前的设定值。

在“Suppressor”页面中选择“Automatically Turn on with Pump”，抑制器可以与泵同步开关；在“Eluent Generator”页面中选择“Automatically Turn on with Pump”，淋洗液发生器和 CR-TC 可以与泵同步开关。

4. 平衡系统

系统平衡期间，需要检查各项参数是否正常：系统压力的波动应小于±10 psi；阴离子的背景电导应低于 30 μS；阳离子的背景电导应低于 10 μS。

5. 准备样品

1) 样品的收集和保存

样品收集在用去离子水清洗的高密度聚乙烯瓶中。不要用强酸或洗涤剂清洗该容器，这样做会使许多离子遗留在瓶壁上，给分析带来干扰。

如果样品不能在采集当天分析，应立即用 0.45 μm 滤膜过滤，否则其中的细菌可能使样品浓度随时间而改变。即使将样品储存在 4℃的环境中，也只能抑制而不能消除细菌的生长。

尽快分析 NO_2^- 和 SO_3^{2-}，它们会分别氧化成 NO_3^- 和 SO_4^{2-}。不含有 NO_2^- 和 SO_3^{2-} 的样品可以储存在冰箱中，一星期内阴离子的浓度不会有明显的变化。

2) 样品预处理

对于酸雨、饮用水和大气飘尘的滤出液可以直接进样分析。对于地表水和废水样品，进样前要用 0.45 μm 滤膜过滤；对于含有高浓度干扰基体的样品，进样前应先通过 OnGuard™预处理柱。

3) 样品稀释

不同样品中离子浓度的变化很大，因此无法确定一个稀释系数。很多情况下，低浓度的样品不需要进行稀释。

当 $NaHCO_3$-Na_2CO_3 作为淋洗液时，用其稀释样品可以有效地减小水负峰对 F^-和 Cl^-的影响(当 F^-的浓度小于 50 ng · mL^{-1} 时尤为有效)，但同时要用淋洗液配制空白和标准溶液。稀释方法通常是在 100 mL 样品中加入 1 mL 浓度为 100 倍的淋洗液。

4) 装样和进样

样品可以由注射器或自动进样器(AS40/50)注入进样阀的定量环。

步骤：①ICS-2000 的 RELAY OUT 1 闭合，触发 AS40 的“LOAD”功能，开始装样；②基线调零；③开始数据采集；④进样阀转换至“Inject”位置；⑤停止数据采集。

第 13 章　电化学分析法

13.1　电化学分析法的基本原理

电化学分析法(electrochemical analysis)是依据物质电化学性质来测定物质组成及含量的分析方法。它是以溶液电导、电位、电流和电量等电化学参数与被测物质含量之间的关系作为计量基础。其特点是灵敏度、准确度高、选择性好、电化学仪器装置较为简单、操作方便、直接得到电信号、易传递，尤其适合于化工生产中的自动控制和在线分析。目前已经应用于化学平衡常数测定、化学反应机理研究、化学工业生产流程中的监测与自动控制、环境监测与环境信息实时发布、生物、药物分析、活体分析和监测(超微电极直接刺入生物体内)等领域。

13.2　电化学分析装置

一般电化学分析有原电池(图 13-1)和电解池(图 13-2)两种装置。

(1) 原电池：自发地将化学能转变成电能。

(2) 电解池：由外电源提供电能，使电流通过电极，在电极上发生电极反应。电池工作时，电流必须在电池内部和外部流过，构成回路。溶液中的电流为正、负离子的移动。

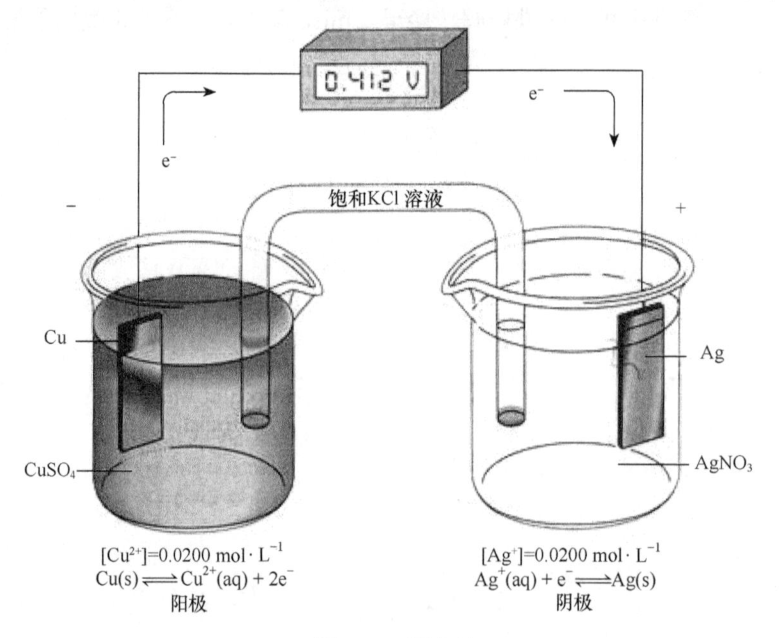

图 13-1　原电池

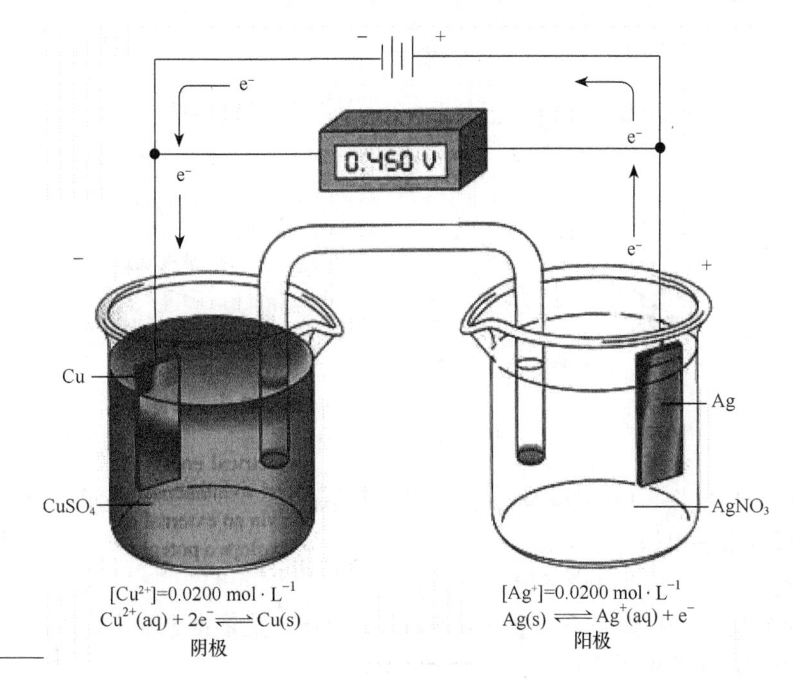

图 13-2　电解池

(3) 电极：是电化学分析重要的装置，是将金属放入相应的溶液后所组成的系统。一般分为：①参比电极，如标准氢电极、甘汞电极、银-氯化银电极；②指示电极，如金属-金属离子电极(第一类电极)、金属-金属难溶盐电极(第二类电极)、汞电极(第三类电极)、惰性金属电极。

13.3　电化学分析方法的分类

(1) 电导分析法：测定电阻参量。

(2) 电位分析法：电位分析法是利用电极电位与浓度的关系测定物质含量的电化学分析方法。用于电位法测定的实验装置如图 13-3 所示，在通过电池电流为零的条件下用高输入阻抗的电压计测量被测溶液中指示电极和参比电极之间的电位差，其中参比电极常用饱和甘汞电极(SCE)，指示电极常用离子选择性电极(ISE)。两个电极都是去极化电极，这也是电位法的一个特点。为了保持电解池中电解质的均匀和尽快达到平衡，常用电磁搅拌器。电位分析法根据测量方式可分为直接电位法和电位滴定法。

用于电位分析法的电池系统可表示为

$$\text{参比电极}|\text{试液}(a_x)|\text{膜}|Cl^-(x\ \text{mol}\cdot L^{-1})|AgCl，Ag$$

25℃时，电池电动势为

$$E_{\text{电池}}=\varphi_{\text{ISE}}-\varphi_{\text{SCE}}=\varphi_{\text{内参比}}+\text{常数}\pm\frac{0.059}{n}\lg a_x-\varphi_{\text{SCE}}=K\pm\frac{0.059}{n}\lg a_x \tag{13-1}$$

式中，K 为常数；a_x 为被测离子的活度，被测离子为正离子时，对数项前取正号，负离子取负号。

离子选择性电极对特定的离子响应，其构造的主要部分是离子选择性膜，因为膜电位随着被测定离子的浓度而变化，所以通过离子选择性膜的膜电位可以测出离子的浓度。离子选择性

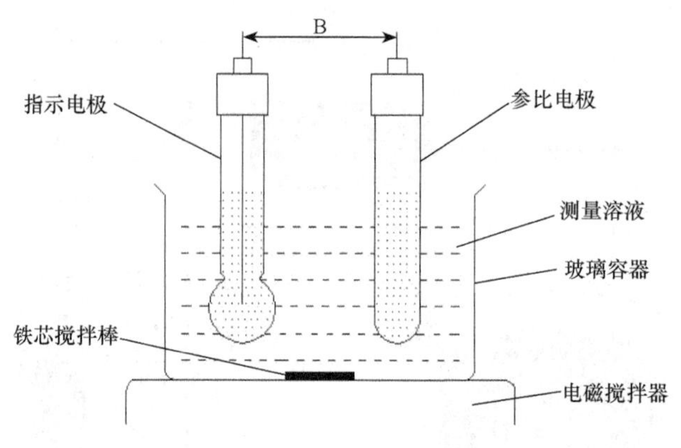

图 13-3　电位分析仪

电极通常由内参比电极、内参比溶液、离子选择性膜构成。典型的有玻璃电极、氟电极、钙电极、气敏电极和酶敏电极。

(3) 电解分析法：测定电量参量。

(4) 库仑分析法：基础是法拉第(Faraday)电解定律，是依据电极上发生反应的物质的量与通过电解池电量成正比的关系进行定量分析的方法。

(5) 极谱分析法和伏安分析法：伏安分析法是以测定电解过程中的电流-电压曲线为基础的电化学分析方法；极谱分析法是采用滴汞为电极的特殊伏安分析法。

实验 13-1　离子选择性电极法测定水中的氟离子

【实验目的】

(1) 掌握直接电位法的测定原理及实验方法。

(2) 学会正确使用氟离子选择性电极和酸度计。

(3) 了解氟离子选择性电极的基本性能及其测定方法。

【实验原理】

氟离子选择性电极(图 13-4)是一种以氟化镧(LaF_3)单晶片为敏感膜的传感器。由于单晶结构对能进入晶格交换的离子有严格的限制，故有良好的选择性。管内装有 0.001 $mol \cdot L^{-1}$ NaF 和 0.1 $mol \cdot L^{-1}$ NaCl 溶液，以 Ag-AgCl 电极为参比电极，构成氟离子选择性电极。用氟离子选择性电极测定水样时，以氟离子选择性电极作指示电极，以饱和甘汞电极(SCE)作参比电极。电池的电动势(E)随溶液中氟离子浓度的变化而改变。

用氟离子选择性电极测量 F^-时，最适宜 pH 范围为 5.5～6.5。pH 过低，易形成 HF，影响 F^-的活度；pH 过高，易引起单晶膜中 La^{3+}的水解，形成 $La(OH)_3$，影响电极的响应，故通常用 pH≈6 的柠檬酸盐缓冲溶液来控制溶液的 pH。某些高价阳离子(如 Al^{3+}、Fe^{3+})及氢离子能与氟离子配位而干扰测定，而柠檬酸盐可以消除 Al^{3+}、Fe^{3+}的干扰。在碱性溶液中，氢氧根离子浓度大于氟离子浓度的 1/10 时也有干扰，而柠檬酸盐可作为总离子强度调节剂，消除标准溶液与被测溶液的离子强度差异，使离子活度系数保持一致。

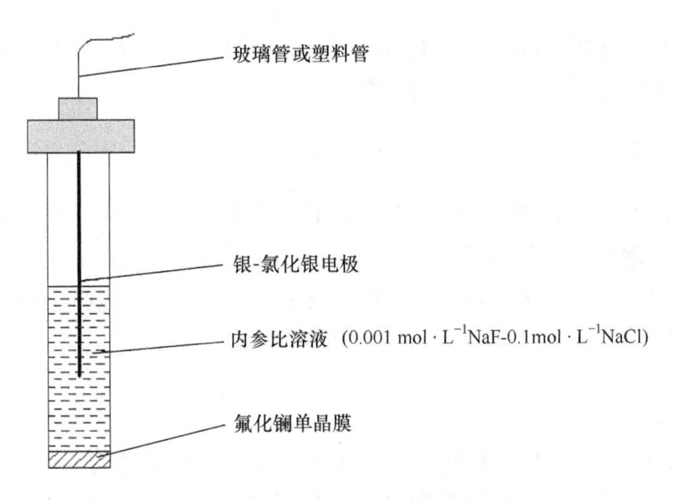

图 13-4　氟离子选择性电极

氟离子选择性电极法具有测定简便、快速、灵敏、选择性好、可测定浑浊和有色水样等优点。最低检出浓度为 0.05 mg · L^{-1}(以 F^-计)；测定上限可达 1900 mg · L^{-1}(以 F^-计)。适用于地表水、地下水和工业废水中氟化物的测定。

【仪器、试剂】

1. 仪器

pHS-3C 型酸度计；恒温电磁搅拌器；氟离子选择性电极；饱和甘汞电极；镊子。

烧杯(100 mL)；移液管(2 mL、5 mL、10 mL)；容量瓶(50 mL、500 mL)。

2. 试剂

氟化钠(分析纯)；枸橼酸钠缓冲溶液(0.5 mol · L^{-1}，用 1+1 盐酸中和至 pH≈6)。

【实验步骤】

1. 预热及电极安装

将氟离子标准溶液和甘汞电极分别与酸度计相连，开启仪器开关，预热仪器。

清洗电极：取去离子水 50～60 mL 置于 100 mL 烧杯中，放入搅拌磁子，插入氟离子选择性电极和饱和甘汞电极。开启搅拌器，2 min 后，若读数大于−300 mV，则更换去离子水，继续清洗，直至读数小于−300 mV。

2. 0.100 mol · L^{-1} 氟离子标准储备液的配制

准确称取 2.0995 g NaF 于 100 mL 烧杯中，用去离子水溶解，转移至 500 mL 容量瓶中，定容。配制 0.100 mol · L^{-1} 氟离子标准储备液。

3. 系列标准溶液的配制

分别准确移取 0.100 mol · L^{-1} 氟离子标准储备液 0.20 mL、0.40 mL、1.00 mL、2.00 mL、4.00 mL、10.00 mL 于 6 个 50 mL 容量瓶中，各加入 5.00 mL 柠檬酸盐缓冲溶液，用去离子水稀释至刻度，

摇匀，得到浓度分别为 0.4×10^{-3} mol · L^{-1}、0.8×10^{-3} mol · L^{-1}、2×10^{-3} mol · L^{-1}、4×10^{-3} mol · L^{-1}、8×10^{-3} mol · L^{-1}、20×10^{-3} mol · L^{-1} 的系列标准溶液。

4. 标准曲线的绘制

用待测的标准溶液润洗塑料烧杯和搅拌磁子两遍。用干净的滤纸轻轻吸去沾在电极上的水珠。将剩余的待测标准溶液全部倒入塑料烧杯中，放入搅拌磁子，插入洗净的电极进行测定。待读数稳定后，读取电位值。按浓度从低至高的顺序依次测量，每测量一份试样，无需清洗电极，只需用滤纸轻轻沾去电极上的水珠。将测量结果列表记录。

5. 水样的测定

取氟水样 25.00 mL 于 50 mL 容量瓶中，加入 5.00 mL 柠檬酸盐缓冲溶液，用去离子水稀释至刻度，摇匀待测。用少量氟水样润洗塑料烧杯和搅拌磁子两遍。用干净的滤纸轻轻吸去沾在电极上的水珠。将剩余的氟水样全部倒入塑料烧杯中，放入搅拌磁子，插入洗净的电极进行测定。待读数稳定后，读取电位值。

【数据记录与结果处理】

将数据记录于表 13-1。

表 13-1　实验数据记录

c_{F^-} /(mol · L^{-1})	
E_i /mV	

(1) 用系列标准溶液的数据绘制 E-lg c_{F^-} 曲线。

(2) 根据水样测得的电位值 E，从标准曲线上查到其氟离子浓度，计算水样中氟离子的含量(以 mol · L^{-1} 计)。

【思考题】

(1) 氟离子选择性电极在使用时应注意哪些问题？

(2) 为什么要清洗氟电极，使其响应电位值小于−300 mV？

(3) 柠檬酸盐在测定溶液中起什么作用？

实验 13-2　乙酸的电位滴定和酸常数的测定

【实验目的】

(1) 通过乙酸的电位滴定，掌握电位滴定的基本操作和滴定终点的计算方法。

(2) 学习测定弱酸常数的原理和方法，巩固弱酸解离平衡的基本概念。

【实验原理】

电位滴定法是在滴定过程中根据指示电位和参比电极的电位差或溶液 pH 的突跃确定终点

的方法。在酸碱电位滴定过程中，随着滴定剂的不断加入，被测物与滴定剂发生反应，溶液 pH 不断变化，就能确定滴定终点。滴定过程中，每加一次滴定剂，测一次 pH，在接近化学计量点时，每次滴定剂加入量要小到 0.10 mL，滴定到超过化学计量点为止，这样就得到一系列滴定剂用量 V 和相应的 pH 数据。

常用的确定滴定终点的方法有以下几种。

(1) 绘 pH-V 曲线法：以滴定剂用量 V 为横坐标，以 pH 为纵坐标，绘制 pH-V 曲线。作两条与滴定曲线相切的 45° 倾斜的直线，等分线与直线的交点即为滴定终点，如图 13-5(a)所示。

(2) 绘$\Delta pH/\Delta V$-V 曲线法：$\Delta pH/\Delta V$ 代表 pH 的变化值一次微商与对应的加入滴定剂体积的增量(ΔV)的比。$\Delta pH/\Delta V$-V 曲线的最高点即为滴定终点，如图 13-5(b)所示。

(3) 二级微商法：绘制($\Delta^2 pH/\Delta V^2$)-V 曲线。($\Delta pH/\Delta V$)-V 曲线上一个最高点，即$\Delta^2 pH/\Delta V^2$ 等于零，这就是滴定终点法。该法也可不经绘图而直接由内插法确定滴定终点，如图 13-5(c)所示。

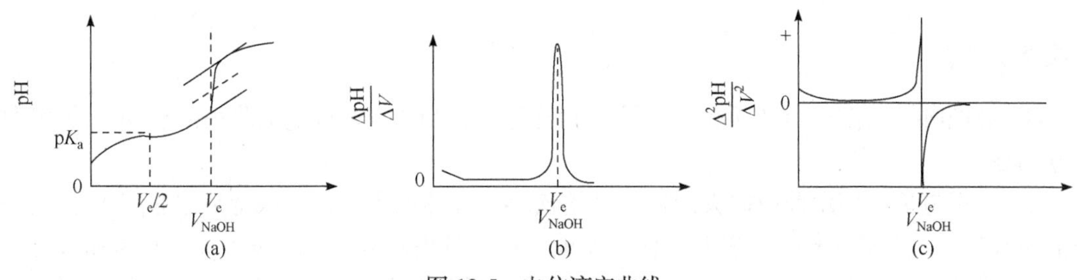

图 13-5　电位滴定曲线

确定滴定体积以后，从 pH-V 曲线上查出 HAc 被中和一半时($1/2V_e$)的 pH，此时 pH=pK_a，从而计算出 K_a。乙酸在水溶液中电离如下：

$$HAc \rightleftharpoons H^+ + Ac^-$$

其酸常数为

$$K_a = \frac{[H^+][Ac^-]}{[HAc]} \tag{13-2}$$

当乙酸被中和一半时，溶液中$[Ac^-]$=[HAc]，根据以上平衡式，此时 $K_a=[H^+]$，即 pK_a=pH。因此，pH-V 图中 $1/2V_e$ 处的 pH 即为 pK_a，从而可求出乙酸的酸常数 K_a。

【仪器、试剂】

1. 仪器

pHS-3C 型酸度计；电磁搅拌器；231 型玻璃电极和 232 型饱和甘汞电极；10 mL 半微量碱式滴定管。

烧杯(100 mL)；移液管(10 mL)；容量瓶(100 mL)。

2. 试剂

pH=4.00(25℃)的标准缓冲溶液；乙酸(分析纯)；KCl(分析纯)；NaOH(分析纯)。

【实验步骤】

(1) 用 pH=4.00(25℃)的标准缓冲溶液将 pHS-3C 型酸度计定位。

(2) 准确吸取 10.00 mL 乙酸试液于 100 mL 容量瓶中，加去离子水至刻度摇匀，吸 10.00 mL

于小烧杯中，加 5.0 mL 1 mol · L^{-1} KCl 溶液，再加 35.00 mL 去离子水。放入搅拌磁子，浸入玻璃电极和甘汞电极。开启电磁搅拌器，用 0.1000 mol · L^{-1} NaOH 标准溶液进行滴定，滴定开始时每点隔 1.00 mL 读数一次，待到化学计量点附近时间隔 0.10 mL 读数一次。数据记录于表 13-2。

表 13-2 实验数据记录

V(NaOH)/mL	pH	ΔV/mL	ΔpH/ΔV	Δ^2pH/ΔV^2

【注意事项】

(1) 玻璃电极在使用前必须在去离子水中浸泡活化 24 h，玻璃电极膜很薄易碎，使用时要十分小心。

(2) 甘汞电极在使用前应拔去加在 KCl 溶液小空处的橡皮塞，以保持足够的液压差，并检查饱和 KCl 溶液是否足够，若盐桥内溶液不能与白色甘汞部分接触，再添加一些饱和 KCl。

(3) 安装电极时甘汞电极应比玻璃电极略低，两电极不要彼此接触，也不要碰到杯底或杯壁。

(4) 滴定开始时滴定管中 NaOH 应调节在零刻度上，滴定剂每次应准确放至相应的刻度线上。滴定过程中，可将读数一直保持打开，直至滴定结束，电极离开被测溶液时应及时将读数开关关闭。

【数据记录与结果处理】

(1) 绘制 pH-V 和(ΔpH/ΔV)-V 曲线，分别确定滴定终点 V_e(可用 Origin 软件作图)。

(2) 用二级微商法由内插法确定滴定终点 V_e。

(3) 由 $1/2V_e$ 法计算 HAc 的酸常数 K_a，并与文献值比较(K_a=1.76×10^{-5})，分析产生误差的原因。

(4) ΔpH、ΔV、ΔpH/ΔV、Δ^2pH/ΔV^2 可用计算机编程处理。

【思考题】

(1) 用电位滴定法确定终点与指示剂法相比有何优缺点？

(2) 实验中为什么要加入 5.0 mL 1 mol · L^{-1} KCl 溶液？

(3) 当乙酸完全被氢氧化钠中和时，反应终点的 pH 是否等于 7？为什么？

实验 13-3 循环伏安法测亚铁氰化钾

【实验目的】

(1) 学习固体电极表面的处理方法。

(2) 掌握循环伏安仪的使用技术。

(3) 了解扫描速率和浓度对循环伏安图的影响。

【实验原理】

循环伏安法(cyclic voltammetry)是一种常用的电化学研究方法。该法控制电极电位以不同的速率，随时间以三角波形一次或多次反复扫描，电位范围是使电极上能交替发生不同的还原和氧化反应，并记录电流-电位曲线。根据曲线形状可以判断电极反应的可逆程度，中间体、相界吸附或新相形成的可能性，以及偶联化学反应的性质等。循环伏安法常用来测量电极反应参数，判断其控制步骤和反应机理，并观察整个电势扫描范围内可发生哪些反应及其性质。对于一个新的电化学体系，首选的研究方法往往就是循环伏安法，可称之为“电化学的谱图”。该法除使用汞电极外，还可以用铂电极、金电极、玻璃碳电极、碳纤维微电极和化学修饰电极等。循环伏安法可以改变电位以得到氧化还原电流方向。

铁氰化钾离子$[Fe(CN)_6]^{3-}$-亚铁氰化钾离子$[Fe(CN)_6]^{4-}$氧化还原电对的标准电极电位为

$$[Fe(CN)_6]^{3-} + e^- = [Fe(CN)_6]^{4-}$$

$$\varphi^\ominus = 0.36\ V(vs.\ NHE)$$

电极电位与电极表面活度的能斯特方程为

$$\varphi = \varphi^{\ominus\prime} + RT/F\ln(c_{Ox}/c_{Red})$$

在一定扫描速率下，从起始电位(−0.2 V)正向扫描到转折电位(+0.8 V)期间，溶液中$[Fe(CN)_6]^{4-}$被氧化生成$[Fe(CN)_6]^{3-}$，产生氧化电流；当负向扫描从转折电位(+0.8 V)变到原起始电位(−0.2 V)期间，在指示电极表面生成的$[Fe(CN)_6]^{3-}$被还原生成$[Fe(CN)_6]^{4-}$，产生还原电流。为了使液相传质过程只受扩散控制，应在加入电解质和溶液处于静止下进行电解。在 0.1 $mol \cdot L^{-1}$ NaCl 溶液中$[Fe(CN)_6]^{4-}$的扩散系数为 $0.63\times10^{-5}\ cm \cdot s^{-1}$；电子转移速率大，为可逆体系(1 $mol \cdot L^{-1}$ NaCl 溶液中，25℃时，标准反应速率常数为 $5.2\times10^{-2}\ cm \cdot s^{-1}$)。溶液中的溶解氧具有电活性，可通入惰性气体除去。

【仪器、试剂】

1. 仪器

LK98BⅡ型微机电化学分析系统；三电极工作体系，铂电极，铂丝电极，饱和甘汞电极；电子天平；CQ25-13 超声波清洗仪。

2. 试剂

亚铁氰化钾(分析纯)；Al_2O_3 粉末(粒径 0.05 μm)；氯化钠(分析纯)。

【实验步骤】

1. 指示电极的预处理

用 Al_2O_3 粉末将电极表面抛光，然后用去离子水清洗。

2. 支持电解质的循环伏安图

在电解池中放入 0.1 mol · L^{-1} NaCl 溶液，插入电极，以新处理的铂电极为指示电极，铂丝电极为辅助电极，饱和甘汞电极为参比电极，进行循环伏安仪设定，扫描速率为 100 mV · s^{-1}；起始电位为−0.2 V；终止电位为+0.8 V。开始循环伏安扫描，记录循环伏安图。

3. 不同浓度 $K_4[Fe(CN)_6]$溶液的循环伏安图

分别作 0.02 mol · L^{-1}、0.04 mol · L^{-1}、0.08 mol · L^{-1}、0.12 mol · L^{-1}、0.16 mol · L^{-1} 的 $K_4[Fe(CN)_6]$溶液(均含支持电解质 NaCl 浓度为 0.1 mol · L^{-1})循环伏安图。

4. 不同扫描速率 $K_4[Fe(CN)_6]$溶液的循环伏安图

在 0.04 mol · L^{-1} $K_4[Fe(CN)_6]$溶液中，分别以 100 mV · s^{-1}、150 mV · s^{-1}、200 mV · s^{-1}、250 mV · s^{-1}、300 mV · s^{-1} 扫描速率，在−0.2～+0.8 V 扫描，记录循环伏安图。

【注意事项】

(1) 实验前电极表面要处理干净。
(2) 扫描过程保持溶液静止。

【数据记录与结果处理】

(1) 从 $K_4[Fe(CN)_6]$溶液的循环伏安图测量 i_{pa}、i_{pc}、φ_{pa}、φ_{pc} 的值，说明 $K_3[Fe(CN)_6]$在 KCl 溶液中电极过程的可逆性。
(2) 分别以 i_{pa}、i_{pc} 对 $K_4[Fe(CN)_6]$溶液的浓度作图，说明峰电流与浓度的关系。
(3) 分别以 i_{pa}、i_{pc} 对 $v^{1/2}$ 作图，说明峰电流与扫描速率的关系。

【思考题】

循环伏安法定量分析的理论依据是什么？如何做标准曲线？

附录 13-1　pHS-3C 型酸度计操作说明

1. 操作前准备

(1) 仪器在电极插入前，输入端必须插入 Q9 短路插。
(2) 检查复合电极，3 mol · L^{-1} 氯化钾溶液需加满。
(3) 复合电极需清洗干净并擦干。

2. 使用操作规程

(1) 插上电极，按下“pH”键，接通电源，调节“斜率”电位器在“100%”位置。
(2) 电极用去离子水清洗、擦干，仪器预热 30 min。
(3) 按下“MV”键，此时仪器读数应在±0 之间，若不为 0，可调节“零点”电位器，使其读数在±0 之间。

(4) 把电极插在已知 pH 的缓冲溶液中，调节“温度”电位器使所指示温度与溶液的温度相同，并摇动使溶液均匀。

(5) 调节“定位”电位器使仪器读数为该缓冲溶液的 pH。

(6) 用去离子水清洗电极并用滤纸吸干水，把电极插入被测溶液中摇动使溶液均匀后，读出 pH。

3. 维护保养与注意事项

(1) 新复合电极需用去离子水浸泡 24 h 后，用已知 pH 的标准缓冲溶液校正误差在±0.01 pH 后方可使用。

(2) 复合电极在不用时，必须用饱和氯化钾溶液浸泡，使电极玻璃球保持湿润。

(3) 电极中的内溶液应经常添加。

(4) 被测溶液中如含有易污染敏感球泡或堵塞液接界的物质，易使电极钝化，可采用相应的溶液清洗，如乙醇、丙酮、乙醚等。

附录 13-2　ZD-3A 型自动电位滴定仪操作说明

ZD-3A 型自动电位滴定仪系统密封良好，具有自动吸液、自动注液、自动测定功能。容量滴定值有 LED 数字直接显示，是化学实验室的一种理想的容量分析仪器。它适用于环保、化工、冶金、制药等行业的酸碱滴定、氧化还原滴定、非水滴定各类电位滴定的成分分析。

1. pH 测量

(1) 接通电源，仪器预热 10 min。

(2) 仪器在测量被测溶液前先要标定，连续使用时每天标定一次即可，标定分为一点标定法和两点标定法，常规测量可采用一点标定法，精确测量要采用两点标定法。

(3) 一点标定法。

将仪器电极拔去短路插，接上 E-201 复合电极，用纯化水冲洗电极，然后浸入缓冲溶液中(如被测溶液为酸性，用 pH=4 的缓冲溶液，反之用 pH=9 的缓冲溶液)。将“斜率”电位器顺时针旋到底，“温度”电位器调到实测溶液的温度值。调节“定位”电位器，使显示的 pH 为该温度下缓冲溶液的标准值。

此时仪器一点标定法标定结束，各旋钮不能再动，就可以测量未知的被测溶液。

(4) 二点标定法。

将仪器电极拔去短路插，接上复合电极，将“斜率”电位器顺时针旋到底，“温度”电位器调到实测溶液的温度值，先将电极浸入 pH=7 的缓冲溶液中。调节“定位”电位器，使显示的 pH 为该温度下缓冲溶液的标准值。

如被测溶液为酸性，则将电极从 pH=7 的缓冲溶液中取出，用纯化水冲洗干净，然后插入 pH=4 的缓冲溶液中，如被测溶液为碱性，则应插入 pH=9 的缓冲溶液中，然后调节“斜率”电位器，使此时的数显为该温度下缓冲溶液的标准值。反复进行上述两点校准，直到不用调节“定位”和“斜率”电位器而两种缓冲溶液都能达到标准值为止。将电极从缓冲溶液中取出，用纯水冲洗干净，即可测量未知的被测溶液。

(5) 测量电极电位。

拔去短路插，接上各种合适的离子选择性电极和相应的参比电极。

仪器“选择”开关置于“mV”挡(此时“定位”、“斜率”、“温度”电位器都不能起作用)，将电极浸入被测溶液中，此时仪器数显就是该离子选择性电极的电极电位值(mV)，并自动显示正、负极性。

2. 滴定分析

(1) 本仪器可以用于各种类型的电位滴定，用户可以将不同的电极插入仪器后面板的相应电极插孔中。如需要用双接柱，则指示电极用仪器附件 Q9 插头连接线，用鳄鱼夹夹住电极插头即可。

(2) 接好全部液路管路，将三通转换阀右边的聚乙烯管接好滴液管。电极、滴液管分别放在电极架相应的位置。

(3) 将三通转换阀左边的聚乙烯管插入滴定液中，三通转换阀转到吸液位，此时吸液指示灯亮，按“吸液”键，此时泵管活塞下移，滴定液被吸入泵体，下移到极限位时自动停止，再将三通转换阀转到注液位，此时注液指示灯亮，按“注液”键，泵管活塞上移，先赶走泵体内的气泡，活塞上移到极限位时自动停止，再将三通转换阀转到吸液位，按“吸液”键吸液，一般反复两三次就可以赶走泵管及液路管路中的所有气泡，同时在整个液路中充满滴定液。

(4) “选择”开关置“预设”挡，调节“预设”电位器至使用者所滴溶液的终点电位值(本仪器 mV 值和 pH 通用，如终点电位为−800 mV，则调节“终点”电位器使数显为−800；如终点电位为 8.50 pH，则调节“终点”电位器使数显为−850)。预设好终点电位后，“选择”开关按使用者的要求置于 mV 挡或 pH 挡，此时“预设”电位器就不能动了。

(5) 做滴定分析时，为了保证滴定精度，不能提前到终点，也不能过滴，同时又不能使滴定一次的时间太长。本仪器设有“长滴控制”电位器，即在远离终点电位时，滴定溶液直通被测液，在接近终点时滴定液每次约 0.02 mL，电位不返回，即终点指示灯亮，蜂鸣器响。

(6) 由于各种不同类型的电位滴定到达终点的滴定斜率曲线不同，滴定突跃值差异很大，所以长滴和短滴的控制位置也有很大的不同，如长滴时间过长，极易滴过终点，影响精度，如长滴时间过短，则滴定一个样品的时间拖得过长，影响工作效率。因此，使用者在初次滴定某一个样品时可先将“长滴控制”电位器反时针旋到底(此时离终点电位约 300 mV 或 3.00 pH 处时才有长滴)，然后在滴定过程中逐步调节此电位器，使滴定直通的量逐步增加，直到既能短滴可靠到达终点，又节约滴定时间。

本仪器的“长滴控制”电位器调节范围很大，当电位器顺时针旋到底时，仪器滴定时可以使滴定液直通到离终点电位约 20 mV 或 0.2 pH 时才有短滴出现，反时针旋到底时，滴定直通到离终点电位约 300 mV 或 3.00 pH 左右时就开始出现短滴一直滴到终点。

(7) 将被滴样品的烧杯置于仪器搅拌器相应位置，加入搅拌棒，打开仪器右侧搅拌开关，调节搅拌速度，移入电极，使电极浸入被测滴定溶液中。

(8) 在注液位，按仪器“滴定开始”键，先直通长滴后短滴(根据“长滴控制”电位器的位置)到达终点后延时 30 s 左右终点指示灯亮，同时蜂鸣器响，此时仪器处于终点锁定状态。再按一下“复零”键，仪器退出锁定状态，将电极和滴定管移离液面，用纯化水冲干净就可继续再做下一个滴定样品。

(9) 如果不知道滴定样品的终点电位值，则可以在本仪器上先用手动滴定方法找出终点电位值，具体方法如下：

a. 在注液位先按“注液”键，在直通的状态下先注入滴定液约为预计的 70%，然后迅速转动三通转换阀，使仪器脱离注液状态，此时注液指示灯灭，注液停止，但溶液消耗量数显保持(此时不能按“复零”停滴，否则溶液消耗量也复零了)。

b. 恢复三通注液状态，注液指示灯亮，然后一直按住“手滴”键不放，此时每 1～2 s 滴 0.02 mL 左右直至终点。

c. 对于突跃值非常明显的滴定(如酸碱滴定等)，可以在短滴的过程中通过对 mV 值或 pH 的变化十分容易地找出终点电位，但对于突跃不明显的电位滴定，则要通过 mV-mL 作图法确定终点电位。

d. 记录滴定的终点位置，下次可通过“预设”电位器设定进行自动电位滴定。

3. 维护与保养

(1) 在注液位先排完泵管内的全部溶液，然后在吸液位拧下红色有机玻璃聚乙烯按头，让管路中的溶液先回到滴定液瓶内，再按“吸液”键，让泵管活塞下移 1 cm 左右，按“复零”键，拧下红色有机玻璃外壳，用滤纸吸干玻璃泵管内的剩余溶液，再装好有机玻璃，拧上聚乙烯按头，把原滴定液换上纯水，反复按“吸液”键和“注液”键直至把整个液路部分清洗干净。

(2) 玻璃泵管与活塞配合紧密，一般不宜脱离，以免损坏玻璃泵管，如污染严重则必须脱离清洗，但严禁将活塞装在玻璃泵管内加热去潮，取下玻璃泵管时也要双手握住玻璃泵管，用力小心上移使活塞球形按头外露，从泵体推杆凹槽内取出。

(3) 在滴定过程中液路部分出现气泡，一般情况是红色有机玻璃没有拧紧，三通按头松动，滴定管堵塞不通或三通转换阀转不到位。

(4) 如数字显示乱跳，一般是电源接地不良或周围有强电磁干扰。

(5) 在进行 pH 测量或用玻璃电极进行滴定分析时，如数字漂移很难稳定时，有可能是电极老化，需及时更换(玻璃电极寿命一般为一年左右)。

附录 13-3　LK98BⅡ电化学分析系统简介

LK98BⅡ电化学分析系统主要包括四部分，即计算机、操作系统、三电极和电解池。具体操作步骤如下：

(1) 打开计算机，同时启动操作系统。

(2) 点击桌面上的 LK98BⅡ图标，稳定后，按下 LK98BⅡ型微机上的自检系统按钮。系统自检后，出现系统界面。

(3) 点设置菜单下选“方法选择”，之后会出现一个对话框。在此，选择一种实验需要运用的方法，实验方法是由实验本身的需要而确定的。本实验选择“线性扫描技术”下的“循环伏安法”，点击“确定”。

(4) 在出现的对话框中选择实验进行时的各种参数。其中，开关控制参数根据需要选择，在大多数情况下不需要设置。灵敏度控制参数是实验中必须设置的，在实验时，由于灵敏度参数设置不当，可能出现曲线不光滑的现象，这就需要在参数设置中重新设置控制参数。控制参数包括“灵敏度选择”、“滤波参数选择”和“放大倍率”。其中“放大倍率”一般不变设为 1；

“滤波参数选择”多数情况下也没有太大变化，50 Hz基本足够；“灵敏度选择”比较重要，如果出现实验曲线不光滑，通过调节灵敏度就能解决。实验参数设定根据实验所采用的系统和电极确定。

(5) 参数设定完成后，点击“确定”进行实验。实验开始方法是，点击控制菜单下的“开始实验”，出现界面。实验完成后，将实验所得曲线保存，按“保存”键或点击文件菜单选择“保存”或“另存为”选项，设置保存文件的位置，自定义一个名字后，点击“确定”。

(6) 实验结果的处理。

通常情况下，用LK98BⅡ电化学分析系统得到的曲线不直接运用在对实验的分析中，因为只有装有与LK98BⅡ电化学分析系统配套软件的计算机才能识别该系统绘出的曲线。因此，需运用Origin软件将LK98BⅡ电化学分析系统绘出的曲线转化成图片形式。可以应用LK98BⅡ电化学分析系统的数据复制功能，将数据导出。点击数据处理菜单下的“查看数据”选项后，出现对话框，选择一条自己认为比较好的曲线，并点击该曲线的编号，点击“确定”，出现另一对话框，点击“复制”，即将该曲线的数据复制到剪贴板上，而后将复制的数据在Origin软件中粘贴，最后作出曲线图，以备实验分析时使用。

第 14 章　激光粒度分析法

材料的粒度是决定其性能的重要参数之一。化工、医药、电子、能源等领域对材料颗粒的粒径分布都有严格的要求。激光粒度分析法以激光束作为探测光源，具有测量范围宽、测量速度快、能够实现非接触在线测量、重复性好等诸多优点，是目前最为常用的材料粒径分析方法之一。

14.1　激光粒度分析法的基本原理

14.1.1　方法原理

激光粒度分析法是通过分析颗粒被激光照射产生的衍射或散射光的空间分布测量颗粒尺寸的方法。激光具有优异的单色性和极强的方向性，一束平行激光在没有阻碍的无限空间中能够照射到无限远的距离，并且在传播过程中几乎没有发散现象；而当平行激光束在行进过程中遇到颗粒物时，会有一部分光偏离原来的传播方向，发生散射现象。这一散射现象是由吸收、反射、折射、透射和衍射的共同作用引起的，包含颗粒物大小、形状、结构及成分、组成和浓度等信息。

目前，激光粒度分析法的主要依据是米氏(Mie)散射理论和夫琅禾费(Furanhofer)衍射理论。在电磁理论的基础上，对平面单色波被位于均匀散射介质中具有任意直径及任意成分的均匀球体的散射进行了详细解析。根据米氏散射理论，介质中的微小颗粒对入射光的散射特性与散射颗粒的粒径大小、相对折射率、入射光的光强、波长、偏振度及相对观察方向(散射角)有关。其中，光线散射角的大小与颗粒的大小相关，颗粒越大，散射光的散射角越小；反之，颗粒越小，散射光的散射角越大。当用激光照射颗粒群时，不同尺寸颗粒的多少决定对应各特定散射角处获得的光能量的大小，各特定角光能量在总光能量中的比例，即反映各种尺寸颗粒的分布丰度。依据该原理可建立表征粒度尺寸丰度与各特定角处获取的光能量的数学物理模型，通过特定角度测得的光能与总光能的比较推出各种颗粒相应粒径的丰度。激光粒度仪正是通过对散射光的不同物理量进行测量与计算，进而得到粒径的大小和分布等参数。

14.1.2　激光粒度法的测试方法分类

激光粒度法一般可分为干法测试和湿法测试两类。

1. 干法测试

干法测试以空气作为分散介质，利用紊流分散原理，使样品颗粒得到充分分散，被分散的样品再导入光路系统中进行测试。

2. 湿法测试

湿法测试是把样品直接加入水、乙醇等分散介质中，利用机械搅拌使样品均匀散开，同时结合超声高频振荡使团聚的颗粒充分分散，电磁循环泵使大小颗粒在整个循环系统中均匀分布，从而在根本上保证了样品测试的准确度和重复性。目前大多数激光粒度仪使用湿法测试。

14.1.3　激光粒度分析法的特点

(1) 适用范围广。能够测量悬浮液、乳液和固体样品颗粒的尺寸大小和分布等参数。适用样品包括各种乳浊液、非金属粉(如滑石粉、高岭土、石墨、硅灰石、水镁石、重晶石、云母粉、膨润土、硅藻土、黏土等)、金属粉(如铝粉、锌粉、钼粉、钨粉、镁粉、铜粉及稀土金属粉、合金粉等)、催化剂、水泥、磨料、药物、食品、涂料、染料、荧光粉、河流泥沙、陶瓷原料等。

(2) 测量范围宽。一般可以测量尺寸为纳米到微米级的颗粒。

(3) 分析速度快。由于光电转换元件的响应较为迅速，单次测试一般仅需几分钟。

(4) 操作简便。仪器自动化程度高；通常无需从被测介质中分离试样，能够实现非接触测量和在线分析；在某些情况下，无需了解被测颗粒和分散介质的物理特性(如密度、黏度等)即可进行测量。

(5) 测量结果准确度高、重复性好。根据米氏散射理论和夫琅禾费衍射理论，测试过程不受温度变化、介质黏度，试样密度及表面状态等诸多因素的影响，只要将待测样品均匀地分布于激光束中，即可获得准确的测试结果。一次测试中可以多次采样(5～20 次任意设定)，有效地去除了噪声、样品分布不均等因素造成的影响。

14.2　激光粒度仪

14.2.1　激光粒度仪的组成

激光粒度仪主要包括以下几个部分(图 14-1)。

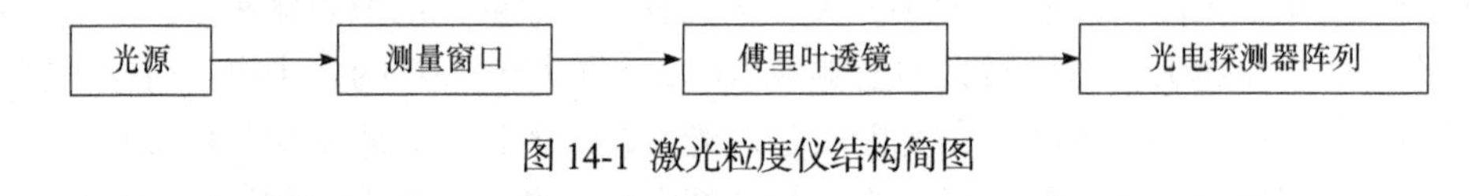

图 14-1 激光粒度仪结构简图

1. 光源

光源由激光光源和光束处理器件组成，能够为仪器提供单色的平行光作为照明光源。要求光源具有高稳定性、长使用寿命和低信噪比。通常采用 He-Ne 气体激光器(波长 632.8 nm)作为光源。部分仪器还加入了波长为 466 nm 的固体蓝光半导体作为辅助光源，能够进一步提高对纳米级颗粒及少量大颗粒的分辨能力，拓宽测量范围。

2. 测量窗口

测量窗口主要是使被测样品在完全分散的悬浮状态下通过测量区，以便仪器获得样品的粒度信息。激光器发出的激光束经聚焦、低通滤波和准直后，变成直径为 8～25 mm 的平行光。平行光束照到测量窗口内的颗粒后，发生散射。散射光经过傅里叶透镜后，相同散射角的光聚焦到探测器的同一半径上。不同大小的颗粒对应不同的光能分布，由测得的光能分布推算出样品的粒度分布。

3. 傅里叶透镜

傅里叶透镜是针对物方在无限远、像方在后焦面的情况消除像差的透镜。激光粒度仪的光学结构是一个光学傅里叶变换系统，即系统的观察面为系统的后焦面。焦平面上的光强分布等于物体(无论其放置在透镜前的什么位置)的光振幅分布函数的数学傅里叶变换的模量的平方，即物体光振幅分布的频谱。激光粒度仪将探测器放在透镜的后焦面上，因此相同传播方向的平行光将聚焦在探测器的同一点上。

4. 光电探测器阵列

探测器由多个中心在光轴上的同心圆环组成，每一环是一个独立的探测单元。这样的探测器又称为环形光电探测器阵列，简称光电探测器阵列。一个探测单元输出的光电信号代表一个角度范围(大小由探测器的内、外半径之差及透镜的焦距决定)内的散射光能量，各单元输出的信号组成散射光能的分布。尽管散射光的强度分布总是中心大、边缘小，但是由于探测单元的面积总是里面小外面大，因此测得的光能分布的峰值一般是在中心和边缘之间的某个单元上。当颗粒直径变小时，散射光的分布范围变大，光能分布的峰值也随之外移。因此，不同大小的颗粒对应不同的光能分布，由测得的光能分布就可推算样品的粒度分布。

14.2.2　激光粒度仪的测试取样方法

1. 干粉取样

流动干粉样品一般在流动状态下取样，取样原则遵循少量多次。在静止干粉样品取样时，应先将样品混合均匀后再进行取样。取样工具可使用药匙，也可采用旋转分样器和自动进样器，以增强样品均匀度。

2. 悬浮液或胶体体系取样

从悬浮液或胶体体系中取样要防止大颗粒沉淀带来的影响。在取样过程中必须确保样品的流动性，通过搅拌或轻转容器并不停更换方向来保持样品的流动性以防止沉淀，并尽量从悬浮液或胶体体系的中部取样。

14.2.3　样品分散方法

常见的样品分散方法包括干法分散、湿法分散、机械分散、超声分散等。不同分散方法所适用的样品类型不尽相同。在激光粒度分析中，选择合适的样品分散方法对分析结果具有重要影响。在实际测试中，为了获得最佳的分析结果，经常将不同的分散方法联用。

1. 干法分散

干法分散是利用气流流动产生的剪切力使颗粒因相互碰撞或与管壁碰撞而进行分散的方法。样品颗粒尺寸应为中等大小且可自由流动。振动进样器通过漏斗将样品送入干法测试单元，通过压缩空气使样品直接进入喉管型喷嘴。经过喷嘴后，结块的样品被分散，然后激光直接照射到分散的样品颗粒上进行粒度分布测试。在特定情况下，干法分散具有独特的优势。例如，若待测样品是在干燥状态下加工合成的，则干法分散所获得的分析结果更能反映样品的真实粒径；当样品易溶解于常见的分散剂中或者分散后由于水合作用使颗粒大小发生了变化，则应用干法分散。但是，干法分散不适用于超细颗粒或具有黏性的样品。同时，由于干法分散过程对样品具有破坏性，所以不适合易碎样品。因此，目前大多数干法分散逐渐被湿法分散取代，以获得更好的结果重现性。

2. 湿法分散

(1) 分散介质：湿法分散需使用一定的分散介质。分散介质是指用于分散测试样品的流体，需根据测试样品的特性选择合适的分散介质。常用的分散介质有：水、水+丙三醇、乙醇、乙醇+丙三醇等。其中，丙三醇为增黏剂，能够使颗粒在介质中具有适当的沉降速度。除丙三醇外，植物油、蔗糖浆也可以作为增黏剂。加入增黏剂时要注意搅拌均匀。为了避免引入外来杂质，分散介质应采用高纯试剂。当使用有机介质时，若样品或介质内有微量的水，会使颗粒团聚难以分散，因此使用有机介质分散样品时应注意脱水，测量粒度前要预先烘干。

(2) 分散剂：很多样品必须加入分散剂方能在分散介质中充分地分散。常用的分散剂分为无机类、有机类和高分子类，包括六偏磷酸钠、焦磷酸钠、氨水、水玻璃、氯化钠、乙二醇单丁醚、氢氧化钠、多氨基盐、聚丙烯酸等。纳米样品分散中使用最多的是无机类分散剂。其作用原理为静电稳定机理，即通过静电物理吸附、特性吸附等方式使粒子带上正电荷和负电荷，增大粒子表面的静电斥力。有机类和高分子类分散剂吸附在粒子周围起空间位阻作用，阻止粒子间的聚集和成键，降低二次颗粒的形成速率，同时增大其静电斥力，提高粒子的分散性。

3. 机械分散

机械分散是通过机械搅拌方式引起液体强湍流运动而使粉体中的团聚颗粒分解悬浮的分散方法，通常与湿法分散联用。机械分散的必要条件是机械力(指流体的剪切力及压应力)需大于粒子间的黏着力。大多数激光粒度仪都会在分散池内配备搅拌器，通过计算机程序调控搅拌速度，其作用是将样品池中的颗粒悬浮均匀分散，然后将颗粒传递到流动检测池进行测量。适宜的搅拌速度应保证在不使大颗粒沉降的同时，使大颗粒与小颗粒以相同的速度穿过检测池。搅拌速度过低则不能使较大颗粒均匀分散和流动，过高容易产生过多气泡，还会对样品造成破坏。

4. 超声分散

超声波作用于液体时能够产生强烈振动，产生能量较大的冲击波，从而使团聚的样品颗粒重新分散。目前绝大多数激光粒度仪都配置有超声分散器，与湿法分散联用。如果需要取得更好的分散效果，也可以使用额外的超声波仪进行辅助分散。但部分样品(如牛奶、豆奶、细菌、细胞等)易在超声波作用下发生破碎或影响其生物活性，因此不适合用超声分散。

14.2.4 激光粒度分析法常用术语

1. 遮光度

遮光度是指颗粒在光束中的遮光横截面积与光束总面积之比。遮光度通常用激光粒度仪通过样品的激光损失，即被颗粒散射和吸收掉的光占输出光总量(扣除背景散射)的百分比来表示。

例如，激光通过样品时损失 30%，则其遮光度为 30%。

2. 粉体

粉体是指由大量不同尺寸的颗粒组成的颗粒群。

3. 粒径

物质颗粒的大小称为粒径，又称粒度或直径。球形颗粒的大小用其直径表示。对于非球形颗粒，一般有三种方法定义其粒径，即投影径、几何当量径和物理当量径。投影径是指颗粒在显微镜下观察到的粒径。几何当量径取与颗粒的某一几何量相等时的球形颗粒的直径。物理当量径取与颗粒的某一物理量相等时的球形颗粒的直径。

4. 等效粒径

当被测颗粒的某一物理特性与同质球形颗粒相同或相近时，用该球形颗粒的直径代表被测颗粒的直径，称为等效粒径。根据不同的测量方法，等效粒径可分为等效体积径、等效沉速粒径、等效电阻径和等效投影面积径等。

5. 粒度分布

不同粒径的颗粒分别占粉体总量的百分比称为粒度分布。按粒径大小分为若干级数，表示出每一个级数颗粒的相对含量称为微分分布。表示出小于某一级数颗粒的总含量称为累积分布。

6. 粒度分布曲线

以粒度为横坐标，以颗粒单位粒径宽度内的颗粒含量(体积含量、个数含量、表面积含量等)为纵坐标，绘出的曲线称为粒度分布曲线(又称频率分布)。如果纵坐标采用某一粒度下颗粒的累积含量，则绘出的曲线称为累积分布曲线(又称积分分布)。需要注意的是，颗粒含量有多种不同的意义，它们之间差别很大。常用的是体积含量，因此称为体积粒度分布曲线。

7. 平均粒径

平均粒径是表示颗粒平均大小的数据。通常用粒度分布曲线中累积分布为 50%时最大颗粒的等效粒径表示。

8. D50

D50 是样品的累计粒度分布百分数达到 50%时所对应的粒径。其物理意义是粒径大于该值的颗粒占 50%，小于该值的颗粒也占 50%，D50 也称中位径或中值粒径。D50 常用来表示样品的平均粒径。

9. D3

D3 是样品的累计粒度分布百分数达到 3%时所对应的粒径。其物理意义是粒径小于该值的颗粒占 3%。D3 常用来表示样品的最小粒径。

10. D97

D97 是样品的累计粒度分布百分数达到 97%时所对应的粒径。其物理意义是粒径小于该值的颗粒占 97%。D97 常用来表示样品的最大粒径。

11. 边界粒径

边界粒径用来表示样品粒度分布的范围，由一对特征粒径组成。例如，(D10，D90)表示小于 D10 的颗粒占颗粒总数的 10%，大于 D90 的颗粒也占颗粒总数的 10%，即 80%的颗粒分布在区间(D10，D90)内。一般不能用最小颗粒和最大颗粒代表样品的下、上限，而是用一对边界粒径表示下、上限。

12. 比表面积

比表面积是指单位质量颗粒的表面积之和。比表面积与粒度有一定的关系，粒度越细，一般比表面积越大，但这种关系并不一定是正比关系。

实验 14-1　碳酸钙粒度分析

【实验目的】

(1) 了解激光粒度分析法的原理。
(2) 熟悉激光粒度仪的构造。
(3) 掌握激光粒度分析法的基本操作和注意事项。

【实验原理】

碳酸钙是常见的工业原料，在建筑、食品、医药、农业、造纸、涂料等领域具有重要的应用价值。根据碳酸钙生产方法的不同，可以将碳酸钙分为重质碳酸钙、轻质碳酸钙、胶体碳酸钙和晶体碳酸钙。根据碳酸钙粉体平均粒径的大小，可以将碳酸钙分为微粒碳酸钙($d>5$ μm)、微粉碳酸钙(1 μm)、超细碳酸钙(0.02 μm)、纳米碳酸钙等。碳酸钙的平均粒径及粒度分布对其性能和应用具有显著影响，是碳酸钙质量控制的重要指标。

本实验采用激光粒度分析法测定碳酸钙的粒径。首先通过自动分散系统将碳酸钙样品输送到激光粒度仪的测量区域，由激光器发射出的一束特定波长的激光经过滤镜后成为单一的平行光束。该光束照射到碳酸钙颗粒样品后发生散射现象，而散射角与颗粒的直径成反比。散射光经傅里叶或反傅里叶透镜后在排列有多个检测器的焦平面上成像，散射光的能量分布与颗粒直径的分布直接相关。接收并测量散射光的能量分布就可以得出颗粒的粒度分布特征。在激光粒度检测中，常使用超声波对颗粒样品溶液进行处理，利用超声波的能量打开粒子间团聚，从而实现颗粒的良好分散。超声时间对分析结果具有重要的影响作用。

【仪器、试剂】

1. 仪器

MS2000 激光粒度仪；分析天平；超声波清洗仪。
烧杯(100 mL、1000 mL)。

2. 试剂

碳酸钙标准品；焦磷酸钠(分析纯)；超纯水。

【实验步骤】

(1) 称取 0.05 g 碳酸钙，以 40 mL 超纯水为分散介质，加入 0.3%焦磷酸钠做分散剂分散于 100 mL 烧杯，将待测样品置于超声波清洗仪中，分别超声 1 min、3 min、5 min、10 min，再用手动搅拌器搅拌 5 s。

(2) 打开仪器主机和湿法进样器电源，预热 30 min，使激光器的能量稳定。

(3) 在 1000 mL 烧杯中注入 800 mL 超纯水置于测定台，开启循环水。

(4) 打开仪器配套软件，检查仪器与样品池连接是否正常，保证下端水流入样品池，上端流回进样器。

(5) 进入手动测量模式(“Manual”)，进行对光，确认背景检查状态是否正常。如果背景不正常则更换几次水，如果背景还是不正常，则需要打开样品池窗口进行清洁样品窗口。

(6) 在“Material”菜单的“Sample material name”选项中选择物质名称。在“Dispersant name”选择“Water”，“Models”选择“General purpose”，“Particle shape”选择“spherical”。在“Measurement”菜单选择“Sample measurement” 8 s，“Background measurement” 10 s，在“Measurement Cycles”选择“Number of measurement cycles” 3 次，“Delay between measurement”选择 0 s，下面的“创建平均结果 Average Result”选择创建。再进入“Documentation”菜单，输入样品名称，确定后退出。

(7) 点击“Start”，系统开始测量背景，当背景测量完成并提示“Add Sample”后，开始加入样品至“Laser Obscuration”为 10%左右，等待样品分散 10 s，然后点击“Start”或“Measure Sample”测量样品。

(8) 测量结束后，用超纯水清洗样品池 3 次，然后依次关闭软件和主机。

【注意事项】

(1) 保持测量单元(透镜等)的清洁。

(2) 首次测量前应进行光束调整。先确保仪器已经打开，然后选择需要调整的激光光束。当测量元件被移除(用于清洁目的)并重新组装后，务必重新进行光束调整。在使用不同的分散单元切换之后，激光校准调整也能大幅度减小可能存在的误差。

(3) 在大多数情况下，循环扫描的次数越多，平均结果的准确性就越好，因此可适当提高扫描频率。

【数据记录与结果处理】

记录不同超声分散时间下测定的碳酸钙粒径数据。

【思考题】

(1) 激光粒度测试中，为什么要对样品进行超声分散？超声时间对样品粒径有什么影响？

(2) 简述焦磷酸钠的作用。

(3) 简述激光粒度仪分析碳酸钙粒度的原理。

实验 14-2　混悬液型注射剂的粒度分析

【实验目的】

(1) 了解激光粒度分析法的基本原理和方法特点。
(2) 熟悉激光粒度仪的使用。
(3) 掌握激光粒度分析法的基本操作和应用。

【实验原理】

混悬液型注射剂是指药物制成的供注入体内的灭菌溶液、乳浊液、混悬液，以及供临用前配成溶液或混悬液的无菌粉末或浓缩液。混悬液型注射剂中原料药物的粒度对注射剂的疗效和安全性具有至关重要的意义。《中国药典》中规定，混悬液型注射剂中原料药物的粒度应≤15 μm；且 15～20 μm 不应超过 10%。供静脉注射的混悬液型注射剂，颗粒大小在 2 μm 以下者须占 99%。

常用的混悬液型注射剂粒度分析方法包括动态光散射法、电阻法和激光粒度分析法等。本实验采用激光粒度分析法测定混悬液型注射剂中药物的粒度。混悬液型注射剂中的药物颗粒在激光光束的照射下，其散射光的角度与颗粒的直径成反比，而散射光强度随角度的增加呈对数规律衰减。激光照射到样品颗粒后将产生散射光，光电探测阵列接收这些散射光信号，并转换成电信号传送至数据处理系统，依据米氏散射理论对散射光产生的电信号进行处理，就可以得到所测样品的粒度分布信息。

【仪器、试剂】

1. 仪器

MS2000 激光粒度仪；分析天平；超声波清洗仪。
烧杯(100 mL、1000 mL)。

2. 试剂

市售混悬液型注射剂；吐温 20 溶液(0.01%)。

【实验步骤】

(1) 称取市售混悬液型注射剂中的药物粉末 0.05 g，加入 20 mL 吐温 20 溶液(0.01%)，混匀后超声分散 2 min。

(2) 按照 MS2000 激光粒度仪操作规程操作。开机预热后，打开软件，向分散池中加入 500 mL 超纯水，选择手动测定模式。设定仪器参数：在“Material”菜单的“Sample material name”选项中选择物质名称。在“Dispersant name”选择“Water”，“Models”选择“General purpose”，“Particle shape”选择“spherical”。在“Measurement”菜单选择“Sample measurement” 8 s，“Background measurement” 10 s，在“Measurement Cycles”选择“Number of measurement cycles” 3 次，“Delay between measurement”选择 0 s，下面的“创建平均结果 Average Result”选择创建。再进入“Documentation”菜单，输入样品名称，确定后退出。背景测量完成后，加入样品，

至遮光度状态条进入绿色部分后，进行测量。

(3) 测量结束后，用超纯水清洗样品池 3 次，然后依次关闭软件和主机。

【数据记录与结果处理】

记录混悬液型注射剂中的药物粒径。

【思考题】

(1) 为什么要在样品中加入吐温 20?

(2) 影响测量结果的因素有哪些?

附录 14-1　MS2000 激光粒度仪操作说明

1. 开机

(1) 打开仪器主机和湿法或干法进样器。

(2) 开启计算机，仪器预热 15～30 min。

2. 样品准备

测量前应将待测试样品充分混合均匀，可用两只手握住容器轻轻滚转，并不停变换方向，持续时间约 20 s。

3. 手动测量

(1) 点击控制面板上的“on/off ”键，启动循环水。

(2) 在计算机桌面上双击 Mastersizer 2000 操作软件，进入操作软件，输入操作者姓名，然后点击左键确定。

(3) 点击“Measure”菜单中的“Open”按钮，打开已有的文件或新建一个文件。

(4) 点击“Measure”菜单中的“Manual”按钮，进入测量窗口。

(5) 首次打开软件，点击“Start”键，仪器即自动对光。非首次打开软件，则需点击“Align”，软件会自动进行电子背景、光学背景测量和对光。若背景状态正常则无需换水，若背景异常则换水。如果换几次水以后，背景仍异常，则需要打开样品池窗口进行清理。

(6) 进入“Option”菜单，选择合适的光学参数，在“Material”菜单的“Sample material name”选项中选择物质名称。如果测量的是仪器附带的标准样品，则选择“Glass beads”，在“Dispersant name”选择“Water”，“Models”选择“General purpose”。如果是测量标准样品要求选择“Single mode”，“Particle shape”选择“Irregular”，标准样品要求选择“Spherical”。在“Measurement”菜单选择 “Sample measurement” 8 s，“Background measurement” 10 s，在“Measurement Cycles”选择“Number of measurement cycles”3 次，“Delay between measurement”选择 0 s，下面的“创建平均结果 Average Result”选择创建。再进入“Documentation”菜单，输入样品名称，确定后退出。

(7) 点击“Start”，系统开始测量背景，当背景测量完成并提示“Add Sample”后，开始加入样品至“Laser Obscuration”为 10%左右，等待样品分散 10 s，然后点击“Start”或“Measure

Sample”测量样品。每测量一次，结果会按照记录编号顺序自动保存在文件中。

(8) 测量结束后，调节控制盒速度到 0，打开排水手柄，排水完毕后更换新鲜的水，循环清洗两三次直至对光后背景正常。

4. SOP 测量

(1) 选择“Measure”菜单中的“Start SOP”，找到测试的 SOP 文件，点击“OK”。

(2) 清洗样品池后，点击“Star”启动 SOP，自动测量电子背景状况，校正光学系统，测量光学背景。当 light energy 的趋势呈递减趋势，laser intensity = 80%左右则进行下一步。

(3) 点击“Add-sample”添加样品，当 Obscuration 遮光度处于设置的范围(绿色)条件下进行下一步。

(4) 点击“Start”，测量结果保存在 Records。

5. 打印报告

实验报告可以直接打印。

6. 仪器维护和保养

(1) 每次测量完成后，应至少用干净的溶剂循环清洗进样槽两次(取决于背景是否恢复正常)。当背景测试值较高时，可能需要清洁玻璃镜片。

(2) 当分散剂管颜色发生很大变化时，应对其进行更换。

(3) 当泵和搅拌器在工作时，切勿将手放入样品槽。

(4) 避免用样品池的锁定手柄拎起主机。

(5) 设备联通后，应检查连接管道是否漏水。

(6) 当加入的样品超过了遮光率的绿色范围，应排空重新进行测试。

(7) 新品的测试应先与水进行混合，检验其是否能在水中分散良好。

7. 关机

先关闭计算机软件，再关闭湿法或干法进样器和仪器主机。

第 15 章　热重分析法与差热分析法

100 多年前法国人勒夏特列(Le Chatelier)发明了近代热分析技术，1965 年国际热分析协会使其成为一门独立的测试技术。作为一门新兴的技术，热分析技术随着理论研究的深入与仪器技术的进步，其应用领域及联用技术越来越广泛。

热分析技术是建立在物质热行为基础上的一类分析方法，是指在程序温度的控制下测量物质的物理性能与温度关系的一类技术。在热分析方法中，物质性质参数在一定温度范围内发生变化，包括与周围环境作用而经历的物理变化和化学变化，如释放出结晶水、挥发性物质的碎片、热量的吸收或释放、物质的质量增加或质量损失，发生热化学变化和热物理性质及电学性质变化等。热分析法的核心就是研究物质在受热或冷却时产生的物理和化学的变化速率、温度以及所涉及的能量和质量变化。

固体物质受热后导热系数、热容、热膨胀系数、热辐射性质等物理性质都发生变化。晶体材料发生相转变时，会吸收或放出热量，如固态相变潜热、固液熔融相变潜热，发生相变所对应的温度称为临界点。热分析方法就是测出发生相变的临界点温度。对于金属合金材料，可以通过测出一系列不同成分配比的合金的临界点，并将同一物性的点连起来而得到合金的相图，这也是测定相图最常用的方法。

15.1　热分析方法的分类

热分析方法的分类如表 15-1 所示，其中热重分析与差热分析被看作是经典热分析方法。

表 15-1　热分析方法的分类

物理性质	方法	英文名称(常用缩写)	备注
质量	热重法	thermogravimetry(TG)	测定物质的质量与温度的关系
	等压质量变化测量	isobaric mass-change determination	测定在恒定挥发物分压下的平衡质量与温度的关系
	逸出气检测法	evolved gas detection(EGD)	测定逸出的挥发物热导与温度的关系
	逸出气分析	evolved gas analysis(EGA)	测定挥发物的类别及分量与温度的关系
	放射性热分析	emanation thermal analysis	测定放射性物质与温度的关系
	颗粒热分析	thermoparticulate analysis	测定放出的颗粒物质与温度的关系
温度	加热曲线测定	heating-curve determination	测定物质温度与时间的关系
	差热分析	differential thermal analysis(DTA)	测定物质与参比物之间的温差与温度的关系
热焓	差示扫描量热分析	differential scanning calorimetry(DSC)	测定物质与参比物的热流差(功率差)与温度的关系
尺寸	热膨胀分析法	thermodilatometry(DIL)	测定物质尺寸与温度的关系(包括线膨胀法和体膨胀法)

续表

物理性质	方法	英文名称(常用缩写)	备注
力学量	热机械分析	thermomechanical analysis(TMA)	测定非振荡负荷下形变与温度的关系
	动态热机械分析	dynamic mechanical thermal analysis (DMA 或 DMTA)	测定振荡负荷下动态模量(阻尼)与温度的关系
声学量	热超声检测	thermosonimetry	测定声发射与温度的关系
	热声分析	thermoacoustimetry	测定声波的特性与温度的关系
光学量	热光度法	thermophotometry	包括热光谱法、热折射法、热致发光法、热显微镜
电学量	热电分析	thermoelectrometry	测定电学特性(电阻、电导、电容等)与温度的关系
磁学量	热磁分析	thermomagnetometry	测定磁化率与温度的关系

本章主要介绍热重分析、差热分析和差示扫描量热分析。

15.2 热 重 分 析

15.2.1 热重分析的概念和原理

热重分析(thermogravimetric analysis，TG 或 TGA)是指在程序控制温度条件下，借助热天平测量待测样品的质量与温度变化关系的一种热分析技术，用于研究材料的热稳定性和组分。程序控制温度是指用固定的速率加热或冷却。热重分析在实际的材料分析中经常与其他分析方法联用，建立综合热分析法，以全面准确地分析材料的热性质。

热重分析法的适用范围很广，金属、陶瓷、橡胶、塑料、玻璃及其他一些有机和无机材料都可以用热重分析法研究。它可以进行吸附、裂解、氧化还原的研究，耐热性、热稳定性、热分解及其产物的分析，气化、升华及反应动力学的研究。

由热重法测得的谱图称为热重曲线或 TG 曲线，横坐标表示温度或时间，纵坐标表示质量。曲线的起伏表示质量的增加或减少。平台部分表示试样的质量在此温度区间是稳定的。

热重法仅能反映物质在受热条件下的质量变化，由它获得的信息有一定的局限性。此法受到许多因素的影响，是在一些限定条件下获得的结果，这些条件包括仪器、实验条件和试样因素等，因此获得的信息又带有一定的经验性。如果利用其他一些分析方法进行配合实验，将对测试结果的解释更有帮助。

15.2.2 热重分析的分类

热重分析通常可分为静态法和动态法两类。

(1) 静态法：包括等温质量变化测定和等压质量变化测定。等温质量变化测定是指在恒温条件下测量物质质量与温度关系的方法。等压质量变化测定是指在程序控制温度下，测量物质在恒定挥发物分压下平衡质量与温度关系的方法。

(2) 动态法：也称热重分析和微商热重分析。微商热重分析又称导数热重分析(derivative thermogravimetry，DTG)，它是 TG 曲线对温度(或时间)的一阶导数，以物质的质量变化速率(dm/dt)对温度 T 或时间 t 作图。

15.2.3 热重分析仪

进行热重分析的基本仪器为热天平，核心部件包括天平、炉子、程序控温系统、记录系统等几个部分。图 15-1 为典型的热重分析仪，典型的热重曲线如图 15-2 所示，记录了样品在所测温度范围内质量随温度或时间的变化。

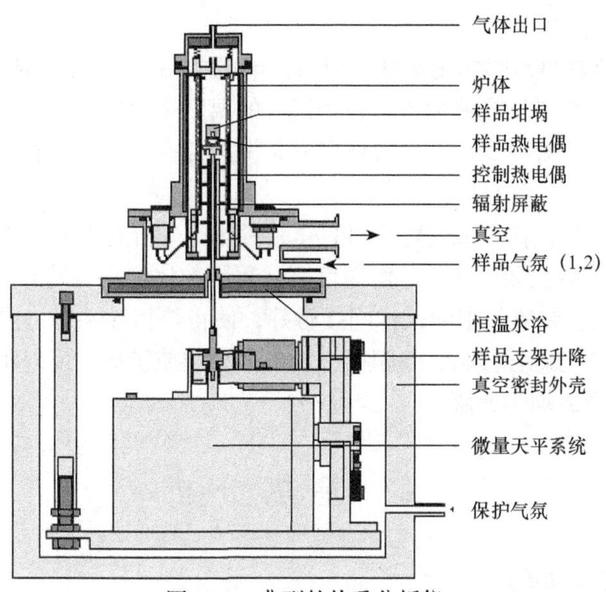

图 15-1 典型的热重分析仪

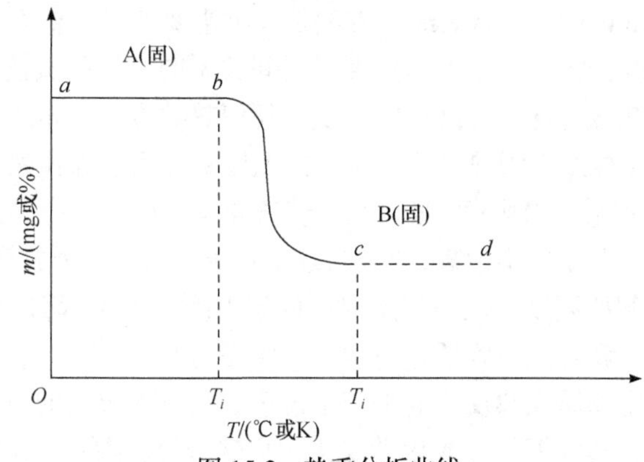

图 15-2 热重分析曲线

15.2.4 热重分析实验的影响因素

仪器、实验条件、参数选择、试样等因素都会影响热重法测定的结果。浮力和对流引起热重曲线的基线漂移，热天平内外温差造成的对流会影响称量的精确度。挥发物冷凝对热重曲线也有影响。

升温速率越大，热滞后越严重，易导致起始温度和终止温度偏高，甚至不利于中间产物的测出。气氛控制与反应类型、分解产物的性质和所通气体的种类有关。走纸速度快，分辨率高。坩埚形状、试样用量、粒度、热性质及装填方式会影响测量结果。试样用量大，因吸热放热引起的温度偏差大，且不利于热扩散和热传递。粒度细，反应速率快，反应起始和终止温度降低，反应区间变窄。粒度粗则反应较慢，反应滞后。装填紧密，试样颗粒间接触好，利于热传导，但不利于气体扩散。

15.2.5　热重分析样品的制备

热重分析样品制备比较复杂，重点考虑以下几个因素：

(1) 待测样品需有代表性。制备过程中样品稳定，不发生变化。样品制备方法具有一致性和可重复性。

(2) 样品质量。要获得足够的精确度，应有足够的样品量。待测物挥发或物质非均匀，需要加入足够的样品量。但是试样量太大，整个试样的温度梯度也将加大，尤其是导热较差的样品很难得到准确结果。另外，反应产生气体向外扩散的速率与试样量有关，试样量越大，气体越不容易扩散。

(3) 样品粒度和形态。形状和颗粒不同的样品对热重分析的气体产物扩散影响也不同。大片状的试样一般分解温度比颗粒状的分解温度高，粗颗粒比细颗粒的分解温度高。

(4) 试样装填方法。装填紧密的试样间接触好，使得热传导性好，温度滞后现象变小。装填过于紧密不利于气氛与颗粒接触，将阻碍分解气体逸出或扩散。可以将样品放入坩埚后，轻轻敲击坩埚，使样品形成均匀薄层。

15.3　差 热 分 析

15.3.1　差热分析的概念和原理

差热分析(differential thermal analysis，DTA)是一种重要的热分析方法，它是在程序控制温度条件下，测量物质和参比物的温度差与温度或时间关系的一种测试技术。其原理是：在相同的加热条件下对试样加热或冷却，若试样中不发生任何热效应，试样的温度和参比物的温度相等，两者温差为零。若试样发生吸热效应，试样的温度将滞后于参比物的温度，此时两者的温差不为零，并在 DTA 曲线上出现一个吸热峰；若试样发生放热效应，试样的温度将超前于参比物的温度，此时两者的温差也不为零，并在 DTA 曲线上出现一个放热峰。根据记录的曲线，就可以测出反应开始的起始温度，反应峰所对应的温度(峰位置)，峰的面积就和产生的热效应值对应。通过这些信息，就可以对物质进行定性和定量分析。

差热分析可用于测定物质在热反应时的特征温度、吸收或放出的热量，包括物质相变、分解、化合、凝固、脱水、蒸发等物理或化学变化，是硅酸盐、陶瓷、矿物、金属、耐热材料、高分子聚合物、玻璃钢等材料热分析研究的重要方法。

15.3.2　差热曲线

物质在受热或冷却过程中，达到某一温度时，往往会发生熔化、晶形转变、分解、化合、吸附、脱附、凝固等物理或化学变化，并伴随有焓的改变，产生热效应，表现为样品与参比物之间的温度差。记录两者温度差与温度或时间之间的关系曲线就是差热曲线，也称为 DTA 曲线。

从差热曲线上可清晰地看到差热峰的数目、位置、高度、对称性以及峰面积。差热曲线峰的个数表示物质发生物理化学变化的次数，峰的大小和方向代表热效应的大小和正负，峰的位置表示物质发生变化的转化温度。在相同的测定条件下，许多物质的热谱图具有特征性，可以通过与已知热谱图的比较来鉴别样品的种类。通过峰面积的测量对物质进行定量分析，有时定量难以准确进行，是因为影响差热分析的因素较多。

15.3.3　差热分析仪

差热分析仪的结构如图 15-3 所示。一般的差热分析装置由加热系统、温度控制系统、信号放大系统、差热系统和记录系统等组成。有些型号的产品还包括气氛控制系统和压力控制系统。具体组成包括带有控温装置的加热炉、放置样品和参比物的坩埚、用以盛放坩埚并使其温度均匀的支持器、测温热电偶、差热信号放大器和记录仪。

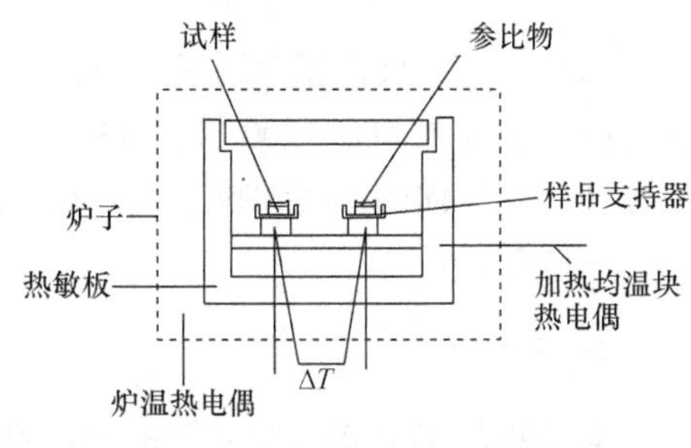

图 15-3　差热分析仪结构简图

1. 加热系统

测试所需的温度条件由加热系统提供，根据炉温可分为低温炉(<250℃)、普通炉和超高温炉(可达2400℃)。按结构形式可分为小型、微型、立式和卧式。根据测试范围的不同选择系统中的加热元件及炉芯材料。

2. 温度控制系统

温度控制系统控制测试时的升温速率、温度测试范围等加热条件。由定值装置、调节放大器、可控硅调节器、脉冲移相器等组成，由计算机控制，控温精度高。

3. 信号放大系统

直流放大器把热电偶产生的微弱温差电动势放大、增幅、输出，使仪器能够更准确地记录测试信号。

4. 差热系统

差热系统是整个装置的核心部分，由样品室、试样坩埚、热电偶等组成。热电偶是其中的关键性元件，是测温工具和传输信号工具，根据实验要求具体选择。

5. 记录系统

记录系统使用微机进行自动控制、记录和分析测试结果。

6. 气氛控制系统和压力控制系统

此系统为实验研究提供气氛条件和压力条件，使差热测试范围增大，目前一些高端仪器中已经采用这一系统。

15.3.4　影响差热分析的主要因素

1. 气氛和压力

气氛和压力可以影响样品物理变化和化学反应的平衡温度和峰形。应根据样品的性质选择适当的气氛和压力。对于易氧化的样品，可以通入惰性气体，如 N_2 和 Ne 等。

2. 升温速率

升温速率将影响峰的位置和峰面积大小。较快的升温速率一般令峰面积变大，峰变得更尖锐。过快的升温速率使试样分解偏离平衡条件的程度增大，使基线漂移，导致相邻两个峰互相重叠，分辨率下降。较慢的升温速率基线漂移小，体系接近平衡条件，得到宽而浅的峰，相邻两峰将更好地被分离，分辨率提高。

3. 试样的预处理及用量

试样用量大会使相邻两峰重叠，分辨率降低，因而样品用量应尽可能减少，最多至毫克级。样品的颗粒度为100～200目，颗粒小的样品会改善导热条件，颗粒太细会破坏样品的结晶度。易分解产生气体的样品颗粒应大一些。参比物的颗粒、装填情况和紧密程度应与试样尽量一致，减少基线漂移。

4. 参比物

参比物的选择将决定基线的平稳性。所选择参比物在加热或冷却过程中应不发生任何变化，升温过程中参比物的粒度、比热容、导热系数应尽可能与试样一致或相近。常用三氧化二铝(α-Al_2O_3)、煅烧过的石英砂或氧化镁作参比物。

5. 走纸速度

在相同的实验条件下，同一试样走纸速度过快，则峰面积变大，但峰形平坦，误差小。走纸速度过慢，则峰面积变小。应根据不同样品选择适当的走纸速度。

6. 其他因素

样品管的材料、大小和形状，热电偶的材质、热电偶插在试样和参比物中的位置等都是应该考虑的因素。

15.4 差示扫描量热分析

15.4.1 差示扫描量热分析的概念和原理

差示扫描量热分析(differential scanning calorimetry，DSC)是在程序控制温度条件下，测量输入试样和参比物的功率差与温度的关系。在加热过程中，试样由于热效应与参比物之间出现温差ΔT，通过差热放大电路和差动热量补偿放大器，输入补偿电热丝的电流发生变化。试样吸热时补偿放大器使试样一边的电流立即增大，试样放热时使参比物一边的电流增大，直到两边热量平衡，温差ΔT消失。在热反应时试样发生的热量变化由即时输入电功率而获得补偿，实际记录的是试样和参比物下面两个电热补偿元件的热功率之差随时间t的变化关系。升温速率恒定时，记录的也就是热功率之差随温度T的变化关系。

差示扫描量热分析适合测量固体材料、液体材料和高分子材料的熔点、沸点、比热容、纯度、玻璃化转变、结晶温度、结晶度、反应温度和反应热。差示扫描量热分析也可以用来研究生物膜的结构和功能、蛋白质和核酸的构象变化等。

DSC与DTA原理相同，但性能优于DTA，测定热量、分辨率和重现性都比DTA好。

15.4.2 差示扫描量热曲线

在差示扫描量热分析中，为了使试样和参比物的温差保持为零，在单位时间所必须施加的热量与温度的关系曲线称为差示扫描量热曲线，也称 DSC 曲线。曲线的横坐标为温度或时间，纵坐标为单位时间所加热量。曲线的面积正比于热焓变化。

DSC 曲线可以用来测量温度转变、时间转变和热效应峰或谷，其峰或谷的面积与试样转变时吸收或放出的热量成正比。

15.4.3　差示扫描热分析仪的分类

差示扫描热分析仪有热流型和功率补偿型两种，如图 15-4 所示。

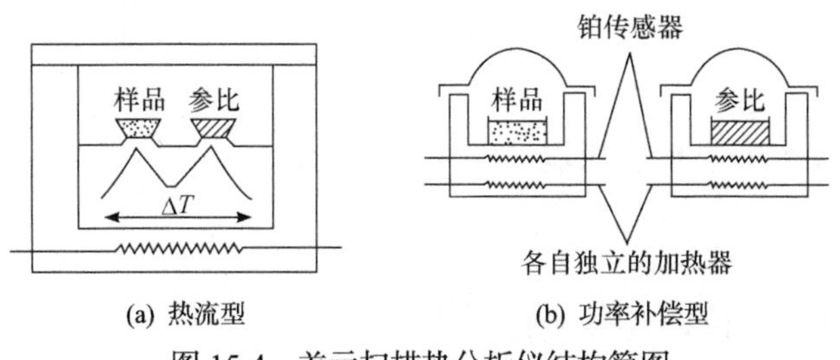

(a) 热流型　　(b) 功率补偿型

图 15-4　差示扫描热分析仪结构简图

15.4.4　基线校正

必须区分样品产生的信号及样品池产生的信号，样品池产生的信号依赖于样品池状况、温度等。平直的基线是一切计算的基础。理想的基线要求样品池干净、仪器稳定和池盖的定位。确定合适的测试温度区间，区间越宽，得到理想基线越困难。

实验 15-1　综合热分析实验

【实验目的】

(1) 了解热分析仪的原理及仪器装置。
(2) 掌握热重分析的实验技术。
(3) 了解 STA6000 同步热分析仪的结构和测试原理。
(4) 掌握测试结果的分析方法。

【实验原理】

热分析技术是通过测定物质在程序控温条件下的热效应与温度间的关系曲线，对物质的理化性质进行分析研究的方法。在热分析测试中，物质在测试温度范围内发生物理或化学变化，记录并研究这些物理和化学变化的变化速率、温度以及所涉及的能量和质量变化是热分析的核心内容。

固体物质受热或冷却后产生的物理变化(如膨胀、熔融、相变)及化学变化(如氧化、分解、还原等)会产生可测的热行为，记录热行为的过程并对数据进行分析，可以研究物质的组成、物理和化学性质。例如，样品发生相变时，会吸收或放出热量，如固态相变潜热、固液熔融相变潜热，发生相变所对应的温度称为临界点，热分析方法可以测出临界点温度。对于金属合金材料，可以通过测出一系列不同成分配比的合金的临界点，并将同一物性的点连起来而得到合金的相图。

常用的热分析方法有差热分析(DTA)、差示扫描量热分析(DSC)和热重分析(TG)三种。

将 DTA、DSC、TG 等各种单功能的热分析仪组装在一起，就可以变成多功能的综合热分析仪，如 DSC-TG、DTA-TG 等。综合热分析仪的优点是在完全相同的实验条件下，即在同一次实验中可以获得样品的多种信息，有助于比较顺利地得出符合实际的结论。

该方法广泛地用于微量及常量组分的测定、有机化合物的鉴定、混合物中多组分的同时测定，还可用于研究化学平衡、测定配合物组成等。

【仪器、试剂】

1. 仪器

STA6000 同步热分析仪；配套坩埚。

2. 试剂

五水硫酸铜($CuSO_4 \cdot 5H_2O$，分析纯)。

【实验步骤】

(1) 开启仪器电源，预热 20 min。

(2) 检查仪器气氛控制单元，将其与外接气源连接，确保气路畅通且密封。在使用流动气氛进行实验时，需做热重基线漂移实验，并改变各路进气流量使热重基线稳定，漂移最小。

(3) 打开冷却循环水。

(4) 取约 10 mg $CuSO_4 \cdot 5H_2O$ 样品。

(5) 将 $CuSO_4 \cdot 5H_2O$ 样品小心转移至配套坩埚中。然后打开仪器顶端分析室盖子，用镊子小心地将装有 $CuSO_4 \cdot 5H_2O$ 样品的坩埚平稳放置于分析室内样品架的中心位置，并盖上分析室盖子。

(6) 运行 Pyris 软件，按程序界面要求设置测定的起始温度(室温)、终止温度(500℃)、升温速率(20℃ · min^{-1})、吹扫气类型(氮气)、吹扫气流量(20 mL · min^{-1})。

(7) 点击按钮，进行样品测试。此时，系统自动对样品数据进行实时采集与记录。

(8) 测试程序结束后，系统显示完整 TG-DTA 图。

(9) 当程序显示样品温度降至 50℃以下时，打开分析室盖子，取出坩埚，回收硫酸铜，并清洗坩埚。

【注意事项】

(1) 仪器的很多参数是出厂设定值，不能任意更改，否则影响仪器正常运行。

(2) 试样装填和取出时动作要轻稳。

(3) 加热炉体在任何时候均禁止用手触摸，以防烫伤。

【数据记录与结果处理】

输出并保存原始数据，用作图软件自行作图，并对图上的各峰结合样品理化性质进行说明，给出 $CuSO_4 \cdot 5H_2O$ 的热行为描述。

【思考题】

(1) 热重分析中升温速率过快或过慢对实验有什么影响?

(2) DTA 曲线上峰的方向是如何定义的?

(3) $CuSO_4 \cdot 5H_2O$ 的热重曲线与理论曲线不符的原因有哪些?

附录 15-1　STA6000 同步热分析仪操作说明

1. 开机前准备

(1) 连接。检查管路和仪器连接是否正确，实验用的气瓶(氮气、空气和一氧化碳)是否有足够的压力。

(2) 检查保护气。打开氮气气瓶，将减压表压力调整到 0.2 MPa。

(3) 检查气密性。将泡沫涂在连接处，看是否有气体漏出，检查管路气密性是否良好。

(4) 启动水循环冷却器。将水循环冷却器背板上的电源打开。

(5) 启动计算机。

(6) 启动仪器主机。将仪器主机左后方面板上的电源打开。

(7) 打开软件。双击桌面上的“Pyris Manager”图标，在屏幕上方会出现软件条，点击 STA6000，即可进入软件。

(8) 检查实验用品。将实验用的坩埚、镊子及实验样品准备好。

2. 软件操作

(1) 方法设置，点击“File” → “new method”。

a. 设定样品信息，点击“Sample Information”。

b. 设定初始状态：点击“Switch the Gas to Nitrogen at 20.0 m/min”改变气体流量，并设定初始温度。

c. 设置升温程序、结果名称及保存位置。

d. 点击“Add a step”添加程序，点击“Insert a step”插入程序，点击“Delete Item”删除程序，点击“Add Action”添加程序步骤，设定升温或恒温时间。

(2) 将空坩埚放在天平上，点击按钮，天平清零。

(3) 点击按钮，温度自动升温到设定温度。

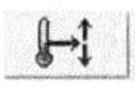

(4) 取出坩埚，将样品放入坩埚中。然后放回坩埚，待程序显示的重量读数稳定后，点击称重按钮，从控制面板中读取重量。

(5) 点击按钮，待温度到达预先输入的初始温度后，点击按钮，开始实验。

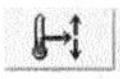

(6) 点击“开始分析”按钮。通过点击“Curves”菜单更改显示的曲线。

(7) 点击按钮，改变温度或时间的显示范围。

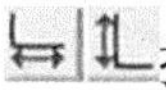

(8) 在软件监测窗口实时监测实验中的参数变化。

(9) 待实验结束后，对数据谱图进行处理分析。“Derivative”用于对曲线求微分，“Smooth”用于曲线的平滑。

(10) 点击“File”、“Export Data”选项，导出数据。

3. 关机

(1) 待实验结束后，退出软件。点击软件右上角的“Close All”按钮。
(2) 关闭仪器主机。
(3) 关闭计算机(如果后续还要使用，则无需关闭)。
(4) 关闭水循环冷却器。
(5) 关闭气体。将气体钢瓶总阀门关闭(顺时针旋转)。

4. 注意事项

(1) 样品应适量(如在坩埚中放置 1/3 高度或约 15 mg)，以便减小在测试中样品温度梯度，确保测量精度。
(2) 坩埚用完后需用超声清洗处理，然后用乙醇清洗并干燥。
(3) 在做有 CO 气体的实验时，要保证室内通风良好。
(4) 升温速率不高于 200℃ · min^{-1}，实验最高温度不高于 950℃。

第 16 章　核磁共振波谱法

16.1　核磁共振波谱法的基本原理

核自旋量子数 $I\neq 0$ 的原子核在磁场中产生核自旋能级分裂，形成不同的能级，在射频辐射(无线电波，能量小于红外线)照射下，可以令特定结构环境中的原子核实现共振跃迁，记录共振时信号的位置和强度，就形成了核磁共振波谱(nuclear magnetic resonance spectroscopy，NMR)。射频辐射的低能量不能使分子发生电子能级跃迁和振动-转动能级跃迁，只能作用于原子核。NMR 共振信号的位置反映了分子的局部结构，信号的强度与相关原子核在分子中存在的量有关。

目前有应用意义而且应用最广的是氢谱(^{1}H-NMR)和碳谱(^{13}C-NMR)。大多数有机化合物都含有氢，而且 ^{1}H 的丰度比很大，氢的磁性极强，在核磁共振波谱中能产生明显的吸收峰。如果知道分子中不同氢原子的位置与数目，就可以顺利推出该分子的化学结构。

16.1.1　磁性核和非磁性核

带正电的原子核绕轴旋转时产生电流，周围形成磁场，使得原子核存在磁矩μ。磁矩μ与自旋角动量 P 成正比：

$$\mu=\gamma P \tag{16-1}$$

式中，γ为原子核的重要属性，称为磁旋比。不是所有的原子核都有磁性。自旋角动量(P)以及相应的自旋量子数(I)的量子化的关系为

$$P=\sqrt{I(I+1)}\frac{h}{2\pi} \tag{16-2}$$

I 可以取 0、$\frac{1}{2}$、1、$\frac{3}{2}$ 等数值。自旋量子数 I=0 的核没有共振跃迁，称为非磁性核，非磁性核没有磁性，不产生 NMR 信号。$I\neq 0$ 的原子核为磁性核，核有净的自旋，磁性核将产生 NMR 信号。

(1) 质子数和中子数都为偶数，原子质量则为偶数。原子核中质子与质子、中子与中子各自成对，自旋方向相反，故 I=0，如 ^{4}He、^{12}C、^{16}O、^{32}S。它们为非磁性核，不产生 NMR 信号。I=0 的核的电荷分布是球形的。

(2) 质子数和中子数有一个为奇数，一个为偶数，则原子质量为奇数，自旋量子数 I 为半正数$\frac{1}{2}$、$\frac{3}{2}$、$\frac{5}{2}$、…。例如，^{1}H、^{13}C、^{19}F、^{31}P 的 I 为$\frac{1}{2}$，^{7}Li、^{9}Be、^{11}B、^{33}S、^{35}Cl、^{37}Cl、^{79}Br、^{81}Br 的 I 为$\frac{3}{2}$，^{17}O、^{25}Mg、^{27}Al、^{55}Mn 的 I 为$\frac{5}{2}$。它们为磁性核，产生 NMR 信号。$I=\frac{1}{2}$的核的电荷分布是球形的。其电荷均匀分布于原子核表面，这样的原子核不具有四极矩，其核磁共振波谱的谱线窄，最适用于核磁共振波谱的检测。$I\geqslant 1$ 的核的电荷分布是椭球形的四极矩。

(3) 质子和中子都是奇数，原子质量为偶数，则自旋量子数为 1、2、3 等整数。例如，^{2}H、^{6}Li、^{14}N 的 I 为 1，^{58}Co 的 I 为 2，^{10}B 的 I 为 3。它们为磁性核，产生 NMR 信号。

16.1.2 静磁场

原子核在没有外加静磁场时其自旋是任意取向的，样品的宏观磁矩为零。当把含磁性核的样品放入外加静磁场 B_0 时，核磁矩受到力矩作用，像陀螺绕 B_0 做旋进运动，原来简并的核自旋能级分裂为$(2I+1)$个分离的能级。对于自旋 $I=\dfrac{1}{2}$ 的原子核，如 ^{1}H 和 ^{13}C，核自旋有两种取向，一种与外加静磁场平行，原子核的能量降低；另一种与外加静磁场反平行，原子核的能量升高，即原子核产生能级分裂。

16.1.3 射频场

将样品置于静电场 B_0 中，在垂直于外加静磁场的方向再施加一电磁辐射(射频区)，其能量 $h\nu$ 恰好等于样品中指定原子核的相邻磁能级差 ΔE 时，体系会吸收电磁辐射产生能级跃迁，发生核磁共振现象。公式为

$$\Delta E = h\nu \tag{16-3}$$

$$\Delta E = E_{-\frac{1}{2}} - E_{\frac{1}{2}} = \gamma \frac{h}{2\pi} B_0 \tag{16-4}$$

式中，h 为普朗克常量；γ 为原子核的磁旋比；B_0 为外加静磁场的强度。当射频场的共振频率 ν 满足式(16-5)时，原子核产生共振吸收信号。

$$\nu = \frac{\gamma B_0}{2\pi} \tag{16-5}$$

16.1.4 标准零点

核磁共振波谱不以固定波长来表示，而是以某一化合物的氢原子的吸收峰为标准。最常用的标准物质是四甲基硅烷[$Si(CH_3)_4$，简称 TMS]，规定其化学位移为 0，在核磁共振波谱图的右端。选择 TMS 为标准物是因为其 12 个氢处于完全相同的化学环境，在核磁共振波谱中只产生一个尖峰，屏蔽强烈，位移最大，与有机物中质子峰不重叠。TMS 还具有化学惰性，易溶于有机溶剂，沸点(27℃)低，易回收。

16.2 核磁共振波谱仪

16.2.1 核磁共振波谱仪的分类

核磁共振波谱仪根据电磁波来源可分为连续波和脉冲傅里叶变换两类；根据磁场产生方式可分为永久磁铁、电磁铁和超导磁体三类；按照磁感应强度分为 60 MHz、90 MHz、100 MHz、200 MHz、360 MHz、400 MHz、500 MHz 和 600 MHz 等型号。

16.2.2 核磁共振波谱仪的结构

核磁共振波谱仪主要由磁铁、射频振荡器和线圈、扫描发生器和线圈、射频接收器和线圈、

示波器、记录仪等组成。磁铁提供外磁场。射频振荡器是器线圈围绕样品管外以产生电磁波。扫描发生器是器线圈缠绕在磁铁上以改变外磁场的强度。射频接收器是检出被吸收的电磁波的能量强弱。记录仪记录检测信号。样品管为内径 5 mm、长 200 nm 的核磁样品管。溶解样品的溶剂不可含质子，常用氘代试剂作为溶剂。

16.3　核磁共振波谱的几个概念

16.3.1　化学位移

氢原子在同一化合物的不同位置化学环境是不同的，则受屏蔽的作用不同，感受磁场强度也不同，特定质子的吸收位置与标准质子的吸收位置之差称为该质子的化学位移，用 δ 表示。化学位移采用相对标准，通常以四甲基硅烷为标准物。

$$\delta=[(\gamma_{样品}-\gamma_{标准})/\gamma_{标准}]\times10^6 \tag{16-6}$$

TMS 的 δ 为 0，其他化合物的 δ 为负值，常省略负号。δ 值越小，屏蔽越强，共振需要的磁场强度大，出现在高场区。δ 值越大，屏蔽越弱，共振需要的磁场强度小，出现在低场区。

16.3.2　磁各向异性效应

构成化学键的电子在外加磁场作用下产生一个各向异性的磁场，使处于化学键不同空间位置上的质子受到不同的屏蔽作用，即磁各向异性。处于屏蔽区域的质子的 δ 移向高场区，处于去屏蔽区域的质子的 δ 移向低场区。

16.3.3　影响化学位移的因素

化学位移是核外电子对核产生的屏蔽效应，因此影响电子云密度的因素将影响化学位移。化学位移主要受以下几种因素影响。

(1) 电负性的影响：电负性大的基团吸引电子能力强，使邻近质子核外电子云密度降低，屏蔽效应随之减弱，质子的核磁共振频率将移向低场区，化学位移变大。

(2) 共轭效应的影响：含有孤对电子的原子会通过电子的共轭，改变与之共轭的原子上的氢原子周围的电子云密度，使屏蔽效应增强，移向高场区。

(3) 磁各向异性的影响：双键或三键的π电子在外磁场作用下更能感应出与外磁场方向相反的对抗磁场，使得与之相连的氢原子核受到屏蔽或去屏蔽作用，从而使氢的化学位移移向低场区或高场区。乙炔键轴向为屏蔽区，其他方向为去屏蔽区。乙炔质子(—C≡C—H)δ=2.88，而乙烷质子 δ=0.96。醛基质子 δ=7.8～10.5。因为醛基质子在空间靠近羰基双键时，羰基双键将对这个质子产生各向异性效应。

苯的环电流效应是指在外部磁场的作用下，芳香核的环状电子云进行循环，从而对苯环平面上下方向产生抗磁场，但对芳香核质子附近产生顺磁场。苯质子 δ=7.0 左右。$ArCH_3$ 的甲基氢 δ=2.14～2.76。甲基质子在 CH_3—C═C 中的 δ=1.59～2.68。苯甲醛的苯环上邻位质子 δ=7.72，间位质子或对位质子 δ=7.40。

单键的各向异性效应较小，C—C 的键轴就是去屏蔽圆锥的轴。下列烷基中 δ 的顺序为 CH_3＜CH_2＜CH，因为随着甲基的氢被烷基取代，去屏蔽效应增大，信号处于低场区。环己烷中 e 键质子的 δ 值比 a 键质子大 0.1～0.7。

(4) 范德华(van der Waals)效应：分子内两个非共价连接质子非常接近时，氢核外围的负电荷电子云互相排斥，结果令这些原子周围的电子云密度降低，对质子的屏蔽效应显著下降，使信号向低场移动，δ增大，称为范德华效应。当两个氢原子相隔两个原子的范德华半径之和(0.17 nm)时，δ将增加 0.5；相距 0.2 nm 时，δ将增加 0.2；相距大于 0.25 nm 时，δ的变化可忽略。

(5) 氢键的影响：当分子内形成氢键时，质子周围的电子云密度降低，氢键中质子的信号明显移向低场区。酚类和羧酸质子$\delta>10$ 以上。升温或稀释溶液时，氢键被破坏，信号向高场区移动。

(6) 溶剂效应：溶剂的各向异性或溶剂与被测物形成氢键导致在不同溶剂中，同一化合物中同一种 ^{1}H 的δ变动。

(7) 与 O、S、N 连接的质子：COOH 质子δ=10～13.2。醇中 OH 质子化学位移随着氢键强度的变化而移动，氢键越强，δ值越大。在不同温度、不同溶剂和不同浓度下，化学位移的变化很大。苯酚或双键连接的 OH 信号一般δ=4.0～7.7。氨基 NH 质子的化学位移随着氢键强度的变化而移动，化学位移的变化很大。酰胺质子δ=9.00～10.20。

16.3.4　自旋裂分

不同氢核之间的相互作用称为自旋偶合。由于偶合作用而使谱线分裂增多的现象称为自旋裂分。自旋裂分所产生的谱线的间距称为偶合常数，用 J 表示，单位 Hz。J 不受外部磁场的影响。在一级谱($J/\Delta\gamma\geqslant 20$)和近似一级谱($6\leqslant J/\Delta\gamma<20$)中，峰的裂分符合 n+1 规律，n 为相邻碳原子上磁全同氢核数目。相互裂分的氢核间的影响只能间隔两三个化学键。

解析举例：依照图 16-1 解析未知物的核磁共振氢谱。

第一组峰：δ=1.1，相对强度为 3H，裂分为三重峰，相邻碳上氢原子数为 3–1=2，为 CH_3 与饱和碳原子相邻。第二组峰：δ=1.9，相对强度为 2H，裂分为六重峰，受 Br 影响，δ略大于 1.8，为与 5 个氢相邻的 CH_2。第三组峰：δ=3.4，相对强度为 2H，裂分为三重峰，相邻碳上氢原子数为 3–1=2，为 CH_2 与强电负性原子 Br 相连。因此，根据该核磁共振氢谱可知其结构式为 $CH_3CH_2CH_2Br$。

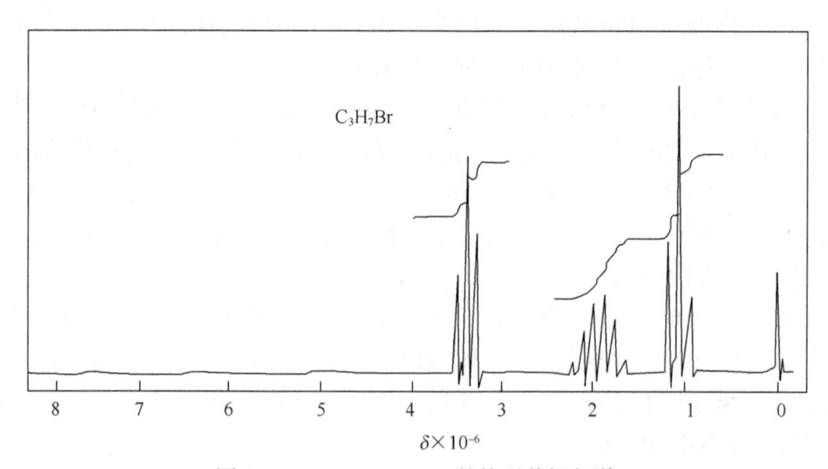

图 16-1　$CH_3CH_2CH_2Br$ 的核磁共振氢谱

16.3.5　弛豫过程

若以合适的射频照射处于磁场中的自旋核，核吸收能量后，将由低能级跃迁至高能级，并产生核磁共振吸收信号。但在很短时间内，样品的核磁共振达到饱和状态，不能进一步观察到核磁共振信号。为此，被激发到高能态的核必须通过适当的方式将其获得的能量释放到周围环境中去，这是核磁共振得以保持的必要条件。这一释放能量的过程称为弛豫过程。原子核被电子包围，不能通过核间的碰撞释放能量，弛豫只能以电磁波的形式进行。

1. 自旋-晶格弛豫

自旋-晶格弛豫(spin-lattice relaxation，也称纵向弛豫)是自旋核与周围分子交换能量的过程，当自旋核产生的磁场频率与核周围分子的小磁场总和波动磁场频率相同时进行。纵向弛豫经历的时间越短，效率越高，越有利于核磁共振信号的测定。一般液体及气体样品的纵向弛豫时间在几秒内，而固体的纵向弛豫时间可能长达几个小时，故核磁共振一般用液体样品进行测量。

2. 自旋-自旋弛豫

自旋-自旋弛豫(spin-spin relaxation，也称横向弛豫)是自旋核之间互换能量的过程。一个自旋核在外磁场作用下从低能级跃迁至高能级，在一定距离内被另一个与它相邻的核察觉到。当两者的频率相同时，就产生能量的交换，高能级的核将能量交给另一个核然后跃迁回低能级，而接收能量的那个核跃迁到高能级。交换能量后，两个核的取向被换掉，但系统的总能量不变。

通常，总弛豫时间过长不利于弛豫，系统容易饱和，不容易观察到核磁共振现象。弛豫时间过短，会造成谱图变宽、分辨率下降。一个较好的核磁共振谱其激发态的寿命一般应在 1 s 左右。

16.3.6　溶剂的选择

核磁共振波谱仪所选择的溶剂要求不含质子、沸点低、与样品不发生缔合和溶解度好等。一般常选用的溶剂有氘代氯仿、氘代苯、重水、氘代丙酮和氘代二甲亚砜等。

16.3.7　积分面积

谱图上的信号面积与各质子的数目成正比，因此把各信号的面积进行比较，就能得到各质子的相对数目。

16.4　核磁共振波谱的应用

核磁共振波谱可以给出以下有机分子的结构信息：①由峰的组数可知分子中有几种类型的质子；②由峰的强度比(峰面积和积分曲线的高度)可知每种质子的数目；③峰的裂分可提供质子数目；④由峰的化学位移δ值可知质子在分子中的化学环境；⑤由裂分峰外形或偶合常数可知哪种质子是相邻的。表 16-1 列出不同类型质子的化学位移，从经验上帮助解析实际工作中的核磁共振波谱。

表 16-1　不同类型质子的化学位移

质子类别	δ值	质子类别	δ值	质子类别	δ值
环丙烷	0.2	RCH_2Cl	3～4	RCOOC—H	3.7～4.1
RCH_3	0.9	R_2CHCl	4.0	RCHO	9～10
R_2CH_2	1.25	RCH_2F	4.0	$RCOCH_3$	2.0
R_3C—H	1.50	Ar—H	6～8.5	$RCOCH_2R$	2.2
C═C—H	4.6～5.9	Ar—C—H	2.2～3	$RCOCHR_2$	2.4
C═C—CH_3	1.7	H—COH	3.4～4	RCOO—H	10～13
C≡C—H	2～3	RO—H	0.5～5.5	H—CCOOH	2～2.6
RCH_2I	3.15	C═CO—H	15～17	RNH_2/R_2NH	0.4～3.5
R_2CHI	4.2	ArO—H	4～12	$RCONH_2$	5.0～6.5
RCH_2Br	3.3	RSH	0.9～2.5	RSO_3H	11～12
R_2CHBr	4.1	H—CCOOR	2～2.2		

核磁共振波谱目前可以进行有机化合物、生物蛋白质分子的结构确证、空间构型和构象分析；检查化合物的纯度；对混合物成分进行分析，如果混合物中主要信号不重叠，不需要分离就能测定混合物的组成；监测化学反应中的质子交换、单键的旋转和环的转化。

实验 16-1　某有机化合物的核磁共振氢谱的测定

【实验目的】

(1) 了解核磁共振波谱仪的使用方法及基本构造。
(2) 通过实验掌握核磁共振的基本原理。
(3) 学习和积累解析核磁共振氢谱的能力。

【实验原理】

核磁共振氢谱给出的主要参数是化学位移、偶合常数和积分面积。从这些参数可以得出分子中氢核的性质、数目及它与其他氢核相互作用的重要信息，从而推断分子结构。在研究立体异构、溶液中的动态平衡、分子间的相互作用等方面，核磁共振都有其独特的优越性。

【仪器、试剂】

1. 仪器

R24B 连续波核磁共振波谱仪；Φ5 mm 核磁共振样品管。
微量进样器(50 μL、500 μL)。

2. 试剂

待测有机化合物；四氯化碳；四甲基硅烷。

【实验步骤】

(1) 在核磁共振样品管中，用 50 μL 微量进样器加入 50 μL 有机化合物，用 500 μL 微量进样器加入 500 μL CCl_4 和 2 滴四甲基硅烷，盖上样品管帽。

(2) 把装有试样的核磁共振样品管放在样品储槽中预热 5 min。

(3) 用 5%四甲基硅烷调节仪器分辨率。

(4) 取出核磁共振样品管，用纱布擦干净，装上转子，定好高度，放入样品仓。不能把不带转子的核磁共振样品管放入样品仓，放入转子中较松的管也不要放入样品仓。

(5) 常态谱线的记录。

a．按下“Hlevel”的“Nor”键。

b．按下“Set”键，从检测电表中读出峰高的最大值。

c．将“Amolttvdf ”旋钮置于与电表读数相同的位置。

d．将旋钮旋转处于“Cro”上，显示器观察出峰的情况。

e．将旋钮旋转处于“Nor”位置。

f．调节“TMS Position”使 TMS 信号对准记录 0 Hz 位置。

g．用“Rapid”键向 B 方向移至记录仪左端。

h．调节“Phase”使峰两边基线平衡。

i．放下笔用“Sweep Mode”键中“Nor”向 F 方向转动、记谱。

(6) 记录积分曲线。

a．点击“Mode”的“Int”键。

b．调节“Integrator Balance”使基线平衡。

c．按下“Pen”记录和积分曲线。

d．按下“Mone Nor”键消去“Int”。

(7) 关机。

a．关闭显示器电源开关。

b．关闭记录仪“Poveropp Off ”。

【数据记录与结果处理】

(1) 解释各组峰的归属。

(2) 计算机给出实验结果，即所测定有机物的结构式。

【思考题】

(1) 什么是磁性核和非磁性核?

(2) 简述核磁共振波谱仪的主要结构。

实验 16-2　用 ^{1}H-NMR 定量测定乙酰乙酸乙酯互变异构体

【实验目的】

(1) 学习利用核磁共振波谱仪进行定量分析的方法。

(2) 进一步熟悉核磁共波谱振仪的操作和谱图解析。

(3) 学习用 ^{1}H-NMR 定量测定乙酰乙酸乙酯酮式和烯醇式互变异构体的含量。

【实验原理】

^{1}H-NMR 可以用于测定有机化合物互变异构体的相对含量。在不同温度和溶剂条件下，乙酰乙酸乙酯的酮式和烯醇式互变异构体的对含量不同。

$$CH_3-\overset{O}{\overset{\|}{C}}-CH_2-\overset{O}{\overset{\|}{C}}-O-C_2H_5 \rightleftharpoons CH_3-\overset{OH}{\overset{|}{C}}=CH-\overset{O}{\overset{\|}{C}}-O-C_2H_5$$

由表 16-2 可见，在极性水溶液中，水中—OH 与酮式中的羰基氧形成分子间氢键，使其稳定性增强，平衡向左移动。在非极性溶剂中，溶剂对二者没有明显影响，因为烯醇式分子内氢键稳定了烯醇式结构，平衡向右移动。

表 16-2　乙酰乙酸乙酯在不同溶剂中的含量

溶剂	烯醇式含量/%	溶剂	烯醇式含量/%
H_2O	0.4	C_6H_6	16.2
50% C_2H_5OH	0.25	$CH_3COOC_2H_5$	12.9
C_2H_5OH	10.52	$C_2H_5OC_2H_5$	27.1
$CHCl_3$	8.2	n-C_6H_{14}	46.4

酮式和烯醇式的不同结构使其红外光谱、紫外吸收光谱和核磁共振波谱都不相同，这三种波谱都可以用于研究酮式和烯醇式的互变异构现象。

在核磁共振波谱中，乙酰乙酸乙酯的酮式和烯醇式不同氢的化学位移见表 16-3。

$$\underset{d}{CH_3}-\overset{O}{\overset{\|}{C}}-\underset{c}{CH_2}-\overset{O}{\overset{\|}{C}}-O-\underset{b}{CH_2}\underset{a}{CH_3} \rightleftharpoons \underset{d}{CH_3}-\overset{\overset{e}{OH}}{\overset{|}{C}}=\underset{c}{CH}-\overset{O}{\overset{\|}{C}}-O-\underset{b}{CH_2}\underset{a}{CH_3}$$

表 16-3　乙酰乙酸乙酯的酮式和烯醇式中各种氢的化学位移

H 的类型	a	b	c	d	e
酮式	1.3	4.2	3.3	2.2	—
烯醇式	1.3	4.2	4.9	2.0	12.2

核磁共振波谱通过化学位移确定不同化学环境的氢原子，提供了简单快捷的测定互变异构的方法。利用不同氢的积分曲线(峰面积高度比)可以计算出一个确定体系的两种互变异构体的相对含量。酮式中的 c 氢化学位移为 3.3，氢核的个数为 2；烯醇式中的 c 氢化学位移为 4.9，氢核个数为 1，则

$$w(\text{烯醇式})=\frac{A_{4.9}/1}{A_{3.3}/2+A_{4.9}/1}\times 100\%$$

式中，A 代表相应化学位移的积分曲线高度。

【仪器、试剂】

1. 仪器

Avance300 核磁共振波谱仪；Φ5 mm 核磁共振样品管。
微量进样器(100 μL、500 μL)。

2. 试剂

四氯化碳；乙酰乙酸乙酯；四甲基硅烷；氘代氯仿；氘代苯；重水。

【实验步骤】

1. 样品配制

1) CCl_4为溶剂

在核磁共振样品管中加一滴乙酰乙酸乙酯样品、2 滴 TMS、0.5 mL 氘代氯仿、0.5 mL CCl_4、0.5 mL 氘代苯，旋紧样品管帽，置于样品管支架上 10 min，轻轻摇匀。

2) 重水为溶剂

在核磁共振样品管中加一滴乙酰乙酸乙酯样品、2 滴 TMS、0.5 mL 氘代氯仿、0.5 mL 重水、0.5 mL 氘代苯，旋紧样品管帽，置于样品管支架上 10 min，轻轻摇匀。

2. 进样操作

用 100 μL 微量进样器将样品装入核磁共振样品管中，用 500 μL 微量进样器加入 500 μL 氘代氯仿作为溶剂，旋紧盖子。将核磁共振样品管插入转子中，放进量规，使溶液中部处于量规的虚格线中间。将鼠标移至显示器上半部分的输入窗口，输入字母“e”并按“回车”键，即弹气(eject)。将样品管放到进样口中，输入“i”并按“回车”键，弹气逐渐减小，样品缓慢进入磁体，进样完毕。

3. 设置

设置扫描范围 0～1200 Hz。点击设置栏“Setup Exp”，点击右上角的“Solvent”，选取溶剂氘代氯仿，在窗口“Basic 1D Experiment”中选取“Proton 1D”，系统弹出实验激发核、去偶核、采样宽度、采样时间、累加次数等参数。谱宽设置为 20.0。

4. 自动匀场

输入“Gmapsys”并按回车键，系统进入自动匀场程序，输入“Gzsize = 4”所调整的匀场参数个数，点击“AutoSHIM on Z”，系统自动匀场，“嘀”声后匀场完毕“Acquisition Complete”，点击“Quit”，回到氢谱参数。

5. 采样

点击“Acqi”、“Lock”和“Spin”中的“On”，打开旋转，样品转速稳定后输入“Ga”并按回车键，实验开始。系统显示“Acquisition Complete”后，输入“aqh dc”并按回车键，自动调整相位和基线高度、平整度。

6. 谱图处理

在主命令栏的第二个命令栏点击“Intergral”，出现“Full Integral”，谱图中间出现一条绿色积分线，点击“Reset”，用左键在谱图中每个峰左右两边各点一下，输入“bc”整平基线和“cz”重新积分，在新的积分线上再次积分。此次积分可以不包括溶剂峰和TMS峰，如果点错位置，可以在出错处点击右键取消，并用左键点击进行积分。将该段谱图放大可使积分准确。用左、右键先后在预备放大的范围左右两边各点一下，点击“Expand”。积分两个峰后输入“vp=12”，提高谱图纵向位置，可在下方显示积分值。

系统提供设定积分值，用鼠标左键在移至积分的峰点一下，点击“Set in”，弹出询问语句时输入“1”并按回车键。点击“Full”，谱图还原到全谱状态，点击内标峰，输入“nl”，将红线和内标峰对证，点击“ref”，在询问语句后输入“0”，即该峰化学位移为0。

7. 打印

输入“pl”打印命令，打印标尺“Pscale”，打印页面左上角的实验参数“pap”，打印积分“pir”，打印峰位置“ppf”，立即执行打印命令“Page”，按回车键。

【数据记录与结果处理】

(1) 根据化学位移和峰裂分归属酮式和烯醇式的不同氢原子类型。
(2) 测定酮式和烯醇式各峰的积分曲线高度，将其转化成整数比并与理论值比较，分析误差。
(3) 依据公式计算烯醇式百分含量，实验数据记录于表16-4。

表16-4　乙酰乙酸乙酯实验数据记录

峰序号	化学位移值	积分曲线高度	氢原子数目	耦合裂分峰形	归属
1					
2					
3					
4					
5					

【思考题】

(1) 比较CCl_4和重水两种溶剂测得的两张^1H-NMR谱图的差别，试说明原因。
(2) 四甲基硅烷作为内标物的优点有哪些？

附录16-1　核磁共振波谱仪简介

1. 核磁共振波谱仪的结构

1) 磁铁

磁铁提供外磁场，为永久磁铁，磁场要求在足够大的范围内十分均匀。在磁铁上装备有特殊的绕组，以抵消磁场的不均匀性。

磁铁上装备扫描线圈，能够连续改变磁场强度的百万分之十几。当射频振荡器的频率固定时，改变磁场强度来扫描。

由永久磁铁获得的磁场不超过 2.4 T，这相应于氢核的共振频率 100 MHz。200 MHz 以上高频核磁共振波谱仪采用超导磁体。含铌合金丝缠绕在超导线圈上并完全浸泡在液氦中，缓慢地给超导线圈通入电流并达到额定值，使线圈的两接头闭合。使用超导磁体可获得 10～17.5 T 的磁场，其相应的氢核共振频率为 400～750 MHz。

2) 射频振荡器

核磁共振波谱仪用射频振荡器产生射频，通常采用恒温下石英晶体振荡器。射频振荡器的线圈垂直于磁场，产生与磁场强度垂直且适合的射频振荡。对于 1.409 T 磁场采用 60 MHz 振荡器，对于 2.350 T 磁场采用 100 MHz 振荡器。电磁波只对氢原子核进行核磁共振测定，要测定其他原子核则要用其他频率的振荡器。

3) 探头

样品探头是使样品管保持在磁场中某一固定位置的器件。探头中包括样品管、扫描线圈和接收线圈。扫描线圈与接收线圈垂直放置以避免相互干扰。

4) 积分仪

仪器中还备有积分仪，能自动画出积分曲线，以指出各组共振峰的面积。

2. 核磁共振波谱仪工作过程

核磁共振波谱仪工作时，将装有待测样品溶液的核磁共振样品管放置在磁铁两极间的狭缝中，以 50～60 $r \cdot s^{-1}$ 速度旋转，使样品受到均匀的磁场强度作用。射频振荡器的线圈在样品管外，向样品发射固定频率的电磁波。安装在探头中的射频接收线圈探测核磁共振时的吸收信号。由扫描发生器线圈连续改变磁场强度，由低场至高场进行扫描。扫描过程中，被测样品中不同化学环境的氢核相继满足共振条件，产生共振吸收，接收器和记录系统把吸收信号放大并记录成核磁共振谱图。

3. Avance500 MHz 核磁共振波谱仪操作程序

1) 主要技术指标

磁感应强度 11.7 T；^{1}H 共振频率 500 MHz；正相宽带多核探头 BBO，三共振检测探头 TXO，三共振宽带反相探头 TXI，固体宽带探头 CP/MAS；变温范围 150～250℃。

2) 操作规程

(1) 样品制备：取适量的样品用合适的氘代溶剂溶于 Φ5 mm 样品管中。

(2) 进样：将核磁共振样品管外用拭镜纸擦干净，套上转子，用定深量筒定好样品管高度，使用软件“Topshim”命令的“Lift on-off”吹气，将样品管放入探头。

(3) 锁场：使用“Lock”命令选择相应的氘代溶剂进行锁场。

(4) 匀场：使用“Gradshim”命令梯度匀场，或者使用“Topshim”命令进行匀场。

(5) 建立新文件：使用“edc”命令创建新建文件，或者在“File”下拉菜单中点击“New”。

(6) 设定采样参数：通过“eda”和“ased”命令设定合适的采样参数，或者在“Acqupars”菜单中设定合适的参数。

(7) 探头调谐和匹配：使用“atm”命令进行调谐匹配。

(8) 自动计算增益：使用“rga”命令自动计算增益。

(9) 采样：使用“zg”命令采样。

(10) 图谱处理：设置处理参数，删转换，相位校正，基线校正，积分，标峰，标题等。

(11) 打印：使用“edg”命令编辑绘图参数，使用“Plot”命令打印谱图。

第 17 章　质　谱　法

17.1　质谱法的概念、原理及其特点

在高真空系统中将样品加热，使其变为气体分子，然后在电离室用电子轰击这些气体分子，使其电离成带电离子，大多数情况下带一正电荷，这些带正电荷的离子被加速电极加速，以一定速度进入质量分析器，在磁场下不同质荷比(m/z)的离子发生偏转，角度不同，低质量的离子比高质量的离子偏转角度大，这样就可按质荷比的大小互相分开。离子的离子流强度或丰度相对于离子质荷比(m/z)变化的关系称为质谱。用质谱进行成分和结构分析的方法称为质谱法(mass spectrometry，MS)。

质谱可以知道化合物准确的相对分子质量和分子中部分结构。高相对分子质量质谱可以不经过元素分析就获取分子式和碎片组成。

质谱法的特点是：①根据质谱图提供的信息，可以进行多种有机物及无机物的定性和定量分析、复杂化合物的结构分析、样品中各种同位素比的测定及固体表面的结构和组成分析等；②被分析的样品可以是气体、液体或固体；③灵敏度高，可达 10^{-12}～10^{-9}g，样品用量少，一次分析仅需几微克样品；④分析速度快，完成一次全谱扫描一般仅需一至几秒；⑤准确度高，分辨率高；⑥可实现与各种色谱-质谱的在线联用；⑦与其他仪器相比，仪器结构复杂，价格昂贵，使用及维修比较困难，对样品有破坏性。

17.2　质谱仪的结构

质谱仪主要包括真空系统、离子源、质量分析器、离子检测器和进样系统。

17.2.1　真空系统

高真空系统是质谱仪正常工作的保障，离子的产生、分离及检测均是在高度真空状态下进行的。离子源的真空度应达 10^{-5}～10^{-3} Pa，质量分析器的真空度应达 10^{-6} Pa。

17.2.2　离子源

按照样品的离子化过程，离子源主要可分为气相离子源和解析离子源。按照离子源能量的强弱，离子源可分为硬离子源和软离子源。

质谱仪的离子源种类繁多，下面介绍其中的七种。

1. 电子轰击

最常用的离子源是电子轰击(electron impact，EI)离子源，其构造原理如图 17-1 所示。一般情况下，电子发射极与收集极之间的电压为 70 V，此时电子的能量为 70 eV。目前，所有的标准质谱图都是在 70 eV 下作出的，便于计算机检索和对比。

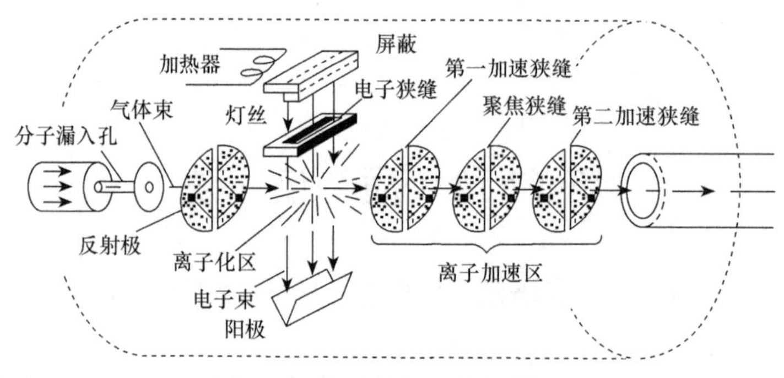

图 17-1　电子轰击离子源示意图

被分析的气体或蒸气首先进入仪器的离子源，转化为离子。在电离室内，气态的样品分子受到高速电子的轰击后，该分子就失去电子成为正离子(分子离子)：

$$M + e^{-}(\text{高速}) \longrightarrow M^{+} + 2e^{-}(\text{低速}) \tag{17-1}$$

分子离子继续受到电子的轰击，使一些化学键断裂，有的会引起重排，以瞬间速度裂解成多种碎片正离子。在排斥极上施加正电压，带正电荷的阳离子被排挤出电离室而形成离子束，离子束经过加速电极加速，进入质量分析器。多余热电子被钨丝对面的电子收集极即电子接收屏捕集。

EI 的特点是碎片离子多，结构信息丰富，有标准化合物质谱库，不能气化的样品不能分析，有些样品得不到分子离子。

2. 化学电离

在质谱中经过电子轰击产生的 M^{+}峰往往不存在或强度很低，必须采用比较温和的电离方法，其中之一就是化学电离法。有些化合物稳定性差，用 EI 方式不易得到分子离子，因而也就得不到相对分子质量。为了得到分子离子，可以采用化学电离(chemical ionization，CI)源。CI 是将反应气引入离子源，最常用的反应气是甲烷、异丁烷及氨气。反应气浓度应比样品浓度大约 10^4 倍。

以甲烷作反应气为例解释化学电离的过程。在电子轰击下，甲烷首先被电离：

$$CH_4 \longrightarrow CH_4^+ + CH_3^+ + CH_2^+ + CH^+ + C^+ + H^+$$

它们再与分子进行反应，生成加合离子：

$$CH_4^+ + CH_4 \longrightarrow CH_5^+ + CH_3^+$$

$$CH_3^+ + CH_4 \longrightarrow C_2H_5^+ + H_2$$

加合离子与样品分子反应：

$$CH_5^+ + XH \longrightarrow XH_2^+ + CH_4$$

$$C_2H_5^+ + XH \longrightarrow X^+ + C_2H_6$$

生成的 XH_2^+ 和 X^+比样品分子多一个 H 或少一个 H，可表示为$(M\pm1)^+$，称为准分子离子。以甲烷作为反应气，除$(M\pm1)^+$外，还可能出现$(M+17)^+$、$(M+29)^+$等离子，以及其他大量的碎片离子。

CI 的特点是可以得到一系列准分子离子$(M+1)^+$、$(M-1)^+$、$(M+2)^+$等。其碎片离子峰少，谱图简单，易于解释。CI 是一种软电离方式，一些用 EI 方法得不到分子离子的样品，使用 CI 则可以得到准分子离子，继而推断其相对分子质量。CI 不适用于难挥发成分的分析。由于 CI 得到的质谱不是标准质谱，所以不能进行谱库检索。

3. 场电离

场电离(field ionization，FI)是利用强电场诱发样品分子电离。它由两个尖细的电极组成，在相距小于 1 mm 的阳极和阴极之间施加稳定的直流电压(7000～10 000 V)，在阳极的尖端附近产生 10^7～10^8 $V \cdot cm^{-1}$ 的强电场，依靠此强电场把尖端附近纳米处的分子中的电子拉出来，使其形成正离子，然后通过一系列静电透镜聚焦成束，并加速到质量分析器。

在 FI 的质谱图上，分子离子峰清楚，碎片峰则较弱，这有利于相对分子质量测定，但缺乏分子结构信息。为了弥补此缺点，可以使用复合离子源，如电子轰击-场电离复合源和电子轰击-化学电离复合源等。

4. 场解吸电离

场解吸(field desorption，FD)电离是将液体或固体试样溶解在适当溶剂中，并滴加在特制的 FD 发射丝上，发射丝由直径约 10 μm 的钨丝及在钨丝上用真空活化的方法制成的微针形碳刷组成。发射丝通电加热使其上的试样分子解吸，解吸的试样分子在加热丝附近的高压静电场(电场梯度为 10^7～10^8 $V \cdot cm^{-1}$)作用下被电离形成分子离子，其电离原理与场电离相同。

解吸所需能量低于气化所需能量，所以有机化合物不会发生热分解。试样不需气化就可以直接得到分子离子，因此即使是热稳定性差的试样仍可得到很好的分子离子峰。在 FD 源中分子中的 C—C 键一般不断裂，因而很少生成碎片离子。

5. 快速原子轰击电离

快速原子轰击(fast atomic bombardment，FAB)电离是用几千电子伏特的 Xe 原子轰击溶解于基质并涂布在金属靶中的样品并使其电离的方法。FAB 一般用作磁式质谱的离子源，其特点是特别适合高极性、大相对分子质量、难气化或热稳定性差的样品。FAB 操作简便、重复性好、信号持久时间长，适用于高分辨质谱和质谱-质谱联用分析。

6. 电喷雾电离

电喷雾电离(electrospray ionization，ESI)是将样品溶液从一根加有数千伏电压的不锈钢毛细管中喷出形成静电喷雾，并通过逆向氮气帘，溶剂挥发、雾滴变小、表面静电荷密度剧增并使极性样品离子化。ESI 一般只形成准分子离子峰，适用于强极性、大相对分子质量的多肽、蛋白质、糖等样品的分析。产生的离子带有多电荷。主要用于液相色谱-质谱联用仪。

7. 基质辅助激光解吸电离

基质辅助激光解吸电离(matrix-assisted laser desorption ionization，MALDI)是一种结构简单、灵敏度高的新电离源。被分析的样品置于涂有基质的样品靶上，脉冲激光束经平面镜和透镜系统后照射到样品靶上，基质和样品分子吸收激光能量而气化，激光先将基质分子电离，然后在气相中基质将质子转移到样品分子上使样品分子电离。

选择合适的基质可以得到较好的离子产率。基质必须能强烈吸收激光的辐照，并可以较好地溶解样品形成溶液。MALDI 源中常用基质有芥子酸、2,5-二羟基苯甲酸、烟酸或甘油。MALDI 属于软电离技术，比较适用于相对分子质量为几千到几十万的极性生物聚合物，如多肽、蛋白质、核酸等的测定。被测分子无明显裂解，碎片离子峰少。常与飞行时间(TOF)质量分析器组成 MALDI-TOF 质谱仪。

17.2.3 质量分析器

质量分析器是可以将离子按质荷比分开的部分。不同种类的质量分析器构成不同的质谱仪类型。下面介绍其中的五种。

1. 单聚焦质量分析器

单聚焦质量分析器(图 17-2)使用单一的扇形磁场，扇形开度角可以是 180°、90° 或 60°，当被加速的离子流进入质量分析器后，在磁场作用下，各种阳离子被偏转。质量小的偏转大，质量大的偏转小，互相分开。在场强为 B 的磁场作用下，飞行轨道弯曲，曲率半径为 r。当向心力 $Bzev$ 与离心力 mv^2/r 相等时，离子才能飞出磁场区，即

$$Bzev = \frac{mv^2}{r} \tag{17-2}$$

由于 $\frac{1}{2}mv^2 = zeU$，因此

$$\frac{m}{z} = \frac{r^2B^2e}{2U} \tag{17-3}$$

式中，e 为电子电荷；U 为加速电压。当 B、r、U 三个参数中的任意两个保持不变而改变第三个参数时，可得质谱图。离子的 m/z 大，偏转半径也大，通过磁场可以把不同离子分开。现代质谱仪通常是保持 U、r 不变，则不同 m/z 的离子依次通过狭缝到达检测器，形成质谱。

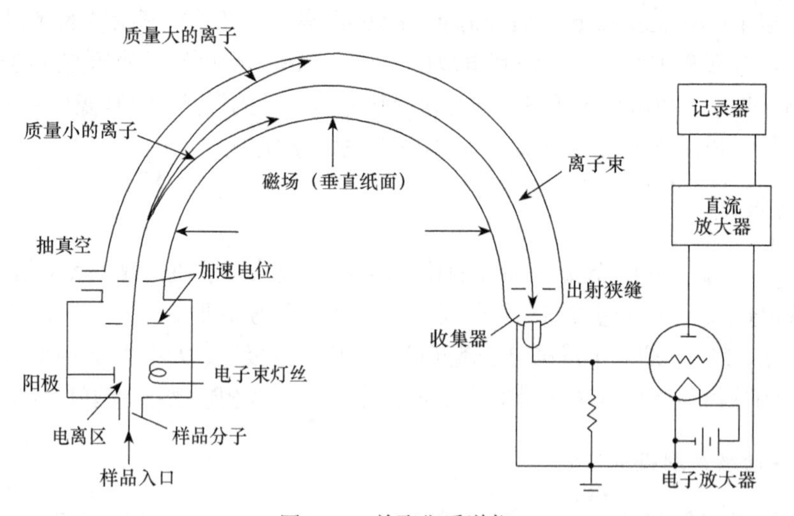

图 17-2 单聚焦质谱仪

单聚焦质量分析器只是将 m/z 相同而入射方向不同的离子聚焦到一点，或称实现了方向聚焦。但对于 m/z 相同而动能(或速度)不同的离子不能聚焦，故其分辨率较低，一般为 5000。

2. 双聚焦质量分析器

双聚焦质量分析器(图 17-3)由一扇形静电场和一扇形磁场串联而成。进入离子源的离子初始能量不为零，能量各不相同；加速后的离子能量也不相同，运动半径不同，难以完全聚集。为克服动能或速度分散的状态，实现能量聚焦，在离子源和磁分析器之间加一静电分析器。质量相同而能量不同的离子，经过静电场后将被分开，即静电场具有能量色散作用。如果使静电场和磁场对能量产生色散作用相补偿，可实现方向和能量的同时聚焦。

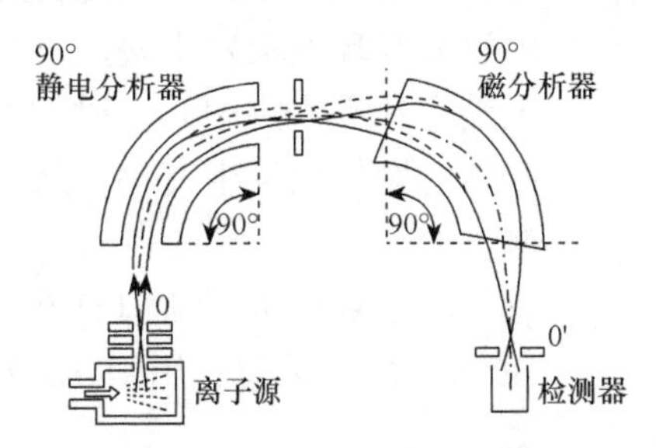

图 17-3 双聚焦质量分析器

磁场对离子的作用也具有可逆性。由某一方向进入磁场的质量相同而能量不同的离子，经磁场后按一定的能量顺序分开。从相反方向进入磁场的以一定能量顺序排列的质量相同的离子，经磁场后可以会聚在一起。因此，把电场和磁场配合使用，使电场产生的能量色散与磁场产生的能量色散数值相等而方向相反，就可实现能量聚焦，再加上磁场本身具有的方向聚焦作用，这样就实现了能量和方向的双聚焦。

双聚焦质量分析器的特点是分辨率高达 150 000。

3. 四极杆分析器

四极杆分析器(图 17-4)由四根平行的金属杆组成，理想的四杆为双曲线，但常用的是四支圆柱形金属杆，被加速的离子束穿过对准四根极杆之间空间的准直小孔。在四极上加直流电压 U 和射频电压 $V\cos\omega t$，在极间形成一个射频场，正电极电压为 $U+V\cos\omega t$，负电极电压为 $-(U+V\cos\omega t)$。离子进入此射频场后，受到电场力作用，只有合适 m/z 的离子才会通过稳定的振荡进入检测器。只要改变 U 和 V 并保持 U/V 值恒定，就可以实现不同 m/z 的检测。

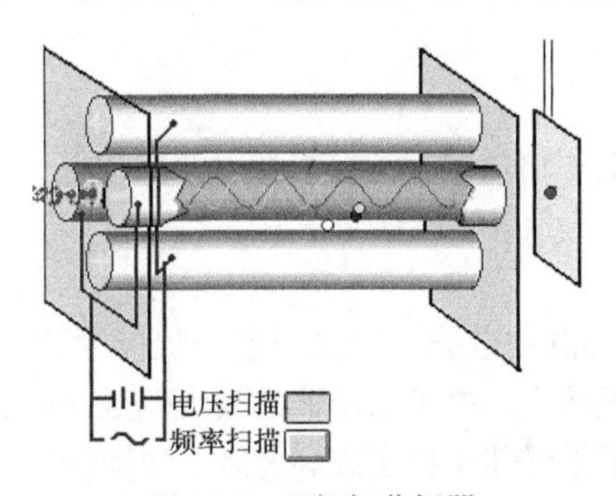

图 17-4 四极杆分析器

四极杆分析器的分辨率和 m/z 范围与磁分析器大体相同，其极限分辨率可达 2000，典型的约为700。其主要优点是扫描速度快，价格便宜，体积小，常用于需要快速扫描的 GC-MS 联用仪。缺点是质量范围及分辨率有限。

4. 离子阱分析器

离子阱分析器(图 17-5)是一种通过电场或磁场将气相离子控制并储存一段时间的装置，由一环形电极和上下各一的端罩电极构成。以端罩电极接地，在环电极上施以变化的射频电压，此时处于阱中具有合适 m/z 的离子将在环中指定的轨道上稳定旋转，若增加该电压，则较重离子转至指定稳定轨道，而轻些的离子将偏出轨道并与环电极发生碰撞。当一组由电离源产生的离子由上端小孔进入阱中后，射频电压开始扫描，陷入阱中离子的轨道则依次发生变化，从底端离开环电极腔，从而被检测。

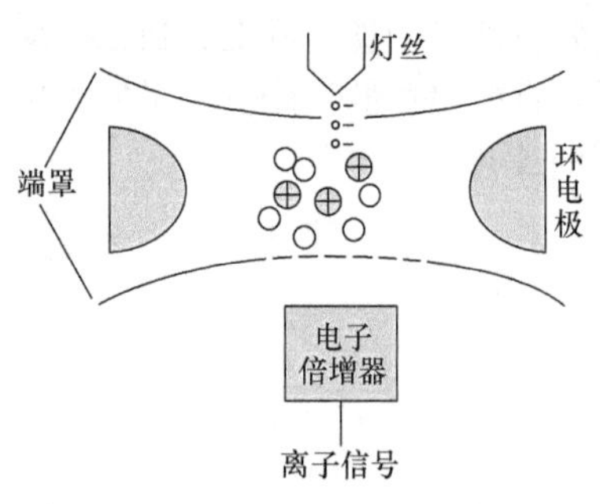

图 17-5　离子阱分析器

离子阱分析器结构简单、成本低且易于操作，已用于 GC-MS 联用装置，用于 m/z 200～2000 的分子分析。

5. 飞行时间分析器

飞行时间分析器的主要部分是一个长 1 m 左右的无场离子漂移管，用非磁方式达到的，获得相同能量的离子在无场的空间漂移，由于不同质量的离子速度不同，行经同一距离后到达检测器的时间不同，从而得到分离。

由于离子运动的动能完全来自加速电压，因而

$$\frac{1}{2}mv^2=zU \qquad v=\left(\frac{2zU}{m}\right)^{1/2} \qquad t=\frac{L}{v}=L\left(\frac{1}{2U}\right)^{1/2}\left(\frac{m}{z}\right)^{1/2} \tag{17-4}$$

即

$$t\propto\left(\frac{m}{z}\right)^{1/2}$$

式中，v 为离子的运动速度；U 为加速电压；L 为漂移管的长度，即飞行距离；t 为飞行时间。

飞行时间分析器结构简单，不需要磁场、电场，分辨率可高达几千到上万，扫描速度可以快到在 10^{-6}～10^{-5} s 内完成观察和记录，灵敏度高，测量的质量范围宽，可用于相对分子质量为几十万的大分子的分析。

17.2.4　离子检测器

质谱仪常用的检测器有电子倍增器、法拉第杯、照相板等。

1. 电子倍增器

电子倍增器的工作原理是以一定能量的离子轰击阴极导致电子发射，电子在电场的作用下，依次轰击下一级电极而被放大，电子倍增器的放大倍数一般为 10^5～10^8。电子倍增器中电子通过的时间很短，利用电子倍增器可以实现高灵敏、快速测定。但电子倍增器存在质量歧视效应，且随使用时间增加，增益逐步减小。电子倍增器具有灵敏度高、测定速度快的优点，常用于气体和有机质谱仪中。

2. 法拉第杯

法拉第杯与质谱仪的其他部分保持一定电位差以便捕获离子，当离子经过一个或多个抑制栅极进入杯中时，将产生电流，转换成电压后进行放大记录。法拉第杯的优点是简单可靠，配以合适的放大器可以检测约 10^{-15} A 的离子流。但法拉第杯只适用于加速电压低于 1 kV 的质谱仪，因为更高的加速电压将产生能量较大的离子流，这样离子流轰击入口狭缝或抑制栅极时会产生大量二次电子甚至二次离子，从而影响信号检测。

3. 照相板

在 1 mm 厚的玻璃板上覆盖一层较薄、粒度较细的溴化银，放在质谱仪聚焦面上曝光，不同的曝光时间就会得到许多曝光量递变的质谱。根据谱线的位置和黑度，即可得到元素的定量、定性分析结果。照相板主要用于火花源双聚焦质谱仪中。优点是不需记录离子流的强度，也不需要整套电子测量线路，且灵敏度高，可以分析微量物质。缺点是分析精度低，使用前需预先抽真空。

17.2.5 进样系统

气体样品一般直接导入或用气相色谱进样，液体样品一般加热气化或雾化进样，固体样品一般用直接进样探头。

1. 间歇式进样

对于气体、沸点低易挥发的液体样品或中等蒸气压固体，可以用间歇式进样系统(图 17-6)。储样器为玻璃或上釉不锈钢制成，抽低真空(1 Pa)，并加热至 150℃，试样用微量注射器注入，在储样器内立即化为蒸气分子，由于压力梯度，通过漏孔以分子流形式渗透入高真空的离子源中。

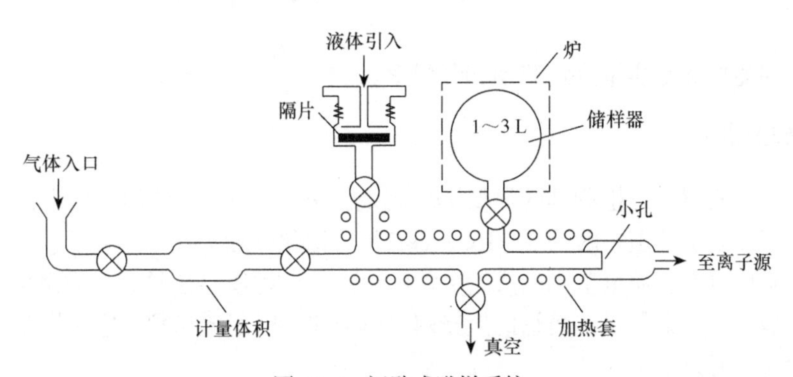

图 17-6　间歇式进样系统

2. 直接探针进样

对于高沸点的液体或固体样品，可以用探针杆直接进样(图 17-7)。探针杆通常规格为 25 cm×6 mm(i.d.)，末端有一装样品的黄金杯(坩埚)，将探针杆通过真空闭锁系统引入样品，调节加热温度，使试样气化为蒸气。

此方法可将微克级甚至更少的试样送入电离室。探针杆中试样的温度可冷却至约−100℃，或

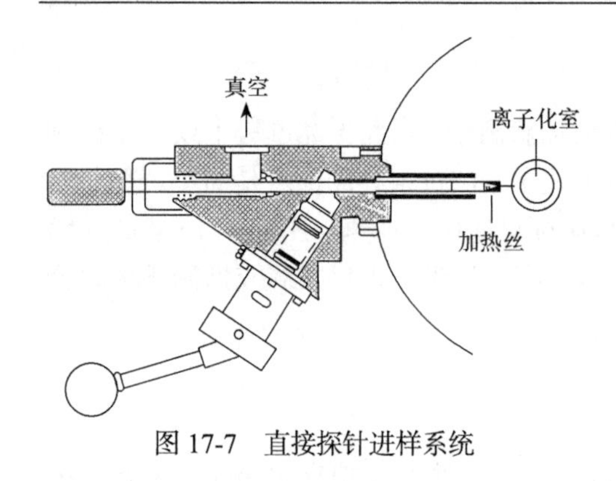

图 17-7　直接探针进样系统

在数秒钟内加热到较高温度如 300℃左右。其特点是引入样品量小，样品蒸气压可以很低，可以分析复杂有机物。

3. 衍生方法进样

对极易分解的试样，可通过衍生的方法将其转化为易挥发且稳定的衍生物后进行分析，一般用一氯三甲基硅烷(Me_3SiCl)进行醚化。例如，葡萄糖与 Me_3SiCl 生成三甲基硅醚的衍生物后进样。

4. 色谱进样

利用气相色谱和液相色谱的分离能力，将其与质谱仪联用，进行多组分复杂混合物分析。

17.3　质谱仪的分类

质谱仪按照用途可分为有机质谱仪、无机质谱仪和同位素质谱仪；按照原理可分为单聚焦质谱仪、双聚焦质谱仪、四极杆质谱仪、飞行时间质谱仪和回旋共振质谱仪；按照联用方式可分为气相色谱-质谱联用仪(GC-MS)、高效液相色谱-质谱联用仪(HPLC-MS)和质谱-质谱联用仪(MS-MS)；按照质量分析器的工作原理可分为静态质谱仪和动态质谱仪。静态质谱仪具有稳定的磁场，如由单聚焦和双聚焦质量分析器组成的质谱仪。动态质谱仪的磁场变化，如飞行时间质谱仪和四极滤质器质谱仪。

17.4　质谱仪的性能指标

质谱仪的性能指标是质量测定范围和分辨率。

17.4.1　质量测定范围

质量范围是指质谱仪可检测到的最低 m/z 到最高 m/z。测定气体用的质谱仪能够分析的气体样品的相对分子质量范围一般为 2～100；对有机质谱仪一般为几十到几千。在质谱进入分析大分子的研究领域以来，质量范围已成为关注的焦点。各种质谱仪具有的质量范围各不相同。目前质量范围最大的质谱仪是基质辅助激光解吸电离飞行时间质谱仪，这一仪器测定的相对分子质量可高达几十万以上。

17.4.2　分辨率

质谱仪的分辨本领由离子通道的半径、加速器与收集器的狭缝宽度和离子源的性质决定。分辨率是指仪器对质量非常接近的两种离子的分辨能力。对两个相等强度的相邻峰，当两峰间的峰谷不大于其峰高 10%时，则认为两峰已经分开，其分辨率 R 为

$$R=\frac{m}{m_2-m_1}=\frac{m}{\Delta m} \tag{17-5}$$

式中，$m=\dfrac{m_1+m_2}{2}$；m_1、m_2为质量数，且$m_1<m_2$；Δm为离子质量数之差($\Delta m=m_2-m_1$)，可见Δm越小，R越大(图 17-8)。

在实际测量中，很难找到两峰峰高相等且重叠后的峰谷正好为峰高 10%的情况。因此，可用两个相邻的峰来测定分辨率，即

$$R=\frac{m}{\Delta m}\frac{a}{b} \tag{17-6}$$

式中，a为两峰间距；b为其中一个峰在 5%峰高处的峰宽。

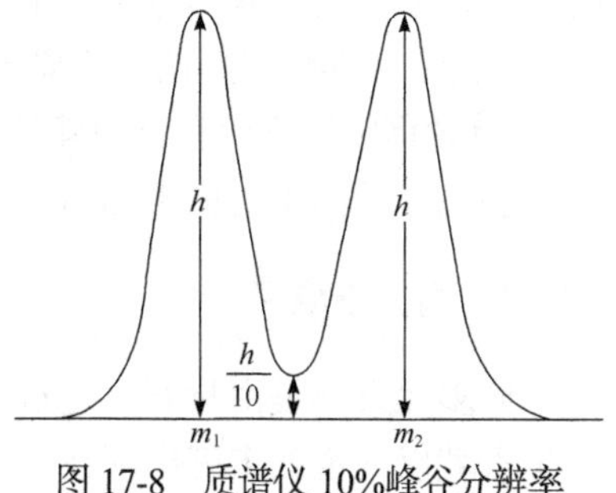

图 17-8 质谱仪 10%峰谷分辨率

17.5 分子质谱的离子类型

分子质谱分析过程中，在离子源或无场区发生分子离子化反应、裂解反应、重排裂解反应或离子分子反应。质谱信号十分丰富，其中主要有分子离子峰、同位素离子峰、碎片离子峰、重排离子峰、亚稳离子峰、多电荷离子峰等。

17.5.1 分子离子

样品分子失去一个电子而得到的离子称为分子离子或母离子。一般用符号“$M^{\dot{+}}$”表示。离子含奇数个电子用“$\dot{+}$”表示；含偶数个电子用“+”表示。分子离子峰的 m/z 就是该分子的相对分子质量。分子离子峰一定位于质谱图的右端。

1. 形成分子离子时电子失去的难易程度

有机化合物中原子的价电子可以形成σ键、π键，还可以是未成键孤对电子，这些类型的电子在电子流的撞击下失去的难易程度不同。一般含有杂原子的有机分子，其杂原子的未成键电子最易失去，其次是π键，再次是碳-碳相连的σ键，最后是碳-氢相连的σ键，即失去电子由易至难的顺序为：杂原子＞C═C＞C—C＞C—H。

2. 分子离子峰的强度与结构的关系

分子离子峰的强度与结构的关系是：碳链越长，分子离子峰越弱。存在支链有利于分子离子裂解，其分子离子峰很弱。饱和醇类及胺类化合物的分子离子峰弱。有共振系统的分子离子稳定，分子离子峰强。环状分子一般有较强的分子离子峰。有机化合物在质谱中的分子离子峰的强度(分子离子的稳定性)顺序为：芳香环＞共轭烯＞烯＞环状化合物＞羰基化合物＞醚＞酯＞胺＞酸＞醇＞高度分支的烃类。

3. 分子离子峰的识别方法

(1) 注意 m/z 值的奇偶规律和氮律。只有 C、H、O 的有机化合物，其分子离子峰的 m/z 一定是偶数。氮律是指在含氮的有机化合物中，N 原子个数为奇数时，其分子离子峰的 m/z 一定是奇数；N 原子个数为偶数时，则分子离子峰的 m/z 一定是偶数。

(2) 同位素峰对确定分子离子峰的贡献。利用某些元素的同位素峰的特点，即在自然界中

的含量，来确定含有其分子离子峰。

(3) 注意该峰与其他碎片离子峰之间的质量差是否有意义。通常在分子离子峰的左侧 3～14 个质量单位处不应有其他碎片离子峰出现。如有其他峰出现，则该峰不是分子离子峰，因为不可能从分子离子上失去相当于 3～14 个质量单位的结构碎片。

17.5.2 同位素离子

许多元素都是由具有一定自然丰度的一种或多种同位素组成，这些元素形成化合物后，其同位素就以一定的丰度出现在化合物中。当化合物电离时，由于同位素质量不同，在质谱图中离子峰会成组出现，每组峰显示一个强的主峰，也发现有一些峰的 *m/z* 大于样品的相对分子质量。有些元素具有天然存在的稳定同位素，所以在质谱图上出现一些 M+1、M+2 的峰，由这些同位素形成的离子峰称为同位素离子峰。

17.5.3 碎片离子

分子离子产生后可能具有较高的能量，将通过进一步裂解或重排而释放能量，裂解后产生的离子称为碎片离子。有机化合物受高能作用时会产生各种形式的分裂，一般强度最大的质谱峰相应于最稳定的碎片离子，通过各种碎片离子相对峰高的分析，有可能获得整个分子结构的信息。但由此获得的分子拼接结构并不总是合理的，因为碎片离子并不是只由 M^+一次碎裂产生，而可能进一步断裂或重排。因此，要准确地进行定性分析，最好与标准图谱进行比较。有机化合物断裂方式很多，也比较复杂，但仍有经验规律可以遵循(表 17-1)。

表 17-1　常见的碎片离子对应的可能结构

离子	失去的碎片	可能存在的结构
M–1	H	醛，某些醚及胺
M–15	CH_3	甲基
M–18	H_2O	醇类，包括糖类
M–28	C_2H_4，CO，N_2	麦氏重排，CO
M–29	CHO，C_2H_5	醛类，乙基
M–34	H_2S	硫醇
M–35	Cl	氯化物
M–36	HCl	氯化物
M–43	CH_3CO，C_3H_7	甲基酮，丙基
M–45	COOH	羧酸类
M–60	CH_3COOH	乙酸酯

17.5.4 重排离子

在两个或两个以上键的断裂过程中，某些原子或基团从一个位置转移到另一个位置所生成的离子即重排离子。质谱图上相应的峰为重排离子峰。转移的基团通常是氢原子。这种重排的类型很多，其中最常见的一种是麦氏重排，发生这类重排所需的结构特征是，分子中有一个双键以及在γ-位上有氢原子。可以发生这类重排的化合物有酮、醛、酸、酯和其他含有羰基的化合物，含 P══O、S══O 的化合物，以及烯烃类和含苯环化合物等。

17.5.5　亚稳离子

若质量为 m_1 的离子在离开离子源受电场加速后，在进入质量分析器之前，由于碰撞等原因很容易进一步分裂失去中性碎片而形成质量为 m_2 的离子，即 $m_1 \longrightarrow m_2+\Delta m$。由于一部分能量被中性碎片带走，此时的 m_2 离子比在离子源中形成的 m_2 离子能量小，故将在磁场中产生更大偏转，观察到的 m/z 较小。这种峰称为亚稳离子峰，用 m^*表示，它的表观质量 m^*与 m_1、m_2 的关系是

$$m^*=(m_2)^2/m_1 \tag{17-7}$$

式中，m_1 为母离子的质量；m_2 为子离子的质量。

亚稳离子峰由于其具有离子峰宽大(2～5 个质量单位)、相对强度低、m/z 不为整数等特点，很容易从质谱图中观察出来。

通过亚稳离子峰可以获得有关裂解信息，通过对 m^*峰观察和测量，可找到相关母离子的质量 m_1 与子离子的质量 m_2，从而确定裂解途径。例如，在十六烷的质谱中发现有几个亚稳离子峰，其质荷比分别为 32.8、29.5、28.8、25.7 和 21.7，其中 29.5≈$41^2/57$，则表示存在下列分裂：

$$\underset{m/z=57}{C_4H_9^+} \longrightarrow \underset{m/z=41}{C_3H_5^+} + CH_4$$

但并不是所有的分裂过程都会产生 m^*，因此没有 m^*峰并不意味着没有某一分裂过程。

17.5.6　多电荷离子

一个分子失去一个电子后，成为高激发态的分子离子，为单电荷离子。有时，某些非常稳定的分子能失去两个或两个以上电子，这时在质量数为 m/z(z 为失去的电子数)的位置上出现多电荷离子峰。多电荷离子峰的质荷比可能是整数，也可能是分数。如果是分数，在质谱图上将很容易被发现。多电荷离子峰的出现表明被分析的样品非常稳定。例如，芳香族化合物和含有共轭体系的分子容易出现双电荷离子峰。

17.6　质谱的表示方法

17.6.1　质谱图

通常质谱图用棒状图表示，横坐标为离子的质荷比 m/z，纵坐标为其相对强度。峰强度与分子离子或碎片离子出现的概率有关。峰强度大，表示该离子出现概率大，离子较稳定。质谱图中最强峰称为基峰。

17.6.2　质谱表

计算机可打印出以离子质荷比为序的质谱表。质谱表一般由 m/z 和其相对强度(%)组成。质谱表可以清楚地给出相对强度的准确值。

17.7 质谱定性分析

质谱可以进行相对分子质量和化学式的确定及结构鉴定等定性分析。

17.7.1 相对分子质量的确定

根据分子离子峰质荷比可确定相对分子质量，通常分子离子峰位于质谱图最右边。但由于分子离子的稳定性及重排等，质谱图上质荷比最大的峰并不一定是分子离子峰。一般根据以下原则分辨：

(1) 原则上除同位素峰外，分子离子峰是最高质量的峰。但要注意醚、胺、酯的$(M+H)^+$峰及芳醛、醇等的$(M-H)^+$峰。

(2) 分子离子峰应符合氮律(见 17.5.1)。

(3) 分子离子峰与邻近峰的质量差是否合理。有机分子失去碎片大小是有规律的：失去 H、CH_3、H_2O、C_2H_5 等，因而质谱图中可看到 M−1、M−15、M−18、M−28 等峰，而不可能出现 M−3、M−14、M−24 等峰，如果出现这样的峰，则该峰一定不是分子离子峰。

(4) EI 源中，当电子轰击电压降低时，强度不增加的峰不是分子离子峰。

17.7.2 化学式的确定

(1) 高分辨质谱确定分子式。

高分辨质谱可分辨质荷比相差很小的分子离子或碎片离子。例如，CO 和 N_2 分子离子的 m/z 均为 28，但其准确质荷比分别为 28.0040 和 27.9949，高分辨质谱可以识别它们。

(2) 低分辨质谱求分子式。

低分辨质谱不能分辨 m/z 相差很小的碎片离子，如 CO 和 N_2。通常通过同位素相对强度法确定分子的化学式。

例如，对于化合物 $C_wH_xN_yO_z$，其同位素离子峰$(M+1)^+$和$(M+2)^+$与分子离子峰的强度比分别为

$$\frac{I_{M+1}}{I_M}=\left[w\left(\frac{1.1}{98.9}\right)+x\left(\frac{0.015}{99.98}\right)+y\left(\frac{0.37}{99.63}\right)+z\left(\frac{0.04}{99.76}\right)\right]\times 100\%$$

$$\frac{I_{M+2}}{I_M}=\left\{\frac{1}{2}\left[\left(\frac{1.1}{98.9}\right)^2 w(w-1)+\left(\frac{0.015}{99.98}\right)^2 x(x-1)+\left(\frac{0.37}{99.63}\right)^2 y(y-1)\right.\right.$$
$$\left.\left.+\left(\frac{0.04}{99.76}\right)^2 z(z-1)\right]+z\left(\frac{0.2}{99.76}\right)\right\}\times 100\%$$

忽略 ^2H、^{17}O 的影响，可写成如下形式：

$$\frac{I_{M+1}}{I_M}=(1.1w+0.37y)\times 100\%$$

$$\frac{I_{M+2}}{I_M}=\left[\frac{(1.1w)^2}{200}+0.2z\right]\times 100\%$$

对于含有 Cl、Br、S 等同位素天然丰度较高的化合物，同位素离子峰相对强度可由$(a+b)^n$展开式计算。式中，*a*、*b* 分别为该元素轻、重同位素的相对丰度；*n* 为分子中该元素的原子个数。

17.7.3　结构鉴定

根据质谱图，找出分子离子峰、碎片离子峰、亚稳离子峰、*m/z*、相对峰高等质谱信息，根据各类化合物的裂解规律，重组整个分子结构，并与标准谱库对照。

17.8　波谱综合解析

(1) 确定分子离子峰，确定相对分子质量。

(2) 利用质谱的分子离子峰(M)和同位素峰(M+1)、(M+2)的相对强度可得出最可能的分子式。

(3) 由分子式可计算不饱和度，并推测化合物的大致类型，如是否芳香化合物或羰基等。

(4) 从紫外光谱可计算出ε值，根据ε值及λ_{max}的位置，可推测化合物中是否有共轭体系或芳香体系。

(5) 红外光谱可提供分子中可能含有的官能团信息。

(6) 由质谱的分子离子峰、碎片离子峰可推知可能存在的分子片段，根据分子离子峰与碎片离子峰及各碎片离子峰 *m/z* 的差值可推知可能失去的分子片段，从而给出可能的分子结构。

(7) 核磁共振谱可给出分子中含几种类型氢、各种氢的个数及相邻氢之间的关系，以验证所推测结构是否合理。

实验 17-1　质谱分析未知有机化合物的结构

【实验目的】

(1) 了解质谱分析的基本原理和测定方法。

(2) 学习从质谱图推测有机化合物结构的基本方法。

【实验原理】

质谱分析中，样品的蒸气分子在离子源作用下失去外层电子生成带正电荷的阳离子，或是阳离子化学键断裂产生与原分子结构有关和具有不同质荷比的碎片离子。碎片离子经加速电场加速导入质量分析器中，按照质荷比的大小顺序进行收集和记录，得到质谱分析数据。质谱图是以质荷比为横坐标、离子强度为纵坐标来表示的，离子峰的位置和相对强度与分子结构、离子化电位、样品所受压力及仪器结构有关。质谱表是用表格形式表示质谱数据。质谱数据库的工作站拥有 13 万张标准质谱图，通过人工解析质谱图也可以推断未知物的结构。

根据质谱图提供的信息可以进行多种有机物和无机物的定性、定量分析及结构测定。本实验利用质谱仪给出的质谱图分析未知有机化合物的结构。

【仪器、试剂】

1. 仪器

ZQA-403 分析质谱仪(电子轰击离子源)。

微量注射器(1 μL)。

2. 试剂

全氟三丁胺；待测样品($ClCH_2Br$)。

【实验步骤】

(1) 按操作规程使质谱仪正常工作，调节至下列实验条件：电子轰击离子源 EI 为 70 eV，发射电流 100 μA，离子源温度 180℃，磁场扫描范围 0～1.50%×10^{-5} T，扫速 8 s，扫描方式线性，电子倍增器电压 1.0～1.5 kV。

(2) 待真空度达到要求且仪器稳定后，进样 1 μL 标准化合物(全氟三丁胺)进行校正并调试仪器的灵敏度、分辨率、质量歧视等。

(3) 进样 1 μL 待测样品，记录质谱图。

(4) 对质谱图进行计算机解析。

【注意事项】

(1) 进样时针头垂直插入进样口以免弄弯。

(2) 严格按照质谱仪操作规程进行，以免损坏仪器。测试前要充分抽真空，保证结果的准确性和重现性。仪器未达到真空前禁止开机。

【数据记录与结果处理】

(1) 对实验中的质谱数据进行计算机检索。

(2) 人工解析质谱。

由实验得到未知物质谱数据如表 17-2 所示。

表 17-2　样品质谱图数据

m/z	49	130	128	51	93	79	81	95
相对强度	100	67	52	31	23	20	20	17

推测化合物的结构式：

a. 推测 128 可能为分子离子峰，130 可能为分子离子峰的同位素峰。

b. 由 *m/z* 93：*m/z* 95≈1：1，*m/z* 79：*m/z* 81≈1：1 推测还有一个 Br，93−79=14，相当于一个 CH_2。

c. 从 *m/z* 49：*m/z* 51≈3：1，128−93=35 接近 Cl 的相对原子质量，推测可能含有一个 Cl。

d. 推测分子结构式可能为 $BrCH_2Cl$，相对分子质量为 128。

e. 根据结构式解释各主要峰，说明推测合理性。

$$BrCH_2Cl \longrightarrow \cdot Br + CH_2{=}Cl^+ \qquad m/z=49$$

$$BrCH_2Cl \longrightarrow \cdot Cl + CH_2{=}Br^+ \qquad m/z=93$$

$$BrCH_2Cl \longrightarrow Br^+ + \cdot CH_2{-}Cl \qquad m/z=79$$

【思考题】

(1) 质谱仪的主要功能是什么?
(2) 不同的电离源之间是有差别的，电子轰击离子源主要用于何种样品的分析?
(3) 如何运用质谱图判定相对分子质量? 分子离子峰如何确定?

实验 17-2　GC-MS 检测邻二甲苯中的杂质苯和乙苯

【实验目的】

(1) 了解 GC-MS 的工作原理及分析条件。
(2) 学习使用 GC-MS 分离有机混合体系。
(3) 了解内标法定量检测的基本原理和操作方法。
(4) 学习 GC-MS 检测邻二甲苯中的杂质苯和乙苯的方法和操作。

【实验原理】

GC-MS 由气相色谱单元、接口、质谱单元、计算机四部分组成。气相色谱完成对混合样的分离，接口是样品组分的传输线和 GC、MS 两机工作流量或气压的匹配器，质谱是样品组分的鉴定器，计算机是整机的工作指挥器、数据处理器和分析结果输出器。

测定试样中的少量杂质和仅需测定试样中某些组分时，可以采用内标法。

内标法的原理是选取与被测物结构相似的化合物 A 作内标物，并称取一定量加入已知量的待测组分 B 中，质谱仪聚焦在待测组分 B 特征离子和内标物 A 的组分特征离子上。用待测组分 B 的峰面积与内标物 A 的峰面积的比值与它们的进样量之比作图，绘制校正曲线。在相同条件下测出试样中的这一比值，对照标准曲线即可求出试样中待测组分 B 的含量。内标法消除了进样量差别等因素造成的误差。内标物的选择原则是：①一定是试样中不存在的纯物质；②内标物的色谱峰应位于被测组分色谱峰的附近；③与被测组分有相似的物理化学性质；④加入的量与被测组分含量接近。在很难选择合适的内标物时，也可以采用同位素标记物作为内标物。

内标法定量结果准确，进样量及操作不需严格控制。

本实验选择甲苯作为内标物，测定邻二甲苯中杂质苯及乙苯的含量。

【仪器、试剂】

1. 仪器

ISQ7000/TRACE1300 型气相色谱-质谱联用仪。
容量瓶(10 mL)；微量注射器(1 μL)。

2. 试剂

苯(分析纯)；甲苯(分析纯)；乙苯(分析纯)；邻二甲苯(分析纯)；乙醚(分析纯)。

【实验步骤】

1. 标准溶液的配制

按表 17-3 配制标准溶液，分别置于 10 mL 容量瓶中，用乙醚稀释至刻度，摇匀备用。

表 17-3　标准溶液的配制

编号	苯/g	甲苯/g	乙苯/g	邻二甲苯/g
1	0.05	0.15	0.05	6.00
2	0.10	0.15	0.10	6.00
3	0.15	0.15	0.15	6.00
4	0.20	0.15	0.20	6.00
5	0.30	0.15	0.30	6.00

2. 未知样品溶液的配制

称取 6.00 g 样品，置于 10 mL 容量瓶中，加入 0.15 g 甲苯后用乙醚稀释至刻度，摇匀备用。

3. 实验条件的设置

开启 GC-MS，抽真空、检漏、设置实验条件。

GC 色谱柱：DB25 MS 30 m×0.25 mm×0.25 μm 石英毛细管柱；流动相：氮气，流量 15 mL · min^{-1}；进样口温度 80℃，柱初始温度 50℃，保持 2 min，梯度升温到 60℃，升温速率 5℃ · min^{-1}，最后在 60℃保持 2 min。

MS：发射电流 150 eV，离子源温度 200℃，电离方式 EI，电子能量 70 eV，扫描范围 20～250 amu。

4. 样品检测

依次分别吸取上述各标准溶液及未知样品溶液 1 μL 进样，记录色谱图。

在"Processing setup"程序设置窗口设立定量检测方法，将检测方式设定为内标法，并将甲苯设置为内标物。应用设置的定量检测方法对上述标准样品及未知样品重新运行序列，从定量窗口查看运行结果。

【注意事项】

(1) 微量注射器改换样品时要用待进样溶液洗涤 9～10 次。

(2) 内标物需合理选择。

【数据记录与结果处理】

(1) 记录实验条件。

(2) 测量待测组分与内标物峰面积，并将其比值列于表 17-4。

表 17-4　数据记录和实验结果处理

样品编号	苯/甲苯		乙苯/甲苯	
	m_i/m_s	A_i/A_s	m_i/m_s	A_i/A_s
样品 1				
样品 2				
样品 3				
样品 4				
样品 5				
未知样品				

(3) 绘制各组分的 A_i/A_s-m_i/m_s 的标准曲线。

(4) 根据未知样品的 A_i/A_s 值，在标准曲线上查出相应的 m_i/m_s。

(5) 依照式(17-8)计算样品中苯和乙苯的含量：

$$w = \frac{m_s}{m_{样品}} \times \frac{m_i}{m_x} \times 100\% \tag{17-8}$$

【思考题】

(1) 如何选取内标物?

(2) 与外标法相比，内标法具有什么优点?

(3) 用 GC-MS 定量分析与 GC 定量分析相比有什么相同和不同?

实验 17-3　GC-MS 测定空气中的有机污染物

【实验目的】

(1) 了解 GC-MS 的结构、工作原理及分析条件。

(2) 学习使用 GC-MS 分离空气中的有机污染物。

(3) 了解外标法定量检测的基本原理和操作方法。

(4) 掌握一种配制标准气体的方法。

(5) 了解 GC-MS 测定空气中的有机污染物的实验方法和操作。

【实验原理】

GC-MS 是定量测定痕量组分的方法。先选定待测物的质量范围，用单离子检测法或多离子检测法进行测定。气相色谱的作用是将混合物分离，纯的化合物依次进入高真空的质谱。

外标法定量：取一定浓度的外标物，对其特征离子进行扫描，记下离子峰面积，以峰面积对样品浓度绘制校正曲线。在相同条件下对未知样品进行分析，再根据校正曲线计算样品中待测组分的含量。外标法的误差较大 (在 10%以内)，是由样品处理和转移过程中的损失及仪器条件变化等因素造成的。

本实验使用 GC-MS 检测空气中的有机污染物苯。苯是化学实验室、化工厂常用有机溶剂，在空气中的最高允许浓度仅为 5 mg · m^{-3}。

【仪器、试剂】

1. 仪器

ISQ7000/TRACE1300 型气相色谱-质谱联用仪。

容量瓶(10 mL)；注射器(50 μL、100 μL、1 mL、100 mL)。

2. 试剂

苯(分析纯)；乙醚(分析纯)。

【实验步骤】

1. 0.01 mg · mL^{-1} 苯标准溶液的配制

用注射器吸取 11.3 μL(10 mg)苯，置于 10 mL 容量瓶中，用乙醚稀释至刻度，摇匀。吸取此溶液 100 μL 置于另一 10 mL 容量瓶中，用乙醚稀释至刻度，摇匀静置。

2. 实验条件的设置

开启 GC-MS，抽真空、检漏、设置实验条件。

GC 色谱柱：HP-5 石英毛细管色谱柱 30 m× 0.25 mm×0.25 μm；进样口温度 60℃，柱初始温度 40℃，保持 1 min，梯度升温到 50℃，升温速率 10℃ · min^{-1}，最后在 50℃保持 1 min。

MS：发射电流 150 eV，离子源温度 200℃，电离方式 EI，电子能量 70 eV，扫描范围 15～250 amu。

3. 空气样品中苯的测定

1) 标准曲线外标定量法

在 100 mL 注射器中放置一个直径 2 cm 的锡箔，吸取洁净空气约 10 mL，在注射器口套一个胶皮帽。用一个 100 μL 微量注射器吸取上述苯的标准溶液 10 μL，从胶皮帽处注入 100 mL 注射器中。抽动注射器活塞使管内形成负压，从而让注入的液体迅速气化，将针筒倒立，去掉胶皮帽，抽取洁净空气至 100 mL，再套好胶皮帽，反复摇动针筒使其混合均匀，此时注射器内空气中苯的含量为 1 mg · m^{-3}。重复上述操作，配制一系列混合标准气体，其中苯的含量分别为：0 mg · m^{-3}、1 mg · m^{-3}、2 mg · m^{-3}、4 mg · m^{-3}、6 mg · m^{-3}、8 mg · m^{-3}、10 mg · m^{-3}。依次分别吸取上述各标准气体 1 mL 进样，记录色谱、质谱图。每做完一种气体后需用后一种气体抽洗注射器 9～10 次。

用 100 mL 注射器抽动空气 3～5 次后，现场收取 100 mL 空气并迅速在注射器口套一个胶皮帽。

依次吸取上述标准气体及待测气体 1 mL 进样，记录 GC-MS 图。

在“Processing setup”程序设置窗口设立定量检测条件，设定检测方法为外标法。应用设置的定量检测方法对上述标准样品及未知样品重新运行序列，从定量窗口查看运行结果。

2) 定点计算外标定量法

除使用 1)的标准曲线外标定量法外，也可用定点计算外标定量法。

只使用一种标准气体，基本操作与 1)步骤基本相同，但要保证标准气体与样品气体的峰高相近。

【注意事项】

(1) 气体的采样要注意容器器壁的吸附作用，可以利用样品性质对器壁进行适当处理。
(2) 注射器改换气体时注意用待测气体彻底抽洗。
(3) 实验结果的处理采用标准曲线外标定量法和定点计算外标定量法两种方法。

【数据记录与结果处理】

采用两种方法定量，比较两种方法的结果。

1. 标准曲线外标定量法

将标准样品中苯的浓度及相应峰的面积列于表 17-5。

表 17-5　标准样品中苯的浓度及相应峰的面积

样品编号	苯的浓度 $c/(\mathrm{mg \cdot m^{-3}})$	峰面积
空白	0	A_0
标样 1	1	A_1
标样 2	2	A_2
标样 3	4	A_3
标样 4	6	A_4
标样 5	8	A_5
标样 6	10	A_6
未知样品	c_s	A_s

根据表中数据绘制苯的浓度 c-峰面积 A 的标准曲线，并根据未知样中苯的峰面积 A_s，在标准曲线中查出相应的 c_s 值。

采用标准曲线外标定量法时，应尽量使样品气体中待测组分的含量处于标准序列的内部。

2. 定点计算外标定量法

标准气体中苯的浓度：

$$c_{标}/(\mathrm{mg \cdot m^{-3}})=\frac{V\times 0.01}{10}\times 10^{-3}$$

式中，V 为配制标准气体时加入的苯的标准溶液体积(μL)。

样品中苯的含量：

$$c_{样}/(\mathrm{mg \cdot m^{-3}})=\frac{A_{样}}{A_{标}}\times c_{标}$$

式中，$A_{样}$ 为样品中苯的峰面积($\mathrm{mm^2}$)；$A_{标}$ 为标准气体中苯的峰面积($\mathrm{mm^2}$)。

采用定点计算外标定量法时，应尽量使标准气体与样品的峰高近似。

【思考题】

(1) 进样量过大或过小对质谱有什么影响?
(2) 外标定量分析有哪些误差?
(3) 为什么色谱-质谱联用仪是分析未知有机化合物的有力手段?

实验 17-4　HPLC-MS 测定人体血浆中的扑热息痛含量

【实验目的】

(1) 学习高效液相色谱-质谱联用仪的结构、工作原理和使用方法。
(2) 了解 HPLC-MS 的特点和应用。
(3) 学习图谱的分析和数据处理方法。
(4) 学习使用 HPLC-MS 测定人体血浆中的扑热息痛含量的方法。

【实验原理】

高效液相色谱灵敏、专属，质谱能提供相对分子质量和结构信息，高效液相色谱-质谱联用可实现对多个化合物的同时分析，并能识别痕量样品。但 HPLC-MS 比 GC-MS 困难得多，HPLC 作为液相分离技术，流动相是液体，如果流动相直接进入在真空条件下工作的质谱，将严重破坏质谱真空系统。

HPLC-MS 联用技术的关键在于二者接口的基本功能是去溶剂化和离子化。在采用大气压电离技术后，HPLC-MS 发展成为常规应用的分离分析方法。大气压电离是在大气压下将溶液中的离子或分子转变成气态离子，有电喷雾电离(ESI)和大气压化学电离(APCI)两种模式。ESI 接口属于“软”电离技术，只产生高强度的准分子离子峰，无碎片离子峰，可直接测定分析混合物和不稳定的极性化合物。APCI 接口技术只产生单电荷的准分子离子峰，适用于弱极性的小分子化合物的分析。

HPLC-MS 中液相色谱流动相的流量要达到每分钟几毫升，流动相的种类要固定并可以进行梯度洗脱。质谱仪不能测定体系之外的物质污染，能使用通常的几种离子化方法。

扑热息痛常用于治疗感冒和发热，健康人体在口服扑热息痛 15 min 后，扑热息痛进入血液，1～2 h 后扑热息痛在人体血液中的浓度达到最大值。使用 HPLC 测定血液中扑热息痛的浓度，可以研究药物在人体内的代谢过程。本实验采用扑热息痛纯品进行定量分析，以测定的扑热息痛系列标准样品的峰面积与对应的浓度绘制标准曲线，最后由标准曲线测定待测血浆中扑热息痛的浓度。

【仪器、试剂】

1. 仪器

API3000 高效液相色谱-质谱联用仪；高速离心机；离心管(10 mL)。
微量注射器(50 μL、100 μL、500 μL)。

2. 试剂

健康人体血浆；扑热息痛(纯度＞99.9%)；三氯乙酸(分析纯)；甲醇(分析纯)；乙腈(色谱纯)。

【实验步骤】

(1) 启动 HPLC-MS。

(2) 样品标准溶液的配制。

取健康人体血浆 0.5 mL 于 5 个 10 mL 离心管中，分别加入扑热息痛使其浓度分别为：0.50 $\mu g \cdot mL^{-1}$、1.00 $\mu g \cdot mL^{-1}$、2.00 $\mu g \cdot mL^{-1}$、5.00 $\mu g \cdot mL^{-1}$、10.0 $\mu g \cdot mL^{-1}$，再加入 20%三氯乙酸-甲醇溶液 0.25 mL，振荡 1 min，离心 5 min。

(3) 实验条件的设置。

开启 HPLC-MS，抽真空、检漏、设置实验条件。

液相色谱柱 Econosphere C18(3 μm)，10 cm×4.6 mm；流动相水：乙腈=90：10，流速 1 $mL \cdot min^{-1}$；检测器工作波长 254 nm；检测器灵敏度 0.05 AUFS；柱温 30℃。

质谱 EI 离子源，离子源温度 230℃，电离能量 70 eV；四极杆质量分析器温度 150℃，扫描范围 15～250 amu。

(4) 取离心后的上清液 20 μL 注入液相色谱仪中，除空白血浆离心液外，每个浓度需进样三次。

(5) 取未知血浆 0.50 mL，依照实验步骤(3)和(4)操作。

【注意事项】

(1) 准确称取扑热息痛，正确使用容量瓶，浓度的准确直接关系到实验的准确性。

(2) 使用微量注射器时，避免抽入气泡，将干燥并用样品液吸洗 9～10 次的微量注射器插入样品液面下，反复提拉数次驱除气泡，然后缓慢提升至针芯刻度。每次换样实验结束后用去离子水彻底清洗微量注射器，以防污染和生锈。

(3) 离心后的血样不要振荡。

(4) 基线稳定要在 30 min 以上。

【数据记录与结果处理】

(1) 计算线性回归方程。

(2) 由测定的系列标准样品的峰面积与对应的浓度绘制标准曲线。

(3) 由样品测定的结果，在标准曲线上查出未知血浆中扑热息痛的浓度。

【思考题】

(1) HPLC-MS 的特点有哪些？HPLC-MS 联机技术的关键是什么？

(2) HPLC-MS 仪器操作的步骤和操作要点是什么？

(3) 为什么要做空白血样分析？

(4) 本实验使用了标准曲线定量法，是否还有其他定量方法？

附录 17-1 ISQ7000/TRACE1300 气相色谱-质谱联用仪操作说明

1. 开机

(1) 打开氦气钢瓶，将分压表调到 0.6～0.8 MPa。
(2) 打开质谱仪电源开关。
(3) 打开气相色谱仪电源开关。
(4) 打开计算机。

2. 仪器准备

1) 启动仪器建立连接
(1) 右键单击 Windows 任务栏通知区域中的“Chromeleon”图标。
(2) 单击启动 Chromeleon 仪器控制器，建立连接。
2) 启动真空
(1) 打开 ISQDashboard 软件，启动真空控制。仪器抽真空，保存。
(2) 真空度小于 80 mTorr 时，可进行调谐。
(3) 打开“Air&Water/Tune”选项，检查是否漏气。打开灯丝，如果两倍 18 峰高于 28 峰，表示系统不漏气，关闭灯丝。
3) 仪器调谐
在 ISQDashboard 软件中，打开“Auto Tune Options”选项，进行自动调谐，生成报告，保存。

3. 采集数据

双击计算机桌面的“Chromeleon7”图标，打开软件。
1) 创建仪器方法
(1) 在 Chromeleon Console 的仪器类别中，选择想要为其创建仪器方法的仪器。
(2) 在创建菜单中，单击仪器方法。
(3) 完成所有向导步骤，然后单击完成。
2) 创建序列
(1) 在 Chromeleon Console 的仪器类别中，选择想要为其创建序列的仪器。
(2) 在创建菜单中，单击序列。
(3) 完成进样的配置设置。
(4) 单击下一步。
(5) 选择方法和报告参数。
(6) 输入序列的注释(可选)，然后单击完成。
(7) 保存序列对话框将打开，指定保存序列的位置，输入文件名称，保存。
3) 启动分析
(1) 在 Chromeleon Console 软件中，选择数据类别。
(2) 在导航窗格中，选择要运行的序列。

(3) 单击进样列表上方序列控制栏中的“开始”按钮，将序列添加到队列中运行序列。

4. 关机

在 ISQDashboard 软件中，点击自动关机，仪器自动降温，当离子源温度降到 100℃以下时，自动停泵，排掉真空，此时可依次关闭 GC、MS 和计算机的电源。

第 18 章　X 射线衍射分析法

18.1　X 射线衍射的基本原理

X 射线是一种本质与可见光完全相同的短波电磁波或电磁辐射。X 射线是由高速带电粒子与物质原子中的内层电子作用而产生的，释放出来的能量以 X 射线的形式发射出来称为 X 荧光。它是一种光致发光效应。X 射线能量大，波长短，穿透物质的能力强。X 射线的波长范围为 0.01～100 Å(1 Å=10^{-10}m)，介于 γ 射线和紫外线之间(图 18-1)。

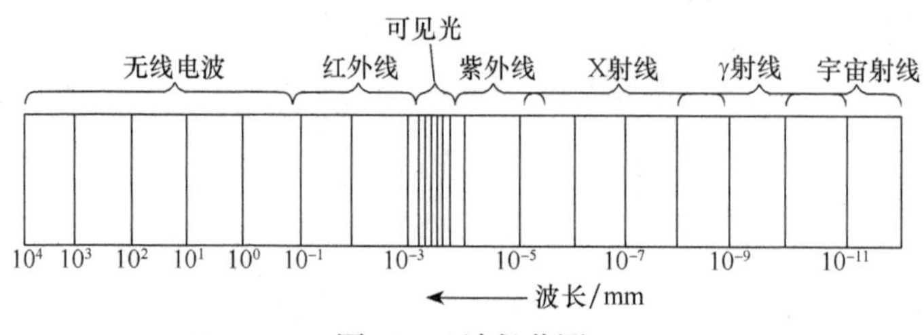

图 18-1　波长范围

X 射线具有波粒二象性。其波动性表现在有一定的频率和波长，反映物质的连续性，现象表现为晶体衍射。其粒子性表现在由大量不连续的具有一定能量光子的粒子流构成，反映物质运动的分立性，现象表现为光电效应和荧光辐射。

X 射线产生光电效应和荧光辐射的条件与频率和波长有关，但与强度和照射时间无关。X 射线的频率ν、波长λ及其光子的能量ε、动量 P 之间存在如下关系：

$$\varepsilon = h\frac{c}{\lambda} \tag{18-1}$$

$$P = \frac{h}{\lambda} \tag{18-2}$$

式中，λ为波长；h 为普朗克常量，h=6.626×10^{-34} J · s；c 为 X 射线的速度，c=2.998× 10^8 m · s^{-1}。

特征 X 射线是元素固有的，与元素的原子序数有关。1914 年，莫塞莱(Moseley)总结了特征 X 射线与靶材原子结构之间的关系：

$$\sqrt{\frac{1}{\lambda}} = K(Z-\sigma) \quad 或 \quad \sqrt{\tilde{\nu}}=K(Z-\sigma) \tag{18-3}$$

式中，K 为与靶中主元素有关的常数；Z 为原子序数；σ为屏蔽常数，与电子所在的壳层有关。式(18-3)表明，在一定条件下，即样品表面光滑、组成均匀、元素间无相互激发时，荧光 X 射线强度与分析元素含量之间存在线性关系。利用 X 射线管发射的一次 X 射线照射试样，试样的各元素被激发，辐射出各自的特征 X 射线(荧光 X 射线)。这些特征 X 射线经准直器准直投射到分光晶体表面，依据布拉格(Bragg)方程 $n\lambda=2d\sin\theta$产生衍射，按波长顺序排列成光谱(图 18-2)。

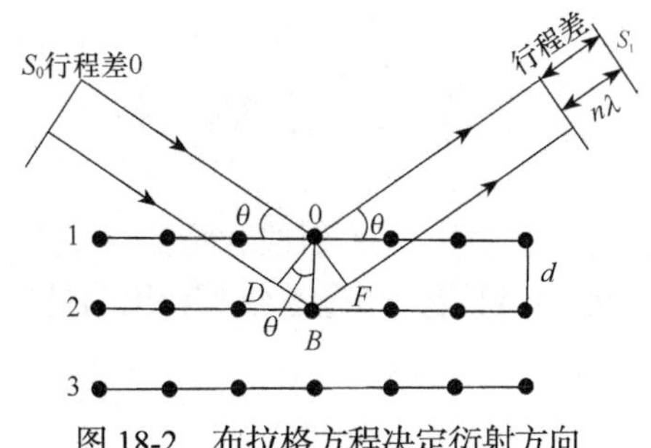

图 18-2　布拉格方程决定衍射方向

布拉格方程决定衍射方向。检测器在不同衍射角度 2θ上检测，转变为脉冲信号，电路将其放大，经计算机处理后输出。得到的元素特征波长可进行定性分析，谱线强度可以进行定量分析。已知晶体的 d 值，通过测量θ，应用布拉格方程可以求特征 X 射线的λ，并通过λ判断产生特征 X 射线的元素。这主要应用于 X 射线荧光光谱仪和电子探针中。 还可以已知入射 X 射线的波长，通过测量θ，应用布拉格方程求面网间距，再测定晶体结构或进行物相分析。

X 射线的产生目前最常用的方式是通过高速运动的电子流轰击金属靶，使快速移动的电子或离子骤然停止运动，电子的动能可部分转变成 X 光能，即辐射出 X 射线。有些特殊的研究工作也用同步辐射 X 射线源。高速运动的电子与物体碰撞时，发生能量转换，电子的运动受阻失去动能，其中 1%左右的能量转变为 X 射线，而 99%左右的能量转变成热能使物体温度升高。

18.2　X 射线管的结构

X 射线管的结构如图 18-3 所示。

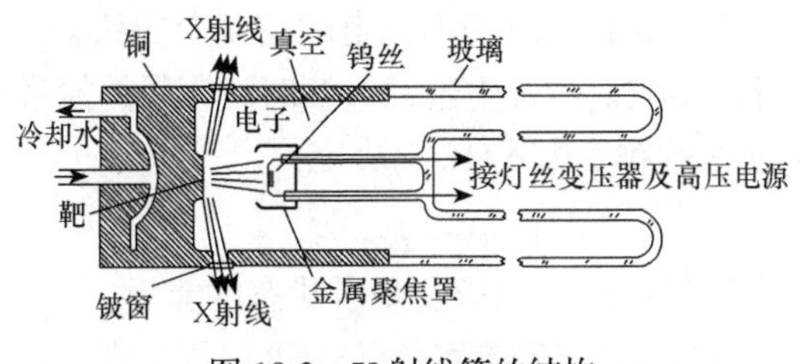

图 18-3　X 射线管的结构

阴极：一般用钨丝做成，用于产生大量的电子。

阳极：又称靶，阳极使电子突然减速并发射 X 射线。通常由 Cr、Fe、Co、Ni、Cu、Mo、Ag 或 W 等纯金属制成，不同金属制成的靶产生的 X 射线不同。

冷却系统：当电子束轰击阳极靶时，其中只有 1%的能量转换为 X 射线，其余 99%均转变为热能。

焦点：是指阳极靶面被电子束轰击的面积。

窗口：是 X 射线射出的通道。窗口一般用对 X 射线穿透性好的轻金属密封，以维持管内高真空，要求对 X 射线吸收较少，常用金属铍、含铍玻璃或薄云母片。一般 X 射线管有四个窗口，分别从它们中射出一对线状和一对点状 X 射线束。

18.3　X 射 线 谱

当高速电子束轰击金属靶时，产生连续 X 射线和特征 X 射线两种不同的 X 射线。它们的性质、产生的机理和用途都不同。X 射线荧光光谱分析利用的是连续 X 射线，X 射线衍射分析利用的是特征 X 射线。

18.3.1　连续 X 射线

从 X 射线管中发出的 X 射线包含许多不同波长的 X 射线，不是单一波长单色的光。这些波长构成连续的光谱，且是从某一最小值开始的一系列连续波长的辐射。它与可见光中的白光相似，也称连续 X 射线或白色 X 射线。

连续 X 射线光谱是由于快速移动的电子在靶面突然停止而产生的。每个电子突然停下来将它的动能的一部分变为热能，另一部分变为一个或几个 X 射线量子。电子的动能转变为 X 射线能量有多有少，因此所释放出的 X 射线的频率不同。由此产生的 X 射线谱是连续的，但是有一个最短波长的极限，这相当于某些电子把其全部的能量转变为 X 射线能量时频率最高的情况。

连续 X 射线的总强度 I 与管电流 i、管电压 V、阳极靶的原子序数 Z 存在以下量化关系：

$$I = k_1 iZV^m \tag{18-4}$$

18.3.2　特征 X 射线

特征 X 射线光谱产生是由阴极飞驰来的电子与阳极的原子作用时，把其能量传给这些原子中的电子，再把这些电子激发到更高能级上，打到外层甚至原子外面，使原子电离，从而在原子的内电子层中留有空穴。原子此时过渡到不稳定的受刺激的状态，其寿命不超过 10^{-3} s，外层的电子立即落到内层填补此空穴。当发生这种过渡时，原子的能量重新减少，多余的能量就作为 X 射线发射出来。X 射线的频率由式(18-5)决定：

$$h\nu = E_2 - E_1 \tag{18-5}$$

式中，E_1 为原子的正常状态能量；E_2 为原子受刺激状态的能量。

当 K 层电子被激发，所有外层电子都有可能跃迁回 K 层空穴，辐射出 K 系特征的 X 射线。L 层电子跃迁到 K 层辐射的 X 射线称为 K_α 射线，M 层电子跃迁到 K 层辐射的 X 射线称为 K_β 射线，N 层电子跃迁到 K 层辐射的 X 射线称为 K_γ 射线。K_α 射线是常用射线，Cu 为常用阳极靶材。

18.4　X 射线与物质相互作用

X 射线与物质相互作用时，一部分被散射，一部分被吸收，一部分透过物质继续沿原来的方向传播。

18.4.1　散射

散射部分包括相干散射和非相干散射。当入射 X 射线光子与原子中束缚较紧的电子发生弹性碰撞时，X 射线光子的能量不足以使电子摆脱束缚，电子的散射线波长与入射线波长相同，有确定的相位关系。这种散射称为相干散射。当入射 X 射线光子与原子中束缚较弱的电子如外层电子发生非弹性碰撞时，光子消耗一部分能量作为电子的动能，电子被撞出原子之外，同时发出波长变长、能量降低的非相干散射。

18.4.2　物质对 X 射线的吸收的光电效应和俄歇效应

物质对 X 射线的吸收主要是由原子内部的电子跃迁而引起的，这个过程中发生 X 射线的光电效应和俄歇(Auger)效应。当用 X 射线轰击物质时，若 X 射线的能量大于物质原子对其内层电子的束缚力，入射 X 射线光子的能量就会被吸收，从而导致其内层电子(如 K 层电子)被激发，并使高能级上的电子产生跃迁，发射新的特征 X 射线，称为光电效应。1925 年，俄歇发现当高能级电子向低能级跃迁时，能量被周围某个壳层上的电子所吸收，并促使该电子受激发逸出原子成为二次电子(也称俄歇电子)，称为俄歇效应。

18.5　获得晶体衍射花样的三种基本方法

18.5.1　劳埃法

劳埃法也称固定单晶法。用连续 X 射线谱作为入射光源，单晶固定不动，入射线与各衍射面的夹角也固定不动，靠衍射面选择不同波长的 X 射线来满足布拉格方程。产生的衍射线表示了各衍射面的方位，能够反映晶体的取向和对称性。劳埃法主要用于分析晶体的对称性和进行晶体定向。

18.5.2　旋转单晶法

旋转单晶法是用单色 X 射线照射单晶体，并且使晶体不断地旋转。固定 X 射线的波长，不断改变θ角，使某些面网在一定的角度时满足布拉格方程，从而产生衍射。旋转晶体法主要用于研究晶体结构。

18.5.3　粉末法

粉末法是通过单色 X 射线照射多晶体样品，入射 X 射线波长固定。通过无数取向不同的晶粒来获得满足布拉格方程的θ角。当波长一定的 X 射线照射多晶体样品时，由于样品中有无数个晶体，每个晶体的取向不同，可以找到一些颗粒中的某个面网，它与 X 射线的夹角恰好满足布拉格方程，从而产生衍射。粉末法是 X 射线衍射分析中最常用的方法，用于物相分析和点阵参数的测定。

18.6　X 射线衍射分析的应用

X 射线衍射分析可以进行物相分析、物相定量分析、晶胞参数的精确测定、晶粒尺寸和点阵畸变的测定、介孔材料和长周期材料的低角度区衍射，薄膜的物相鉴定及取向测定(X 射线掠入射法)和薄膜的反射率、厚度、密度及界面粗糙度测定(X 射线反射法)。

18.6.1　物相分析

X 射线晶体照射到晶体所产生的衍射具有一定的特征，可用衍射线的方向及强度表征，根据衍射特征来鉴定晶体物相的方法称为物相分析法。

任何结晶物质都有其特定的化学组成和结构参数，包括点阵类型、晶胞大小、晶胞中质点的数目及坐标等。当 X 射线通过晶体时，产生特定的衍射图形，对应一系列特定的面间距 d 和相对强度 I/I_1 值。其中，d 与晶胞形状及大小有关，I/I_1 与质点的种类及位置有关。因此，任何一种结晶物质的衍射数据 d 和 I/I_1 都是其晶体结构的必然反映。

晶体的 X 射线衍射图像实质上是晶体微观结构的一种精细复杂的变换，每种晶体的结构与其 X 射线衍射图之间都一一对应，其特征 X 射线衍射图谱不会因为其他物质混聚在一起而产生变化，这就是 X 射线衍射物相分析方法的依据。

晶体的 X 射线衍射图像可以分析以下情况：

(1) 晶态、半晶态或非晶态的结晶状态。

(2) 多晶 Si 的 X 射线衍射图谱可以对单物相定性分析。目前常用衍射仪法得到衍射图谱，用粉末衍射标准联合会(JCPDS)负责编辑出版的粉末衍射卡片(PDF 卡片)进行物相分析对照。另外还有粉末衍射卡片集索引可做查找。

(3) 多相混合物的定性分析。晶体结构决定其 X 射线的衍射效应，不同种类的晶体将给出不同的衍射花样。如果一个样品内包含了几种不同的物相，则各个物相仍然保持各自特征的衍射花样不变。整个样品的衍射花样则相当于它们的叠合。除非两物相衍射线刚好重叠在一起，否则二者之间一般不会产生干扰。这就为鉴别这些混合物样品中的各个物相提供了可能。关键是如何将这几套衍射线分开。当样品中的相数多于 3 个时将很难鉴别。

18.6.2 物相定量分析

物相定量分析是基于待测相的衍射峰强度与其含量成正比。X 射线衍射定量分析方法有直接法、内标法、外标法、增量法、无标定量法和 K 值法等。衍射强度的测量用积分强度或峰高法。X 射线衍射定量分析的优势在于它能够给出相同元素不同成分的含量，这是一般化学分析不能做到的。

粉末 X 射线衍射仪使得强度测量既方便又准确，如 X 射线衍射比金相法、钢中残余奥氏体的测定和磁性法。

18.6.3 晶胞参数的精确测定

晶胞参数也称点阵参数，即 a、b、c、α、β、γ，是晶体的重要基本参数。一种结晶物相在一定条件下具有一定的点阵参数，温度、压力、化学剂量比、固溶体的组分和晶体中杂质含量变化都会引起晶胞参数变化。但这种变化很小，约为 10^{-5} nm 数量级。

X 射线衍射法可以精确测定晶胞参数。晶胞参数可用于研究物质的热膨胀系数、固相溶解度曲线、固溶体类型含量、化学热处理层的分析、宏观应力、过饱和固溶体分解过程等。晶胞参数测定中的精确度涉及两个独立的问题，即波长精度和布拉格角测量精度。知道每条反射线的米勒指数后就可以根据不同的晶系用相应的公式计算晶胞参数。

面网间距测量的精度随 θ 角的增加而增加，θ 越大得到的晶胞参数值越精确，因而晶胞参数测定时应选用高角度衍射线。误差一般采用图解外推法和最小二乘法消除，晶胞参数测定的精确度极限处在 1×10^{-5} nm 附近。将面网间距 d 和晶胞参数 a 的关系代入公式 $n\lambda=2d\sin\theta$ 和

$d=\dfrac{a}{\sqrt{h^2+k^2+l^2}}$ 中，可得

$$\sin^2\theta = \left(\frac{\lambda}{2a}\right)^2 (h^2 + k^2 + l^2) \tag{18-6}$$

例如，Cu($K_{\alpha 1}$)射线(λ=1.5405 Å)照射样品，选取 θ=81.17°的衍射线(3，3，3)，求 Al 的晶胞参数：

$$a = \frac{\lambda}{2\sin\theta}\sqrt{h^2 + k^2 + l^2} = \frac{1.5405}{2\sin 81.17^\circ} \times \sqrt{3^2 + 3^2 + 3^2} = 4.0490(\text{Å})$$

18.6.4　晶粒尺寸和点阵畸变的测定

晶粒尺寸是材料形态结构的指标。材料中晶粒尺寸小于 10 nm 时，将导致多晶衍射实验的衍射峰显著增宽。根据这种增宽可以测定晶粒尺寸。多晶材料中晶粒数目众多，形状不规则，衍射法测得的晶粒尺寸是大量晶粒个别尺寸的统计平均。个别尺寸是指各晶粒在规定的某一面网族的法线方向上的线性尺寸。对应不同面网族，同一样品会有不同的晶粒尺寸，故要明确所得尺寸对应的面网族。在不考虑晶体点阵畸变的影响条件下，无应力微晶尺寸可以由谢乐(Scherrer)公式计算：

$$D = \frac{K\lambda}{B\cos\theta} \tag{18-7}$$

式中，D 为晶粒垂直于晶面方向的平均厚度(nm)；K 为谢乐常数；λ 为单色入射 X 射线波长(nm)；θ 为衍射角；B 为衍射峰的半高宽，在计算过程中需转化为弧度(rad)。当 B 为峰的半高宽时，K=0.89；当 B 为峰的积分宽度时，K=0.94。

理想结晶粉末 X 射线衍射图谱中的衍射峰是一条直线，但实际 X 射线衍射图谱的每一衍射峰都具有一定的宽度。仪器的原因造成峰的宽化和粉末微晶产生宽化。晶粒尺寸 D(限 1～100 nm)与衍射线宽度 B_{struct} 满足谢乐公式：

$$D = \frac{K\lambda}{B_{\text{struct}}\cos\theta_{hkl}} = \frac{K\lambda}{(B_{\text{obs}} - B_{\text{std}})\cos\theta_{hkl}} \tag{18-8}$$

式中，λ为 X 射线波长；θ_{hkl}为(hkl)衍射线的θ角，指由微晶产生的峰宽化大小，单位为弧度；B_{obs}为实测谱图中峰的宽度；B_{std}为仪器产生的宽化；K 为常数，与谢乐公式的推导方法及 B_{struct} 的定义有关，K 值一般取 0.89。

18.6.5　介孔材料和长周期材料的低角度区衍射

有序介孔材料是介孔在材料中按一定周期有序排列，其介孔排列的周期为 3～9 nm，即相应的 X 射线衍射峰位置应出现在低角度区(2θ<3°)。对于经复合或插层后的长周期层状结构材料，相应的 X 射线衍射峰位置会偏移到低角度区。因此，调整仪器工作条件，减小入射 X 射线的线宽可对此类材料的结构进行测定。

18.6.6　薄膜的物相鉴定及取向测定

X 射线掠入射技术是将入射 X 射线以与样品表面近于平行的方式入射，其夹角仅 1°左右。这样，入射 X 射线束与样品表面的作用面积很大，增大了参与衍射的薄膜的体积，使表面信号的比例增加，从而得到样品表面不同深度处的结构信息。

18.6.7　薄膜的反射率、厚度、密度及界面粗糙度测定

X 射线反射法是一种无损伤深度分析，具有极好的深度分辨率，能高精度测定薄膜厚度，

可以测定单晶硅片上无机或有机膜层的厚度、密度和界面粗糙度。反射花样取决于入射角度、X 射线的波长，还取决于膜的厚度和周期性。

实验 18-1　X 射线粉末衍射法测定未知晶体结构

【实验目的】

(1) 了解 X 射线粉末衍射法的原理，学习实验方法。

(2) 学习利用 X 射线衍射图谱进行物相分析，学习使用索引和 ASTM 粉末衍射卡片。

【实验原理】

单色 X 射线照射到粉末晶体或多晶样品上，所得到的衍射图称为粉末图，应用粉末图解决有关晶体结构问题的方法称为粉末法。粉末样品中含有各个方向的晶体颗粒，这给分析衍射图像带来困难。规律性的衍射图谱能够表征晶格的基本性质，衍射线条出现的方向由布拉格方程判断。当 X 射线与晶面所呈的入射角为θ时，该晶面平行晶体内的原子排列面的反射受到干涉，只有符合布拉格方程所规定的入射角θ的方向才能看到 X 射线衍射。

不同物质种类决定晶体内原子的排列不相同，衍射特征也不同，衍射线的位置仅与原子排列周期有关。衍射强度取决于原子种类、数量和相对位置。辨别物相晶体结构就依据衍射线的位置和衍射强度，在衍射图谱上表现为衍射峰的位置和衍射峰的峰高。利用 X 射线衍射仪可以直接测定并记录晶体所产生衍射线的方向角度θ和强度 I。

实验中，计算出待鉴定样品的衍射图谱上的各种衍射峰的 d 值和 I 值，查对美国材料与试验协会(ASTM)制定的粉末衍射卡片，可以获得其化学式及有关结晶学数据。

【仪器、试剂】

1. 仪器

XRD 6000 X 射线衍射仪；玛瑙研钵；样品板。

2. 试剂

待测样品。

【实验步骤】

1. 样品准备

在玛瑙研钵中将样品研细，将干燥样品板有孔面朝上放在玻璃板上，粉末加到样品板孔中，略高于样品板，另用一玻璃片将样品压平、压实，除去多余样品。对准中线将样品板插入衍射仪的样台上。

2. X 射线衍射仪操作条件

Cu 为靶材产生 K_α辐射源。管电压为 35 V。管电流为 20 mA。限制狭缝为 1°，发射狭缝为 1°，接受狭缝为 0.3。扫描速度为 $4° \cdot min^{-1}$。时间常数为 0.1×2。记录纸速度为 $40\ mm \cdot min^{-1}$。分析范围为 5° ～35° 。

3. X 射线衍射仪操作步骤

(1) 迅速合上闸刀，调节冷却水箱 BV 阀，令水压为 2.5～3 kg · cm^{-1}。

(2) 开启计算机，在仪器硬件自检结束后，进入桌面“XRD 6000”系统，将待测样放置在测试架上。

(3) 点击桌面“Display & Setup”，点击“Close”测角仪归零，再点击“OK”。

(4) 点击“Right Gonio Condition”，双击空白处，出现“Standard Condition Edit”对话框，设定角度范围、扫描步长、扫描速度、管电流、管电压等实验条件。给样品取名。点击“Right Gonio Analysis”。

(5) 点击“Append”、“Start”，进入“Right Gonio Analysis”画面，点击“Start”，仪器开始测试。

(6) 点击“Basic Process”进行数据处理，得到 2θ、d 值、半峰宽、强度数值等数据。

(7) 打印报告。

【数据记录与结果处理】

(1) 对每个衍射峰的 2θ 值求出对应的间距 d 值，并按其相对强度 I/I_0 的大小列表。

(2) 根据实验结果，查索引和 ASTM 粉末衍射卡片对照，进行物相分析并确定未知样品结构。

(3) X 射线具有强大能量、强穿透性，对人体有害。肉眼看不见 X 射线，人体被 X 射线照射后没有任何感觉，所以操作者必须非常小心。

【思考题】

(1) 用衍射图鉴定物相的理论依据是什么?

(2) 实验中，如何得到一张良好的衍射图?

实验 18-2　X 射线荧光光谱法——定性分析

【实验目的】

(1) 了解 X 射线粉末衍射法的原理，熟悉 X 射线荧光光谱仪的操作步骤。

(2) 了解 X 射线荧光光谱法的应用。

(3) 学习利用衍射图谱进行物质的物象分析，学习使用索引和卡片。

【实验原理】

原子内层电子在 X 射线的照射下被逐出形成空穴，次内层电子跃入该空穴，释放的能量以 X 射线形式发射出来，称为 X 荧光。X 射线是光致发光。根据莫塞莱定律[式(18-3)]，不同元素有不同的荧光波长，发射的 X 射线荧光强度与元素的含量成正比。X 射线荧光光谱法是一种成分分析法，可以测定 ^{9}F～^{92}U 之间的元素，测定范围 10^{-6}～10^{-1} g，精密度可达到 0.01%。

【仪器、试剂】

1. 仪器

波长色散形 X 射线荧光光谱仪；玛瑙研钵。

2. 试剂

待测样品。

【实验步骤】

(1) 设置实验条件。

a. 铑靶 X 射线管。

b. X 射线额定电压 40～60 kV。

c. X 射线的光路、分光晶体、检测器的选择见表 18-1。

表 18-1　X 射线的光路、分光晶体、检测器的选择

定性元素	分光晶体	检测器	光路
^{22}Ti～^{92}U	LiF	S.C	真空(空气)
^{11}Na，^{9}F	TAP	P.C	真空
^{12}Mg	ADP	P.C	真空
^{13}Al～^{22}Ti	PET、EDDT	P.C	真空

注：TAP 为邻苯二甲酸氢铊；ADP 为磷酸二氢铵；PET 为异戊四醇；EDDT 为右旋酒石酸乙二胺。S.C 为闪烁计数器，P. C 为气流正比计数器。

d. 波高分析器的基线调整至 1 V 左右，波高窗口调整为 2 V 左右。

e. 扫描范围与扫描速度见表 18-2。

表 18-2　扫描范围与扫描速度

元素	测角仪速度/(°·min^{-1})	记录仪纸速/(cm·min^{-1})	扫描范围
重元素 ^{22}Ti～^{92}U	4	4	10°～90°
轻元素 ^{13}Al～^{22}Ti	4	2	35°～145°
主成分	4	4	−2°～+2°
重元素　痕量	1～1/4	1～1/4	−2°～+2°
主成分	4	2	−3°～+3°
轻元素　痕量	1～1/4	1/2～1/4	−3°～+3°

(2) 启动去离子水冷却系统。

(3) 启动高压电源，电流、电压挡交替上升，每档启动后应稍停 0.5～1 min，待电压和电流升到额定数值。

(4) 小心调节气流正比计数器的气体流量，避免突然增大气流量，过大气流量可能导致窗口破裂。

(5) 将试样置入样品室后，立即关闭样品室。

(6) 从开机到恒温需 4 h。

(7) 启动仪器扫描开关，绘制 2θ 与 I(光强计数)的 X 射线荧光光谱图。

(8) 关闭仪器。关闭高压时需逐步减小电流和电压直至为 0。待高压电源关闭后，冷却水继续运行 15 min。

【数据记录与结果处理】

(1) 利用 2θ 与 I 谱线表识别谱线。首先将靶材元素的谱线从谱图上标出。识别每条谱线，记录相应元素。

(2) 观察谱线强度以区别干扰线。

(3) 如果某元素的几条特征 X 射线荧光谱线都已经出现，强度关系也正常，则判断有该元素。

【思考题】

(1) 什么是连续 X 射线和特征 X 射线?

(2) X 射线与物质相互作用有哪三种情形？解释相干散射、非相干散射两个概念。

附录 18-1　X 射线衍射仪操作说明

1. 实验条件的选择

1) X 射线管靶材料的选择

用于粉末晶体衍射所用射线波长一般选择 0.5～2.5 Å，这一波长范围限定需要考虑波长范围与晶体点阵的面网间距大致相当。波长增加，样品和空气对射线的吸收越来越大。波长太短，衍射线条过分集中在低角度区，还可能造成荧光辐射。

2) X 射线管的管压和管流的选择

随着管压增大，X 射线中特征波波长和连续波波长也将增大，滤波片难以滤掉连续波，因此选择合适的管压，K 系特征 X 射线的强度与管电压管电流成定量关系，管压管流的乘积不得超过 X 射线管额定功率。

3) 滤波片的选择

特征谱是由 K_α 和 K_β 组成的，滤去 K_β 线，获得 K_α。

4) 狭缝参数的选择

X 射线衍射仪光路中有五个狭缝：两个梭拉狭缝、发散狭缝、散射狭缝和接受狭缝。

(1) 梭拉狭缝限制 X 射线垂直发散度，其发散度的大小对强度和分辨率都有很大影响。

(2) 发散狭缝限制样品表面初级 X 射线水平发散度，加大狭缝分辨率降低。

(3) 散射狭缝减少非相干散射及本底等因素造成的背景，提高峰背比。它与发散狭缝使用相同角度。

(4) 接受狭缝位于衍射线的焦点用以限定进入探测器的 X 衍射线。较小的接受狭缝提高分辨率，较大的接受狭缝提高衍射强度。

5) 时间常数的选择

选择小的时间常数将提高测量的精确度，但过小的时间常数会造成衍射峰线毛刺。过大的时间常数将导致衍射峰高下降峰顶移位，线形不对称和线形畸变，所以合理的时间常数选择是实验的关键。

2. 实验操作

1) 样品制备

(1) 粉末样品制备。

粉末衍射技术要求样品在研钵中研至 200～300 目的细小粉末颗粒和样品试片表面平整平面，光照射时使样品有足够多数目的晶粒并保证晶粒的取向完全随机，以获得正确的粉末 X 射线衍射图谱数据条件。

(2) 块状样品制备。

X 射线照射面一定要磨平，大小能放入样品板孔，样品抛光面朝向毛玻璃面，用橡皮泥从后面把样品粘牢，橡皮泥不能暴露在 X 射线下，否则引起干扰。

2) 样品扫描

在“New program”中编好测试程序，点击“Open program”，“Measure”和“Program”，采集数据，在“Highscore”中处理谱图。

3) 物相鉴定

每种晶体内原子排列是一定的，衍射线的相对强度也是一定的。每种晶体的 X 射线衍射都有一组特定的 *d* 值和一套特征的粉末衍射数据 *d-I* 值，这是定性鉴定物相的依据。

(1) 粉末衍射卡片索引。

常用的有哈氏(Hanawalt)索引、芬克索引(Fink index)和戴维字母索引(alphabetical index)。

哈氏索引：在索引中每一种数据占一横行，包含八条强谱线晶面间距数值、化学式卡片顺序号。查阅时把晶体面间距按衍射峰强弱排列成 *d*1，*d*2，*d*3，…，找到 *d*1 后再找 *d*2，一直顺序找到第八值，可查到对应八强线的卡片顺序号。或者用前三强的 *d* 值，按照 *d*1*d*2*d*3、*d*2*d*3*d*1 和 *d*3*d*1*d*2 的排列方式查找。

芬克索引也是数值索引，包含每种物质的八条强线晶面间距 *d*。按照各种物质八条强线中第一个 *d* 值的递减次序划分组别，每一小组按照第二个 *d* 值递减次序排列。每种物质的八条强线晶面间距循环排列，以 *d*1*d*2*d*3*d*4*d*5*d*6*d*7*d*8 和 *d*2*d*3*d*4*d*56*d*7*d*8*d*1 等类似顺序循环出现八次。

戴维字母索引以英文名称的字母顺序排列。每一物质占一横行，包含物质的英文名称、化学式、三条强线晶面间距和卡片顺序号。只要知道已知物相或可能物相的英文名称便可应用戴维字母索引。

(2) 用标准卡片进行物相分析。

单一物相分析：一个相的试样从计算得到的 *d* 值给出适当的误差，用三强线的 *d-I* 值在粉末衍射卡片(PDF 卡片)索引相应的 $d(\pm\Delta d)$值组，再查询被鉴定相的对应条目。三强线值与索引条目中 $d\text{-}I/I_1$ 值符合后，再将该条目中五强线的 $d\text{-}I/I_1$ 值与被鉴定相衍射花样中各衍射线的 *d-I* 值核对。八强线都能找到各自的对应值，根据该条目指出的 PDF 卡片编号取出该卡片，将其中的全部 $d\text{-}I/I_1$ 值与被鉴定相衍射花样中的 *d-I* 值核对，当两者的 *d-I* 数据全部吻合时，则能确定此相。

多相分析：试样中含有多种物相时，需要一个相一个相地鉴定。被测衍射花样的三强线不一定属于同一个相。找到某个相的三强线必须排列组合多次尝试。当检索出一个相后，要除去已鉴定相的剩余衍射线的强度重新进行归一化处理，即在剩余衍射线中重新用其中的最强线峰高去除剩余衍射线的峰高强度，得到重新归一化的相对强度，在新的基础上再进行三强线的尝试检索，直到检出全部的物相。

第 19 章　综 合 实 验

实验 19-1　火焰原子吸收光谱法测定地质样品中的微量铜、铅、锌

【实验目的】

(1) 了解火焰原子吸收光谱分析的程序。

(2) 掌握火焰原子吸收光谱分析法的实验技术及测定方法。

(3) 掌握测定地质样品中铜、铅、锌元素的一般溶矿方法。

【实验原理】

原子吸收光谱法是基于气态和基态原子核外层电子对从光源发出的被测元素的共振发射线的吸收进行元素定量分析的方法。

处于基态的原子核外层电子，如果外界所提供特定能量(E)的光辐射恰好等于核外层电子基态(E_0)与某一激发态(E_i)之间的能量差(ΔE_i)时，核外层电子将吸收特征能量的光辐射，由基态跃迁到相应激发态，从而产生原子吸收光谱。

激发态原子核外层电子在瞬间(10^{-8}s)以光辐射或热辐射的形式释放能量回到基态或低能态，原子核外层电子从基态跃迁到激发态时所吸收的谱线称为共振吸收线，简称共振线。

由于基态与第一激发态之间的能量差最小，跃迁概率最大，故第一共振吸收线的吸光度最大。对于多数元素的原子吸收光谱分析，首先选用共振线作为吸收谱线，只有共振吸收线受到光谱干扰时才选用其他吸收谱线。

原子吸收光谱仪采用空心阴极灯作为锐线光源。在光源发射线的半宽度小于吸收线的半宽度(锐线光源)条件下，光源发射线通过一定厚度的原子蒸气，并被基态原子所吸收，吸光度与原子蒸气中待测元素的基态原子数成正比，而待测元素的基态原子数又与待测溶液的浓度成正比，遵循朗伯-比尔定律：

$$A=\lg(I_0/I)=Kc \tag{19-1}$$

式中，A 为吸光度，定义为入射光强度 I_0 与出射光强度 I 的比值的对数；K 在仪器条件、原子化条件和测定元素波长等恒定时为常数。式(19-1)为原子吸收光谱法定量分析的理论依据。

对于岩石、土壤中常量和微量元素的测定，试样的预处理可根据待测元素的种类选择相应的试样分解方法。

本实验采用王水溶矿，测定矿石中的铜、铅、锌，结果准确可靠，方法操作简单，分析快速，提高了分析样品的工作效率。

【仪器、试剂】

1. 仪器

AA-6300C 型原子吸收分光光度计；铜、铅、锌空心阴极灯；乙炔气体钢瓶；空气压缩机；

煤气炉或大功率高温电热板或大功率水浴锅。

烧杯(250 mL、1000 mL)；容量瓶(50 mL、100 mL、1000 mL)；吸量管(1 mL、2 mL、5 mL、10 mL)；比色管(25 mL)；瓷坩埚。

AA-6300C型原子吸收分光光度计测定铜、铅、锌的仪器操作条件见表19-1。

表19-1 AA-6300C型原子吸收分光光度计测定铜、铅、锌的仪器操作条件

元素	波长/nm	灯电流值/mA	光谱带宽/nm	气体类型	燃气流量/($L \cdot min^{-1}$)	助燃气流量/($L \cdot min^{-1}$)	燃烧器高度/mm
Cu	324.8	7	0.7	乙炔-空气	1.8	15	7
Pb	283.3	9	0.7	乙炔-空气	1.8	15	7
Zn	213.9	8	0.7	乙炔-空气	2.0	15	7

2. 试剂

铜粉(光谱纯)；铅粉(光谱纯)；硝酸铅(优级纯)；锌粉(光谱纯)；盐酸(优级纯)；H_2O_2(优级纯)；硝酸(优级纯)。

3. 标准溶液的配制

(1) Cu标准储备液(1000 $\mu g \cdot mL^{-1}$)：准确称取1.0000 g铜粉于250 mL烧杯中，加3～5 mL浓盐酸，缓慢滴加H_2O_2溶液，使其全部溶解。于小火上加热赶掉多余的H_2O_2。冷却后转移到1000 mL容量瓶中，用去离子水定容至刻度。

(2) Cu标准溶液(100 $\mu g \cdot mL^{-1}$)：准确吸取10.00 mL上述Cu标准储备液于100 mL容量瓶中，用去离子水定容至刻度，摇匀备用。

(3) Pb标准储备液(1000 $\mu g \cdot mL^{-1}$)：准确称取1.000 g铅粉或1.598 g硝酸铅于250 mL烧杯中，加40～50 mL 1+1硝酸使其溶解，移入1000 mL容量瓶中，用去离子水定容至刻度，储存于聚乙烯瓶内，置于冰箱内保存。

(4) Pb标准溶液(100 $\mu g \cdot mL^{-1}$)：准确吸取10.00 mL上述Pb标准储备液于100 mL容量瓶中，用去离子水定容至刻度，摇匀备用。

(5) Zn标准储备液(1000 $\mu g \cdot mL^{-1}$)：准确称取1.0000 g锌粉于250 mL烧杯中，加30～40 mL 1+1盐酸，使其溶解完全后，加热煮沸几分钟，冷却后移入1000 mL容量瓶中。用去离子水定容至刻度。

(6) Zn标准溶液(100 $\mu g \cdot mL^{-1}$)：准确吸取10.00 mL上述Zn标准储备液于100 mL容量瓶中，用去离子水定容至刻度，摇匀备用。

【实验步骤】

(1) 分别用Cu、Pb、Zn的标准溶液配制系列浓度标准溶液(表19-2)。

表 19-2　Cu、Pb、Zn 系列浓度标准溶液的配制

元素	浓度/(mg · mL⁻¹)						
Cu	0.00	0.50	1.00	1.50	2.00	4.00	6.00
Pb	0.00	0.50	1.00	1.50	2.00	4.00	6.00
Zn	0.00	0.50	1.00	1.50	2.00	4.00	6.00

将上述标准溶液分别置于 50 mL 容量瓶(或比色管)中，用去离子水定容至刻度，摇匀。

(2) 岩石地质样品处理。

准确称取 0.2500 g 干燥的地质样品，粉碎至 200 目(有条件时可以同时用国家地质样品质量管理监控标准样品同做)于 25 mL 比色管中，用少量去离子水将其润湿，加 5 mL 王水，摇散溶液底部试样(注意尽量不要使比色管内壁粘上试样)，置于沸水浴中加热 15～20 h，比色管最好直立在水浴中。其间逐个将试管取出摇动两三次，将沉于比色管底部的样品摇动起来。取下稍微冷却后，用去离子水定容至刻度，摇匀备用。

(3) 测定。

先将 Cu、Pb、Zn 的空心阴极灯分别插入 AA-6300C 型原子吸收分光光度计的对应插座中，并按照开机程序步骤打开 AA-6300C 型原子吸收分光光度计，调试好仪器并预热 20～30 min 后，先测定 Cu 元素的浓度(同时预热 Pb、Zn 元素的空心阴极灯)，再依次测定 Pb、Zn 元素的浓度，最后根据公式计算各元素的质量分数。

【注意事项】

(1) 溶解样品时一定将比色管置于沸腾的水浴中，其间必须将沉于比色管底部的样品摇动起来几次，让样品与王水充分接触，这样溶矿效果好。

(2) 测定时，可以将称样量 0.2500 g 及样品溶液体积 25 mL 提前输入原子吸收分光光度计的样品参数中，这样仪器可以自动计算出各元素的质量分数。

(3) 乙炔钢瓶阀门旋开不要超过 1.5 圈，否则丙酮易逸出。

(4) 实验时一定要打开通风设备，将原子化后产生的金属蒸气排出室外。

(5) 排废液管检查水封，防止回火。

(6) 点火前，先打开空气压缩机，压力输出稳定至需要值，然后打开乙炔钢瓶，并调节减压阀开关使乙炔输出压力符合规定压力值。实验结束后，先关闭乙炔钢瓶总阀门，使气路里面的乙炔燃烧尽。

(7) 全部测定时先喷去离子水，仪器显示吸光度归零后，再喷试液。

(8) 实验结束后，用去离子水喷几分钟，清洗原子化系统。

【数据记录与结果处理】

(1) 火焰原子吸收光谱法测定 Cu、Pb、Zn。按照各元素的测量条件设置仪器参数，依次测定各元素的系列浓度标准溶液的吸光度，计算机自动绘出各元素的标准曲线，再测定样品溶液的吸光度，由计算机自动计算出浓度。也可使用坐标纸或 Excel、Origin 软件绘出各元素的标准曲线，求出元素的浓度，根据称样量和稀释倍数计算出每种元素的质量分数。

(2) 由式(19-2)计算试样中待测元素的质量分数 w，写出实验报告。

$$w\,(10^{-6})=cV/m \tag{19-2}$$

式中，c 为仪器上测得浓度($\mu g \cdot mL^{-1}$)；V 为溶液体积(mL)；m 为样品质量(g)。

【思考题】

(1) 使用原子吸收分光光度计时，为什么要预热空心阴极灯?

(2) 本实验用酸溶法分解处理地质样品时，应注意哪些事项?

(3) 如果待测样品溶液的浓度超出标准曲线应如何处理?

实验 19-2 蛋白质浓度的紫外测定

【实验目的】

(1) 了解蛋白质中常见氨基酸的结构。

(2) 掌握紫外分光光度法测定蛋白质的原理及应用。

【实验原理】

蛋白质分子中所含酪氨酸、色氨酸及苯丙氨酸的芳香环结构对紫外光有吸收作用。色氨酸的吸收最强，但由于一般蛋白质中酪氨酸的含量比色氨酸高许多，因此这一吸收可认为主要是由酪氨酸提供的。其最大值在 280 nm 附近，不同的蛋白质吸收波长略有差别。在无其他干扰物质存在的条件下，280 nm 的吸光度即可用于蛋白质的测定，但不同种的蛋白质对 280 nm 波长的光吸收强度因芳香性氨基酸残基含量的不同而有差异。1 $mg \cdot mL^{-1}$ 不同蛋白质的吸光度值为 0.5～2.5，因此测定未知浓度蛋白质需用同种蛋白质对照结果才可靠。

测量方法和计算公式如下：

(1) 对于不含核酸污染的蛋白质溶液(如果样品吸光度值大于 2.0，应将样品稀释至吸光度值小于 2.0)，选择蛋白缓冲溶液作为空白对照，测定 280 nm 波长处的吸光度值，蛋白质浓度与吸光度值呈正比关系。

(2) 对于存在核酸污染($A_{280}/A_{260}<0.6$)的蛋白质溶液，选择蛋白缓冲溶液作为空白对照，测定 280 nm 和 260 nm 波长处的吸光度值，或 280 nm 和 205 nm 波长处的吸光度值，按照以下经验公式计算：

$$蛋白质浓度/(mg \cdot mL^{-1})=1.55\times A_{280}-0.76\times A_{260} \tag{19-3}$$

$$蛋白质浓度/(mg \cdot mL^{-1})=A_{205}\div(27+A_{280}/A_{205}) \tag{19-4}$$

将 280 nm 的吸光度值与 260 nm 的吸光度值各乘以系数相减求得接近的蛋白质浓度。A_{280} 与 A_{260} 分别代表光径为 1 cm 时样品在 280 nm 和 260 nm 的吸光度值。

本实验中使用的牛血清白蛋白样品纯度高，可忽略核酸等其他生物样品对紫外吸收的影响，可直接作吸光度值与蛋白质浓度的标准曲线。

紫外线吸收适用于测定蛋白质浓度为 0.2～0.5 $mg \cdot mL^{-1}$ 的样品。由于玻璃器皿会吸收紫外线，实验中需用石英池做容器。

【仪器、试剂】

1. 仪器

UV-2450 型紫外-可见分光光度计；1 cm 石英吸收池；电子分析天平。
容量瓶(100 mL、2000 mL)，刻度吸管(1.0 mL)。

2. 试剂

牛血清白蛋白；NaCl(分析纯)；未知浓度的待测蛋白质溶液。

3. 标准溶液的配制

牛血清白蛋白溶液：以 0.9% NaCl 溶液作为溶剂，配制成浓度为 1 mg · mL^{-1} 的牛血清白蛋白溶液。

【实验步骤】

(1) 在一组干的样品管中，将 1 mg · mL^{-1} 牛血清白蛋白溶液用 0.9% NaCl 溶液分别稀释为 0.1 mg · mL^{-1}、0.2 mg · mL^{-1}、0.3 mg · mL^{-1}、0.4 mg · mL^{-1}、0.5 mg · mL^{-1}，体积均为 4 mL。

(2) 用分光光度计分别测定每一浓度的蛋白质溶液的 A_{280} 值，以 0.9% NaCl 溶液作为空白调基线，记录读数，作标准曲线，并检查计算所得结果是否与实际浓度相符。

(3) 取未知浓度待测蛋白质溶液，测定 A_{280} 值，根据标准曲线计算待测蛋白质溶液浓度。

【思考题】

(1) 紫外吸收法测定蛋白质浓度有何优缺点？受哪些因素影响和限制？

(2) 紫外吸收法还可以用来做蛋白质哪些方面的研究？试举一两篇文献加以说明。

实验 19-3 电泳法测定 DNA 的纯度、含量与相对分子质量

【实验目的】

(1) 学习水平式琼脂糖凝胶电泳的原理和方法。

(2) 学习检测 DNA 的纯度、含量与相对分子质量。

【实验原理】

电泳也称为电迁移，是指溶液中带电粒子在电场中发生的迁移运动，利用这些带电粒子在电场中迁移速度的不同而达到分离的技术称为电泳技术。在确定的条件下，带电粒子在单位电场强度作用下，单位时间内迁移的距离(迁移率)为常数。在同一电场中，溶液中不同带电粒子因为所带电荷或质荷比不同，将发生不同方向或同方向不同速度的电泳，在一定时间后，粒子由于移动方向或距离的不同即可相互分离。粒子间分开的距离与外压和电泳时间成正比。

电泳已有近百年历史，在生物和生物化学发展中有重要的意义。蒂塞利乌斯(Tiselius)等用电泳法从人血清中分离出血清蛋白以及α-、β-和γ-球蛋白，并因此荣获 1948 年诺贝尔化学奖。经典电泳最大的局限性在于难以克服由高电压引起的电解质的自解，这种影响随电场强度的增大

而迅速加剧，因此限制了高压电的应用。毛细管电泳是在散热效率很高的毛细管内进行的电泳，可以应用高压电，极大地改善了分离效果。

琼脂糖凝胶电泳法是实验室中最常规的实验方法。它简单易行，只需少量 DNA，其原理是溴化乙锭在紫外光照射下能发射荧光。当 DNA 样品在琼脂糖凝胶中电泳时，加入的溴化乙锭插入 DNA 分子中形成荧光结合物，使发射的荧光增强几十倍。而荧光的强度正比于 DNA 的含量，将已知浓度的标准样品作电泳对照，就可估计出待测样品的浓度。若用薄层分析扫描仪检测，就可精确地测出样品的浓度。电泳后的琼脂糖凝胶直接在紫外灯下拍照，只需 5～10 ng DNA，就可以从照片上比较鉴别，如用肉眼观察可检测 0.05～0.1 μg 的 DNA。

在凝胶电泳中，DNA 分子的迁移速度与相对分子质量大小的对数值成反比。质粒 DNA 样品用单一切点的酶酶切后，与已知相对分子质量大小的标准 DNA 片段进行电泳对照，观察其迁移距离，就可获知该样品的相对分子质量大小。凝胶电泳不仅可以分离不同相对分子质量的 DNA，也可以鉴别相对分子质量相同但构型不同的 DNA 分子。在抽提质粒 DNA 过程中，由于各种因素的影响，超螺旋的共价闭合环状的质粒 DNA 的一条链断裂，变成开环状分子，如果两条链发生断裂，就转变为线状分子。这三种构型的分子有不同的迁移率，在一般情况下，超螺旋分子迁移速度最快，其次为线状分子，最慢的为开环状分子。

提取到的质粒 DNA 样品中如果还存在染色体 DNA 或 RNA，在琼脂糖凝胶电泳上也可以分别观察到电泳区带，由此可分析样品纯度。

DNA 分子在琼脂糖凝胶中泳动时，有电荷效应与分子筛效应，前者由分子所带净电荷量的多少而定，后者则主要与分子大小及其构型有关。DNA 分子在高于其等电点的溶液中带负电荷，在电场中向正极移动。在用电泳法测定 DNA 分子大小时，应当尽量减少电荷效应，使分子的迁移速度主要由分子受凝胶阻滞程度的差异决定，提高了分辨率，同时适当降低电泳时的电压，也可以使分子筛效应相对增强而提高分辨率。

【仪器、试剂】

1. 仪器

水浴锅；稳压电泳仪；紫外检测灯；水平式电泳槽。

锥形瓶(50 mL)；烧杯(100 mL)。

2. 试剂

Tris-HCl；NaAc；EDTA；0.2%溴酚蓝指示剂；50%蔗糖指示剂溶液；1 mg · mL^{-1} 溴化乙锭溶液；琼脂糖。

pBR322、pUC18 标准样品；碱变性法提取的 pBR322、pUC18 样品。

3. 电泳缓冲溶液的配制

将 400 mmol · mL^{-1} Tris-HCl(pH=8.0)、20 mmol · mL^{-1} NaAc、2 mmol · mL^{-1} EDTA 充分搅拌至溶解完全。吸取上述电泳缓冲溶液 3 mL，加水稀释到 300 mL。

【实验步骤】

(1) 选择合适的水平式电泳槽，调节电泳槽平面至水平，检查稳压电源与正、负极的线路。

(2) 选择孔径大小适宜的点样梳，垂直加在电泳槽负极的一端，使点样梳底部与电泳槽水平面的距离为 0.5～1.0 mm。

(3) 参考表 19-3 制备琼脂糖凝胶。

表 19-3　琼脂糖凝胶的制备

琼脂糖含量/%	0.3	0.6	0.7	0.9	1.2	1.5	2.0
最佳线状 DNA 分辨范围/K_b	60～5	20～1	10～0.8	7～0.5	6～0.4	4～0.2	3～0.1

本实验选用 1.2%或 1.5%的凝胶，分别测量 pBR322、pUC18 标准样品及碱变性法提取的 pBR322、pUC18 样品。

(4) 用电泳缓冲溶液加热溶解凝胶，加溴化乙锭达 0.5 μg · mL^{-1}，并摇匀，待凝胶溶液冷却至 50℃左右时，铺胶即可。

(5) 待凝胶冷凝后(约 1 h)，在电泳槽内加入电泳缓冲溶液。

(6) 在待测的 DNA 样品中加入 1/5 样品体积的 0.2%溴酚蓝指示剂，混匀后小心地进行点样，记录样品点次序与点样量。

(7) 打开电源开关，DNA 的迁移速度与电压成正比，并与琼脂糖含量有关，电压控制在 5 V · cm^{-1}左右。

(8) 电泳中途可用紫外灯直接观察，待 DNA 各条区带分开后，电泳结束，一般需 2～3 h。

【注意事项】

(1) 加热溶解琼脂糖时应不断地摇动容器，使附于壁上的颗粒也完全溶解。

(2) 溴化乙锭是强致癌剂，并有中度毒性，使用时必须十分谨慎小心。操作时一定要戴手套，用过的手套要及时翻过来，让沾有溴化乙锭的面朝里。

(3) 用 254 nm 波长的紫外光进行观察的效果比 366 nm 清晰，但产生的切口 DNA 量也较高。紫外光对眼睛有害，观察时应戴上眼镜或防护面罩。

【思考题】

(1) 简述溴化乙锭的显色原理。

(2) 不同电压对电泳结果的影响是什么？

实验 19-4　气相色谱-质谱联用法测定乳制品中三聚氰胺的含量

【实验目的】

(1) 了解气相色谱-质谱联用法的样品预处理方法。

(2) 掌握气相色谱-质谱联用法测定三聚氰胺的原理和步骤。

【实验原理】

三聚氰胺俗称密胺、蛋白精，是一种三嗪类含氮杂环有机化合物，可作为化工原料用于塑料、涂料、皮革、造纸、黏合剂、食品包装材料等的生产。三聚氰胺对人体具有一定的毒害作用，长期大量摄入三聚氰胺，有可能造成泌尿系统损伤、肾结石等疾病。因此，三聚氰胺严禁用于食品及其添加剂中。但是，三聚氰胺可能从环境、食品包装材料等途径进入食品中，而且由于三聚氰胺的含氮量高达 66%且无异味，有可能被不法商家添加到婴儿奶粉、奶片、雪糕、液态奶等乳制品中，以提高凯氏定氮法中测得的蛋白质含量。根据我国《食品安全法》规定，婴儿配方食品中三聚氰胺的限量值为 1 $mg \cdot kg^{-1}$，其他食品中三聚氰胺的限量值为 2.5 $mg \cdot kg^{-1}$，高于上述限量的食品一律不得销售。

乳制品中的三聚氰胺的测定多采用高效液相色谱法或气相色谱-质谱联用法。在气相色谱-质谱联用法中，首先向乳制品中加入三氯乙酸，经超声提取后，采用固相萃取柱净化后进行硅烷化衍生，衍生化产物采用选择离子监测质谱扫描模式或多反应监测质谱扫描模式，用化合物的保留时间和质谱碎片的强度比进行定性分析，用外标法进行定量分析。气相色谱-质谱联用法能够有效去除样品中的干扰组分，方法稳定性高，可用于液态奶、奶粉等多种乳制品中三聚氰胺的检测。

【仪器、试剂】

1. 仪器

ISQ7000/TRACE1300 气相色谱-质谱联用仪；离心机；电子分析天平；氮吹仪。

微量移液器；固相萃取柱；比色管(10 mL、50 mL)；容量瓶(250 mL)。

2. 试剂

三聚氰胺(分析纯)；三氯乙酸(分析纯)；市售乳制品(液态奶、奶粉、雪糕等)；超纯水；二乙胺(分析纯)；乙腈(分析纯)；吡啶(分析纯)；硅烷衍生化试剂；甲醇(分析纯)；氨化甲醇。

3. 标准储备液的配制

三聚氰胺标准储备液：准确称取 0.025 g 三聚氰胺，用二乙胺的水溶液溶解后，定容于 250 mL 容量瓶，配制成 2 $mg \cdot L^{-1}$ 三聚氰胺标准储备液。

【实验步骤】

1. 设置实验条件

开启气相色谱-质谱联用仪，抽真空、检漏、设置实验条件。

气相色谱：DB25 MS 30 m×0.25 mm×0.25 μm 石英毛细管柱；流动相：氮气，流速 1.0 $mL \cdot min^{-1}$；进样口温度 250℃，柱初始温度 70℃，保持 1 min，升温速率 10℃ $\cdot min^{-1}$，最后在 280℃保持 8 min。

质谱：发射电流 150 eV，离子源温度 230℃，电离方式 EI，电子能量 70 eV。

2. 配制三聚氰胺标准溶液

分别移取三聚氰胺标准储备液 10 μL、50 μL、100 μL、200 μL、500 μL、800 μL、1000 μL 于 10 mL 比色管中，用二乙胺-水-乙腈(1 ∶ 4 ∶ 5，体积比)混合液配制成浓度分别为 0.01 $mg \cdot mL^{-1}$、0.05 $mg \cdot mL^{-1}$、0.1 $mg \cdot mL^{-1}$、0.2 $mg \cdot mL^{-1}$、0.5 $mg \cdot mL^{-1}$、0.8 $mg \cdot mL^{-1}$、1.0 $mg \cdot mL^{-1}$ 的标准溶液。移取上述溶液各 200 μL，依次加入 200 μL 吡啶和 200 μL 硅烷衍生化试剂，在 70℃反应 45 min。

3. 绘制标准曲线

分别吸取上述各标准溶液 1 μL，按浓度由低到高进样，用化合物的保留时间和质谱碎片的强度比进行定性分析，用外标法进行定量分析。

4. 配制乳制品样品溶液

准确称取市售乳制品 0.5 g 于 50 mL 比色管中，加入 15 mL 三氯乙酸溶液和 5 mL 乙腈，超声提取 10 min，再振荡 10 min。在 6000 r · min^{-1} 转速下离心 10 min，取上清液过滤待用。

依次用 3 mL 甲醇、3 mL 水洗涤固相萃取柱，准确移取 10 mL 样品溶液至固相萃取柱，再依次用 3 mL 水、3 mL 甲醇淋洗，抽至近干后，用 6 mL 氨化甲醇溶液洗脱，洗脱液于 50℃下用氮气吹干。残留物用甲醇定容至 2 mL。

取上述溶液 200 μL 于 10 mL 比色管中，依次加入 200 μL 吡啶和 200 μL 硅烷衍生化试剂，超声 1 min，在 70℃反应 45 min。

5. 样品测定

按与三聚氰胺标准溶液相同的测试条件分析市售乳制品样品。

6. 数据处理

(1) 以标准溶液浓度为横坐标、定量离子质量色谱峰面积为纵坐标，绘制标准曲线，计算标准曲线方程。

(2) 根据标准曲线方程计算市售乳制品中三聚氰胺的含量。

【注意事项】

(1) 比色管使用前需用氮气吹干。

(2) 固相萃取过程流速不宜超过 1 mL · min^{-1}。

【思考题】

(1) 简述气相色谱-质谱联用法用于三聚氰胺分析的优点和不足之处。

(2) 简述样品预处理方法及相关原理。

实验 19-5　中药山柰挥发油中结晶物质的结构鉴定

【实验目的】

(1) 熟悉红外光谱、紫外-可见吸收光谱、气相色谱-质谱和核磁共振波谱的使用方法。

(2) 学习解析红外光谱、紫外-可见吸收光谱、质谱和核磁共振谱图信息进行结构鉴定。

(3) 积累四谱联合解析未知物结构的经验。

【实验原理】

中药的成分分析一般可以分为前处理、分离、检测和结构解析四个步骤。中药山柰为姜科山柰属植物山柰，为圆形或近圆形的横切片，直径 1～2 cm。山柰是一种传统中药，具有温中散寒、除湿辟秽的功用，可用于治疗心腹冷痛、寒湿吐泻、牙痛等。苦山柰与山柰为同科植物，外形较为相似，但食用苦山柰过量易中毒。因此，应建立对山柰成分鉴定的程序。

紫外-可见吸收光谱(UV-Vis)是分子中电子从基态跃迁到激发态吸收高频率的电磁波，提供共轭体系或羰基存在的信息，可以提供是否含有生色团、助色团。吸收频率可以推测共轭体系的结构，峰的形状可以显示精细结构。对双键位置的判断比核磁共振波谱、红外光谱和质谱更加准确。

红外光谱(IR)提供分子内部原子间的相对振动和分子转动的结构信息，可以判断官能团的种类。

气相色谱-质谱(GC-MS)能够提供被测物分子式或相对分子质量。质谱图给出分子离子峰、碎片离子峰、重排离子峰，碎片离子峰的质荷比(m/z)和峰强度，可以推测未知物分子的断裂位置、结构单元和连接方式。对成分复杂的中药进行鉴定往往采用气相色谱-质谱联用法，能够同时进行分离和分析。

核磁共振波谱(NMR)通过自旋量子数不为零的原子核 ^{1}H、^{13}C 核在外加磁场中做自旋运动，核自旋能级发生分裂，外加能量等于这个分裂能的电磁波时就发生核磁共振，获得核磁共振波谱。^{1}H-NMR 提供含氢基团的化学位移、偶合常数及分裂情况，根据氢原子数与峰面积成正比，可以定量计算分子中氢原子的数目。NMR 是鉴定结构的主要手段。

【仪器、试剂】

1. 仪器

UV-2100S 紫外-可见光谱仪；FT-IR 光谱仪(KBr 压片)；ISQ7000/TRACE1300 气相色谱-质谱联用仪；JNM-ECA600 氢核磁共振波谱仪；水蒸气蒸馏设备；旋转蒸发仪；研钵。

分液漏斗(150 mL)；量筒(100 mL)；表面皿；烧杯(500 mL)。

2. 试剂

中药山柰；正己烷(分析纯)；无水乙醚(分析纯)；无水硫酸钠(分析纯)；无水乙醇(分析纯)；$CDCl_3$(分析纯)。

【实验步骤】

1. 提取山柰挥发油中的结晶物质

将 50 g 山柰研磨至粒径为 2～5 mm。水蒸气蒸馏山柰约 1 h，提取出白色挥发油水乳液，用 60 mL 正己烷分三次萃取挥发油。合并萃取液，有机相用无水硫酸钠干燥 1 h，过滤干燥后的萃取液。旋转蒸发仪蒸馏除去正己烷溶液，得到挥发性组分精油 1～2 mL。将其放入冰箱中冷却结晶，将得到的晶体再用正己烷洗涤一次。

2. 鉴定结晶物质结构

(1) 开启紫外-可见光谱仪，仪器自检，输入测量参数。吸收波长范围 200～500 nm。吸光度范围 0～2.5。狭缝宽度 2.0 nm。参比溶液为无水乙醇。结晶物质用无水乙醇溶解。

(2) 开启红外光谱仪，取 100 mg 溴化钾作为测量本底，固体压片法压片。取 2 mg 结晶物质于研钵中研磨，固体压片法压片，测定红外光谱，打印谱图。

(3) 开启气相色谱-质谱仪，载气为氦气，色谱柱为 HP-5(Φ 0.25 mm×30 m)，进样口温度250℃，初始温度 50℃，保持 2 min。以 20℃ · min^{-1} 升温速率至 250℃，保持 5 min。载气流速 1 mL · min^{-1}。溶剂延迟时间设为 5 min。分流比 30：1。

质谱条件：电离方式 EI，电子能量 70 eV，离子源温度 230℃，四极杆温度 150℃。

正己烷溶解晶体物质，调整浓度数量级为μg · L^{-1}。

气相色谱-质谱仪稳定后，进样量 1 μL。将计算机检索得到的质谱图与标准谱图对比。

(4) 开启核磁共振波谱仪，处于 ^{1}H-NMR 测试条件。

将 5 mg 样品溶解在 $CDCl_3$ 中，装在标准核磁共振样品管中，绘制 ^{1}H-NMR 谱图，给出积分结果，打印谱图。

【注意事项】

数据记录与结果处理中给出的紫外光谱图、红外光谱图、气相色谱图和 ^{1}H-NMR 各谱图的数值仅作参考。

【数据记录与结果处理】

(1) 记录仪器的实验条件，保存谱图。

(2) 将紫外光谱图与萨特勒(Sadtler)标准谱图(34734M 图号)对照。谱图中主要有两个吸收峰，波长 304 nm 处有最大吸收峰，应是整个分子共轭体系的 K 带吸收。波长 211 nm 处的吸收峰是苯环的 E 带吸收。这两个吸收峰宽而且强，说明其分子内含有较大的共轭体系。

(3) 将红外光谱图特征峰(表 19-4)与萨特勒标准谱图(61985K 图号)对照，解析其官能团。

表 19-4　山柰结晶物质的红外光谱图特征峰

波数/cm^{-1}	官能团	振动方式
2970	—CH_3	C—H 的伸缩振动
2940	—CH_2—	C—H 的伸缩振动
3184	—C═C—H	—C═C—H 的伸缩振动
1465	—CH_3 和—CH_2—	H—C—H 的剪式弯曲振动
1718	C═O	C═O 的伸缩振动
1635	C═C	C═C 的伸缩振动
1254	—O—C═O	酯基的 C—O 的对称伸缩振动
1173	—O—C═O	酯基的 C—O 的不对称伸缩振动
1603，1514	苯环	苯环的骨架振动
828	二取代苯环	苯环的弯曲振动

(4) 气相色谱-质谱仪给出分子离子峰和其他碎片峰，分析其断裂位置。气相色谱图中主要有 4 个峰，保留时间分别为 9.1 min、9.3 min、10.8 min、11.0 min，其中保留时间为 11.0 min

的峰强度最大，对该最强峰做质谱，离子源为电子轰击。图中的主要峰有：m/z=205、177、160、133。m/z=205 是准分子离子峰$[M-H]^+$。m/z=177 是准分子离子$[M-H]^+$经过麦氏(McLafferty)重排脱掉一个乙烯分子形成的重排离子。m/z=160 是准分子离子$[M-H]^+$断裂脱掉—OC_2H_5形成的碎片离子。m/z=133 是 m/z=177 的重排离子脱去 CO_2 形成的碎片离子。

与质谱分析软件提供的标准的反式对甲氧基桂皮酸乙酯的 EI 质谱图比较，相合度达到 99%，因此推测其为反式对甲氧基桂皮酸乙酯。

(5) ^{1}H-NMR 给出化学位移和偶合常数，与萨特勒标准谱图(34376UV 图号)对照。

取上述保留时间为 11.0 min 的产物进行核磁共振氢谱的研究。

化学位移δ7.4543 和 7.4392(2H)，δ6.8815 和 6.8667 (2H)是两组左右对称的四重峰，从积分曲线上可以看出代表 4 个氢原子，可判断为对位二取代苯环。

化学位移δ7.6304 和 7.6031(1H)，δ6.2953 和 6.2689(1H)为双键上的两个氢，J_{AB}=16 Hz 是典型的烯烃上的反式二氢的偶合常数，故可确定双键构型。

化学位移δ3.8134(3H)是甲氧基上的氢。化学位移δ4.2454、4.2325、4.2214 和 4.2096 的 4 个峰，峰面积 1∶3∶3∶1，2H；δ1.3167、1.3050 和 1.2942 的 3 个峰，峰面积 1∶2∶1，3H，分别为—CH_2CH_3 的亚甲基峰和甲基峰。

(6) 得到分子式为 $C_{12}H_{14}O_3$。根据四大谱图推测山柰中结晶物质的结构式为反式对甲氧基桂皮酸乙酯。

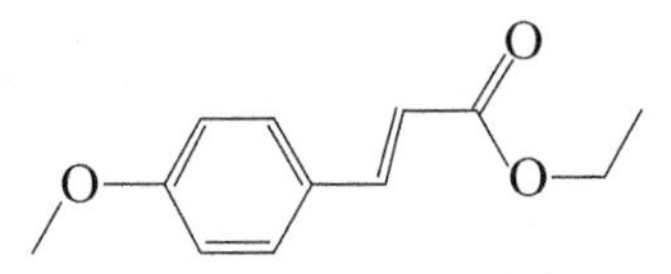

反式对甲氧基桂皮酸乙酯结构式

【思考题】

(1) 紫外-可见光谱仪、红外光谱仪、气相色谱-质谱仪和核磁共振波谱仪四台仪器对物质的纯度有何要求？

(2) 未知物的顺式或反式结构从哪个仪器能给出有效判断？

实验 19-6　奶粉中防腐剂的 HPLC 和 GC 比对分析

【实验目的】

(1) 深入学习 HPLC 和 GC 的结构及操作方法。

(2) 通过测定奶粉中两种防腐剂含量的 HPLC 和 GC 比对分析，了解 HPLC 和 GC 在食品分析中的应用。

(3) 学习使用液液萃取和蛋白质沉淀技术对样品进行预处理。

(4) 继续学习外标法和内标标准曲线法定量的操作步骤。

【实验原理】

本实验以奶粉中的防腐剂苯甲酸和山梨酸为目标分析物，分别采用反相键合相高效液相色谱法和毛细管气相色谱法分析，并对两个仪器分析结果进行比较。常用的食品防腐剂有苯甲酸及其钠盐、山梨酸及其钾盐等。苯甲酸及其钠盐可用作各种酒类和碳酸饮料的防腐剂。山梨酸及其钾盐还可用作果蔬生鲜和肉禽蛋的食品防腐剂。

进行高效液相色谱分析前，在奶粉中加入氢氧化钠碱化、超声、加热，使苯甲酸和山梨酸以酸根的形式游离出来，破坏其与蛋白质的结合作用。再采用亚铁氰化钾和乙酸锌作为沉淀剂，沉淀除去奶粉中的蛋白质。采用磷酸盐缓冲溶液-甲醇为流动相，用外标法进行定量分析，紫外检测器检测，即分别以混合标准溶液 HPLC 色谱图中苯甲酸或山梨酸的峰面积对其浓度绘制标准曲线，再根据试样 HPLC 色谱图中苯甲酸或山梨酸的峰面积，由标准曲线计算出两种防腐剂的含量。

易挥发的热稳定性化合物是气相色谱法分析的对象。蛋白质和糖类不能气化，将污染甚至堵塞气化室和色谱柱，从而影响分析结果。大量的水分将导致 GC 的硅油类固定液的硅氧键断裂，缩短色谱柱的使用寿命。应该通过溶剂萃取法等预处理方法除去这些干扰物质。溶剂萃取法还可将试样转化为适合气相色谱分析的形态。本实验将奶粉酸化后，通过乙酸乙酯萃取出苯甲酸和山梨酸，用无水硫酸钠干燥剂干燥乙酸乙酯层除去水分。乙酸乙酯萃取液再用气相色谱进行测定。采用毛细管气相色谱法分析防腐剂时，以氢火焰离子化检测器检测，用内标标准曲线法进行定量分析，即分别以混合标准溶液 GC 色谱图中苯甲酸或山梨酸(i)与内标物癸酸(s)的峰面积比 A_i/A 对其质量比 m_i/m 绘制内标标准曲线，再根据奶粉试样 GC 色谱图中苯甲酸或山梨酸对癸酸的峰面积比，由内标标准曲线计算出两种防腐剂的含量。

【仪器、试剂】

1. 仪器

1525 型高效液相色谱仪(紫外检测器)；6890N 毛细管气相色谱仪(氢火焰离子化检测器)；超声波清洗仪；恒温水浴锅；离心机；涡旋混合器；氮吹仪。

水系微孔滤膜(0.45 μm)；微量注射器(1 μL、50 μL)；可调移液枪(10～100 μL、100～1000 μL)；移液管(0.50 mL、1.00 mL、2.00 mL、5.00 mL、10.00 mL)；容量瓶(25 mL、50 mL、100 mL)；具塞离心试管(20 mL)。

2. 试剂

添加有防腐剂苯甲酸钠或山梨酸钾的奶粉；苯甲酸(分析纯)；山梨酸(分析纯)；亚铁氰化钾(分析纯)；乙酸锌(分析纯)；癸酸(分析纯)；氢氧化钠(分析纯)；磷酸二氢钠(分析纯)；十二水合磷酸氢二钠(分析纯)；盐酸(分析纯)；乙酸乙酯(分析纯)；氯化钠(分析纯)；无水硫酸钠(分析纯)；甲醇(色谱纯)。

【实验步骤】

1. HPLC 分析用标准溶液的配制

(1) 亚铁氰化钾溶液：称取 10.6 g 亚铁氰化钾，加去离子水溶解稀释至 100 mL。

(2) 乙酸锌溶液：称取 21.9 g 二水合乙酸锌，加去离子水溶解，再加入 32 mL 冰醋酸，用去离子水稀释至 100 mL。

(3) 0.1 mol · L^{-1} 氢氧化钠溶液：称取 2.0 g 氢氧化钠，用去离子水溶解稀释至 500 mL。

(4) 苯甲酸标准储备液：称取 0.20 g 苯甲酸，用甲醇溶解转移到 100 mL 容量瓶中，用去离子水定容。

(5) 山梨酸标准储备液：称取0.20 g山梨酸，用甲醇溶解转移到100 mL容量瓶中，用去离子水定容。

(6) 苯甲酸、山梨酸混合标准溶液：用移液管吸取二者标准储备液各10.0 mL加入100 mL容量瓶中，用去离子水定容，此溶液浓度为200 mg · L^{-1}。

(7) 分别吸取苯甲酸、山梨酸混合标准溶液0.5 mL、1.00 mL、2.00 mL、5.00 mL、10.00 mL于5个25 mL容量瓶中，用去离子水定容，摇匀，得标准溶液1～5。

(8) 流动相的配制：分别称取1.50 g磷酸二氢钠和1.65 g十二水合磷酸氢二钠，加去离子水600 mL溶解，配制成磷酸盐缓冲溶液。加入105 mL甲醇，混匀，用0.45 μm水系滤膜过滤后，超声脱气15～20 min。

2. GC分析用标准溶液的配制

(1) 苯甲酸标准储备液：称取0.050 g苯甲酸，用乙酸乙酯溶解稀释至25 mL。

(2) 山梨酸标准储备液：称取0.050 g山梨酸，用乙酸乙酯溶解稀释至25 mL。

(3) 癸酸标准储备液：称取0.050 g癸酸，用乙酸乙酯溶解稀释至25 mL。

(4) 苯甲酸、山梨酸系列混合标准溶液：分别吸取苯甲酸标准储备液和山梨酸标准储备液1.00 mL、2.00 mL、3.00 mL、4.00 mL、5.00 mL于5个50 mL容量瓶中，加入2 mL癸酸标准储备液，用乙酸乙酯稀释至刻度，摇匀，配制成苯甲酸、山梨酸浓度分别为40.0 μg · mL^{-1}、80.0 μg · mL^{-1}、120 μg · mL^{-1}、160 μg · mL^{-1}、200 μg · mL^{-1}，癸酸浓度均为80.0 μg · mL^{-1}的系列混合标准溶液6～10。

3. 实验条件的设置

1) HPLC分析条件

色谱：C18键合相，柱长150 mm，内径4.6 mm，粒径5 μm；流动相：磷酸盐缓冲溶液-甲醇(体积比400 : 70)，等度洗脱；流速：0.8 mL · min^{-1}；检测波长：227 nm；进样量：10 μL；柱温：室温。

2) GC分析条件

载气N_2；毛细管气相色谱柱：柱长30 m，内径0.25 mm，SE-54固定相；载气流速：25 mL · min^{-1}，调节分流阀至柱前压为0.08 MPa；尾吹气流速：30 mL · min^{-1}；柱温：程序升温方式，初始柱温90℃，以20℃ · min^{-1}升至200℃，保持2 min；气化室温度：230℃；检测器温度：250℃；氢气流速：35 mL · min^{-1}；空气流速：350 mL · min^{-1}；灵敏度：1010；进样量：0.5 μL。

4. HPLC测定步骤

(1) 奶粉的预处理：称取10.0 g奶粉于50 mL容量瓶中，加入10 mL 0.1 moL · L^{-1}氢氧化钠溶液，混匀，超声处理20 min。取出，70℃水浴加热10 min，冷却至室温后，依次加入5 mL亚铁氰化钾溶液和5 mL乙酸锌溶液，用力摇匀，静置30 min，使奶粉中的蛋白质沉淀下来。加入5 mL甲醇，用去离子水稀释至刻度，混匀后静置1 h，取上清液用0.45 μm滤膜过滤，取滤液备用。按照上述处理步骤平行处理奶粉样品3份。

(2) 根据实验条件，将仪器按照操作步骤调节至进样状态，本实验中使用含有缓冲盐的流动相。待基线平稳后，按照浓度从低到高依次向 HPLC 注入标准溶液 1～5 各 10 μL，记录色谱峰的保留时间和峰面积。

(3) 将苯甲酸和山梨酸标准储备液分别用水稀释 100 倍后，进样 10 μL，以确定各物质的保留时间。

(4) HPLC 对奶粉样品的分析：吸取 10 μL 预处理后的 3 个奶粉试样进样，与苯甲酸和山梨酸的保留时间对照，确认奶粉中苯甲酸和山梨酸的出峰位置，记录保留时间和峰面积。

(5) 实验完毕，用 10%甲醇水溶液和 100%甲醇溶液分别清洗 HPLC 管路及色谱柱，按照第 11 章的操作说明关机。

5. GC 测定步骤

(1) 奶粉的预处理：称取 1.0 g 奶粉于 20 mL 具塞离心试管中，加入 40 μL 癸酸标准储备液，再加入 0.3 mL 1+1 盐酸酸化，涡旋混合器振荡 30 s，超声处理 5 min。加入 4 mL 乙酸乙酯，密塞，涡旋混合器振荡 1 min。在 4000 $r \cdot min^{-1}$ 转速下离心 5 min，将上层乙酸乙酯层转移至 10 mL 干燥试管中。重复上述萃取过程两次，合并上层乙酸乙酯层。用 1 g 无水硫酸钠干燥乙酸乙酯相，振荡，静置除水 20 min。再将脱水后的上清液转移至另一支 10 mL 干燥试管中，置于氮吹仪上 40℃吹干，残渣用 1 mL 乙酸乙酯复溶，备用。根据上述处理步骤平行处理奶粉试样各 3 份。

(2) 根据实验条件，将仪器按照操作步骤调节至进样状态。待基线平稳后，将苯甲酸、山梨酸和癸酸标准储备液分别用乙酸乙酯稀释 10 倍，进样 0.5 μL，记录苯甲酸、山梨酸、癸酸色谱峰的保留时间和峰面积。

(3) 标准溶液的测定：按照浓度从低到高依次向 GC 中注入不同浓度的混合标准溶液 0.5 μL，记录苯甲酸、山梨酸和癸酸色谱峰的保留时间和峰面积。

(4) GC 对奶粉样品的分析：吸取 0.5 μL 预处理后的奶粉试样，记录其中苯甲酸、山梨酸和癸酸色谱峰的保留时间和峰面积。

(5) 关机：按照第 10 章的操作说明关闭气相色谱仪。进样针用丙酮清洗数次。

【注意事项】

(1) 使用 HPLC 时，非澄清的试样溶液必须用微孔滤膜过滤后方可进样。当使用缓冲盐为流动相时，在用该流动相冲洗管路和平衡系统之前，需用含水量较高的 5%甲醇-水冲洗管路和平衡系统。实验结束后，在用甲醇冲洗色谱柱之前，需用含水量较高的水-甲醇冲洗和平衡系统。若检测器指示数字不稳，说明试样池内可能有气泡，此时用一块橡皮堵住试样池出口，使泵的压力升高至 10 MPa 左右，立刻松开橡皮以形成瞬间压差，反复几次，即可除去试样池中的气泡。

(2) 使用 GC 时，开机前应先通载气，并保持一定流量后，再接通仪器电源，否则将导致热导检测器的热敏元件烧毁、固定液氧化等。要经常注意更换进样器上硅橡胶密封垫片，该垫片经 20～50 次穿刺进样后，气密性降低，容易漏气。GC 色谱柱使用一段时间后，为了防止老化，应在室温下通适量载气后再升温，以防损坏色谱柱，且勿将柱出口端接到检测器上，防止检测器被污染。

【数据记录与结果处理】

1. HPLC 实验数据记录与结果处理

(1) 记录实验条件和相关参数。记录标准品的质量。根据单个标准溶液的保留时间，确认混合标准溶液中各色谱峰所对应的物质。

(2) 处理色谱数据，记录 HPLC 谱图中各色谱峰的保留时间和峰面积，列于表 19-5 中。

表 19-5　HPLC 谱图中各色谱峰的保留时间和峰面积

样品编号		标准溶液 1	标准溶液 2	标准溶液 3	标准溶液 4	标准溶液 5	奶粉		
							1	2	3
山梨酸	保留时间/min								
	峰面积/(mAu · s)								
	浓度/(mg · L^{-1})								
	平均浓度/(mg · L^{-1})	—	—	—	—	—			
苯甲酸	保留时间/min								
	峰面积/(mAu · s)								
	浓度/(mg · L^{-1})								
	平均浓度/(mg · L^{-1})	—	—	—	—	—			

(3) 根据表 19-5 中的数据，以峰面积对标准溶液浓度绘制各组分的标准曲线，并计算线性回归方程和相关系数。

(4) 根据奶粉中苯甲酸或山梨酸的峰面积，分别计算其质量浓度，取平均值后，换算成试样中苯甲酸钠和山梨酸钾的质量浓度。

2. GC 实验数据记录与结果处理

(1) 记录实验条件和相关参数。根据单个标准溶液的保留时间，确认混合标准溶液中各色谱峰所对应的物质。处理 GC 色谱数据，记录 GC 谱图各色谱峰的保留时间和峰面积，列于表 19-6 中。

表 19-6　GC 谱图各色谱峰的保留时间和峰面积

样品编号		标准溶液 6	标准溶液 7	标准溶液 8	标准溶液 9	标准溶液 10	奶粉		
							1	2	3
山梨酸	保留时间/min								
	峰面积/(mV · s)								
	浓度/(mg · L^{-1})								
	平均浓度/(mg · L^{-1})	—	—	—	—	—			

续表

样品编号		标准溶液 6	标准溶液 7	标准溶液 8	标准溶液 9	标准溶液 10	奶粉		
							1	2	3
苯甲酸	保留时间/min								
	峰面积/(mV · s)								
	浓度/(mg · L^{-1})								
	平均浓度/(mg · L^{-1})	—	—	—	—	—			
癸酸	保留时间/min								
	峰面积/(mV · s)								

(2) 根据表 19-6 中的数据，绘制各组分 A_i/A-m_i/m 的内标标准曲线，并计算线性回归方程和相关系数。

(3) 根据奶粉试样中苯甲酸钠或山梨酸钾 A_i/A 值，分别计算其质量浓度。取平均值后，换算成试样中山梨酸钾和苯甲酸钠的质量浓度。

【思考题】

(1) 本实验的 HPLC 流动相中加入磷酸盐的目的是什么?

(2) 从仪器结构和特点两方面比较毛细管气相色谱与填充柱气相色谱的区别。

(3) 实验所分析的奶粉中防腐剂的添加量是否符合国家标准?

(4) 如何操作进样才能实现较好的重现性?

(5) 液相色谱中的梯度洗提法和气相色谱中的程序升温法相比有何异同?

第 20 章　设计性实验

为了巩固前述章节中的实验基础知识和操作技术，增强学生的学习主动性和培养科研探索能力，本书加入了仪器分析设计性实验，包括初级设计性实验和进阶设计性实验。实验 20-1～实验 20-6 为初级设计性实验。在该部分内容中已经设定实验目标、分析目标物质和所需使用的分析仪器。要求学生在已有知识和实验技能的基础之上，查阅相关文献资料，确定和完善具体实验步骤和数据处理方案，获得分析结果，并将实验所用方法与其他方法进行比较。初级设计性实验旨在加深学生对仪器分析知识的理解程度和应用能力，力求学以致用，也可作为仪器分析实验的考核内容。

附录 20-1 为进阶设计性实验参考题目。在进阶设计性实验中，学生根据自身兴趣和实验室实际条件，自主确定实验题目，设定分析目标物质。通过查阅相关书籍、文献资料等，选择一种或多种合适的仪器分析方法，确定所需仪器和试剂，设计实验步骤；制备测试所需的标准样品和实际样品，完成各步实验操作；记录实验数据和现象，对实验数据进行处理和分析，得出实验结果；对分析结果的可靠程度进行评价，撰写实验报告。在进阶设计性实验中，应注意以下几点：

(1) 可以结合生活实际、专业特点选择分析目标物质，明确分析目标物质的检测意义、常用分析方法和应用领域。

(2) 必须考虑实验方案的可行性、安全性。尽量避免使用高毒性、强腐蚀性试剂。必须正确、安全地处理实验产生的废气、废液、固体废弃物等。

(3) 进阶设计性实验的重点是独立设计实验方案，并通过小组交流和指导教师讨论等方式确定完整的方案，实际验证方案的合理性。

(4) 详细记录实验数据和现象，正确处理实验数据。

实验 20-1　原子吸收分光光度法测定婴儿配方奶粉中的铁和铜

【实验目的】

(1) 了解原子吸收分光光度法测定奶粉中微量元素的基本原理。

(2) 熟悉原子吸收分光光度法的样品预处理方法。

(3) 掌握原子吸收分光光度法的操作步骤。

【实验原理】

配方奶粉是根据不同生长时期婴幼儿的营养需要而设计的食品，以牛奶(或羊奶、大豆等)为主要原料，通常还会加入适量的维生素、微量金属元素和其他营养物质，以模拟母乳的营养成分。婴幼儿阶段是人体成长发育的重要阶段，对铁、铜等微量金属元素有较高的需求。因此，婴幼儿配方奶粉中铁、铜元素的含量是重要的产品检验指标。

原子吸收分光光度法能够用于分析多种金属元素的含量。本实验采用原子吸收分光光度法测定婴儿配方奶粉中的铁和铜两种微量元素。铁最重要的生物学功能是参与氧的运输和造血过程，缺乏微量元素铁是导致贫血最主要的原因之一。铜元素在人体内也起着重要的作用，生物系统中许多涉及氧的电子传递和氧化还原反应都是由含铜元素的酶所催化的。本实验由学生自行选择市售婴儿配方奶粉产品，采用干法灰化处理样品，完成测试，获得分析结果。

【仪器、试剂】

1. 仪器

AA-6300C 型原子吸收分光光度计；铁空心阴极灯；铜空心阴极灯；乙炔气体钢瓶；空气压缩机；马弗炉；瓷坩埚。

烧杯(50 mL、250 mL)；容量瓶(100 mL、1000 mL)；量筒(10 mL)；移液枪。

2. 试剂

盐酸(6 $mol \cdot L^{-1}$)；硝酸(0.1 $mol \cdot L^{-1}$、6 $mol \cdot L^{-1}$)；纯铜；铁丝；去离子水。

【实验步骤】

1. 铁、铜标准溶液的设计和配制

准确称取 1.000 g 铜溶于 50 mL 6 $mol \cdot L^{-1}$ 硝酸中，用去离子水定容至 1000 mL 容量瓶，配制 1.000 $mg \cdot L^{-1}$ 铜标准储备液。准确称取 1.000 g 铁丝溶于 50 mL 6 $mol \cdot L^{-1}$ 盐酸中，用去离子水定容至 1000 mL 容量瓶，配制 1.000 $mg \cdot L^{-1}$ 铁标准储备液。查阅资料，确定实验所需铁、铜标准溶液的浓度，配制系列标准溶液。

2. 配方奶粉样品预处理

查阅资料，确定配方奶粉样品的预处理方法，将其制备成可用于原子吸收分光光度法测定的实际样品。

3. 确定仪器参数

查阅资料，设置各项仪器参数，如元素、波长、灯电流值、光谱带宽、气体类型、燃气流量、助燃气流量、燃烧器高度等。

4. 测试

分别测量铜和铁系列标准溶液的吸光度，绘制标准曲线。在与标准曲线同样条件下，测量配方奶粉样品，记录相关实验数据。

【数据记录与结果处理】

(1) 设计表格记录数据，绘制标准曲线，得出线性方程。
(2) 根据线性方程计算配方奶粉样品中铁、铜的含量。

【思考题】

(1) 简述原子吸收分光光度法测定婴儿配方奶粉中铁、铜含量的优点和不足之处。
(2) 实际样品干法灰化中需注意哪些问题?

实验 20-2　紫外-可见分光光度法测定饮料中的苯甲酸含量

【实验目的】

(1) 了解测定饮料中苯甲酸含量的意义。
(2) 掌握紫外-可见分光光度法测定苯甲酸的原理和操作方法。

【实验原理】

食品防腐剂又称抗微生物剂，是一类能够抑制食品中微生物的繁殖，从而防止由微生物引起的腐败变质、延长食品保质期的添加剂。我国批准在食品中使用的防腐剂有十几种，其中苯甲酸是最常用的防腐剂之一。在酸性条件下，苯甲酸能够影响细菌和真菌等微生物细胞膜的通透性，阻碍细胞膜对氨基酸的吸收，抑制细胞内呼吸链酶系的活性，从而起到防腐的作用。苯甲酸是一种比较安全的防腐剂，可以通过肾脏排出体外。但是，苯甲酸的过量使用会对人体产生毒害作用。联合国粮食及农业组织和世界卫生组织评价苯甲酸的每人每日安全摄入量为 0～5 $mg \cdot kg^{-1}$。为了保护消费者的健康安全，必须对食品中的苯甲酸含量进行测定。

在食品安全监督领域，苯甲酸检测是饮料品质检测的重要组成部分，目前常用的检测方法有高效液相色谱法、气相色谱法、毛细管电泳法、紫外-可见分光光度法等。本实验采用紫外-可见分光光度法测定饮料中的苯甲酸含量，先测定不同浓度的苯甲酸标准溶液在特征吸收波长下的吸光度，利用吸光度与苯甲酸标准溶液浓度绘制标准曲线，计算线性方程，然后检测饮料样品的苯甲酸吸光度，利用标准曲线即可计算出饮料样品中的苯甲酸含量。

【仪器、试剂】

1. 仪器

UV-2450 型紫外-可见分光光度计；1 cm 石英比色皿；电子分析天平。
容量瓶(100 mL)；移液管(2 mL、5.0 mL、10.0 mL)。

2. 试剂

苯甲酸(分析纯)；市售饮料(如果汁、碳酸饮料等)。

【实验步骤】

1. 苯甲酸标准溶液的设计和配制

查阅相关文献资料，设计苯甲酸系列标准溶液的浓度。准确称取一定量的分析纯苯甲酸，用少量去离子水溶解后，定容于 100 mL 容量瓶，制得标准储备液。分别移取不同体积的苯甲酸标准储备液，用去离子水稀释，配制苯甲酸系列标准溶液。

2. 饮料样品的设计和制备

选取一种或几种市售饮料(如果汁、碳酸饮料等)，依据饮料组分设计相应的样品制备方案。例如，碳酸饮料一般需超声脱气除去溶解 CO_2；成分较复杂的饮料通常需进行预处理(如蒸馏法、溶剂萃取法)，将苯甲酸与其他成分分离后进行测定。

3. 测试波长的确定和样品测试

查阅相关文献资料，确定苯甲酸的紫外-可见特征吸收峰位置，并通过实验验证。以苯甲酸最大吸收峰波长为测试波长，以测试空白为参比，用 1 cm 石英比色皿测定苯甲酸系列标准溶液和饮料样品的吸光度值。

【数据记录与结果处理】

(1) 设计表格记录数据，绘制标准曲线，得出线性方程。
(2) 根据线性方程计算样品饮料中苯甲酸的浓度。

【思考题】

(1) 查阅文献，比较紫外-可见分光光度法与其他苯甲酸测定方法的优、缺点。
(2) 本实验能否用玻璃比色皿进行测定？原因何在？

实验 20-3　分子荧光光谱法测定塑料制品中的双酚 A 含量

【实验目的】

(1) 了解测定塑料制品中双酚 A 含量的意义。
(2) 掌握分子荧光光谱法测定双酚 A 的原理和方法。

【实验原理】

双酚 A (bisphenol A)的化学名称为 2, 2-二(4-羟基苯基)丙烷，分子式为 $C_{15}H_{16}O_2$，是一种重要的有机化工原料，主要用于生产环氧树脂、聚碳酸酯等多种高分子材料，能够使材料具有无色透明、轻巧耐用和抗冲击等特点。然而，双酚 A 在材料合成过程中的不完全聚合或使用过程中的分解都可能导致双酚 A 单体迁移到环境和人体中。双酚 A 是典型的环境激素类物质，具有一定的胚胎毒性和致畸性。长时间、低剂量暴露会对人体的内分泌系统和生殖系统等造成伤害。因此，双酚 A 的检测在高分子材料生产、食品包装、医疗器械等领域具有重要意义。

分子荧光光谱法是根据物质分子的荧光光谱进行分析的方法。双酚 A 分子存在共轭体系，在特定波长光激发下能产生荧光，可对其进行定量检测。双酚 A 的荧光还可通过加入β-环糊精、表面活性剂等敏化剂实现荧光增强效应，从而进一步提高检测灵敏度。本实验采用分子荧光光谱法测定塑料制品中的双酚 A 含量。

【仪器、试剂】

1. 仪器

RF-5301 荧光光度计；1 cm 石英吸收池；电子分析天平。
有机微孔滤膜(0.45 μm)；容量瓶(100 mL)；移液管(2 mL、5.0 mL、10.0 mL)。

2. 试剂

双酚 A(分析纯)；塑料样品(如矿泉水瓶、塑料食品包装等)；敏化剂(β-环糊精或表面活性剂等)；无水乙醇等。

【实验步骤】

1. 荧光分析方案的确定

查阅相关文献资料，确定分子荧光光谱法测定塑料制品中双酚 A 含量的具体方案。

2. 双酚 A 标准溶液的设计和配制

查阅相关文献资料，结合试剂样品特点，确定双酚 A 系列标准溶液的浓度。准确称取一定量的分析纯双酚 A，用无水乙醇定容于 100 mL 容量瓶，制得标准储备液。分别移取不同体积的双酚 A 标准储备液，用无水乙醇稀释，配制双酚 A 系列标准溶液。

3. 塑料样品的设计和制备

取适量实际塑料样品，剪成小块后用无水乙醇超声提取 45 min，经 0.45 μm 有机微孔滤膜过滤后制备成样品溶液。

4. 荧光检测条件的优化

设计条件实验，获得双酚 A 荧光分析的最适 pH、敏化剂种类、浓度、反应时间、温度等，确定体系的最大激发和发射波长。

5. 标准曲线的绘制和样品测试

在最适条件下，测定最大激发波长下双酚 A 标准溶液和样品溶液的荧光发射强度。

【数据记录与结果处理】

(1) 设计表格记录数据，绘制标准曲线，得出线性方程。
(2) 根据线性方程计算塑料样品中的双酚 A 含量。

【思考题】

(1) 为什么加入β-环糊精或表面活性剂会提高双酚 A 的荧光发射强度？
(2) 若实际样品浓度超出标准曲线线性范围，应如何处理？

实验 20-4　高效液相色谱法分析解热镇痛药物中的对乙酰氨基酚含量

【实验目的】

(1) 加深对高效液相色谱法的基本原理的认识。
(2) 掌握高效液相色谱法实际样品的设计和配制。
(3) 掌握高效液相色谱定性、定量分析对乙酰氨基酚的方法。

【实验原理】

对乙酰氨基酚(acetaminophen)的化学名称为*N*-(4 -羟基苯基)乙酰胺($C_8H_9NO_2$)，商品名称为扑热息痛、泰诺林等。对乙酰氨基酚能够通过抑制下丘脑体温调节中枢前列腺素合成酶的作用，减少激素分泌，起到解热的作用，还能通过阻断痛觉神经末梢的冲动而产生镇痛作用，并且价格低廉，胃肠道刺激性小。因此，对乙酰氨基酚是临床上首选的解热镇痛药之一，对感冒发热、偏头痛、关节炎、神经痛、肌肉痛、牙痛及手术后疼痛等轻中度疼痛缓解效果明显。但是，过量服用对乙酰氨基酚会导致患者出现恶心、呕吐、厌食、出汗、腹痛等症状，严重时还会抑制呼吸中枢、损害肝肾功能。因此，对解热镇痛药物中对乙酰氨基酚含量的分析具有重要的实际意义。

本实验采用高效液相色谱法测定解热镇痛药物中的对乙酰氨基酚含量，该方法为《中国药典》中对乙酰氨基酚定量分析方法之一。首先，使用对乙酰氨基酚标准品进行定性分析，确定对乙酰氨基酚在实验所用高效液相色谱条件下的出峰位置(保留时间)。然后，配制一系列不同浓度的对乙酰氨基酚标准溶液，依次测定其色谱峰，根据色谱峰面积和标准溶液浓度绘制标准曲线，计算线性方程。最后，在相同色谱条件下测定药品中对乙酰氨基酚的色谱图，根据其峰面积和线性方程计算药物中的对乙酰氨基酚含量。

【仪器、试剂】

1. 仪器

1525 型高效液相色谱仪；紫外检测器；C18 柱(4.6 mm×150 mm，5 μm)；电子分析天平。

定量环(20 μL)；微量进样器(25 μL)；注射器；滤膜(水相和有机相，0.45 μm)；溶剂过滤头(0.45 μm)；容量瓶(50 mL、100 mL)；移液管(2 mL、5.0 mL、10.0 mL)。

2. 试剂

对乙酰氨基酚标准品；甲醇(色谱纯)；乙酸铵缓冲溶液(pH=4. 5)；市售对乙酰氨基酚药物；超纯水。

3. 对乙酰氨基酚标准储备液的配制

对乙酰氨基酚标准储备液(1000 $\mu g \cdot mL^{-1}$)：将对乙酰氨基酚标准品在 110℃下烘干 2 h，准确称取 50 mg 对乙酰氨基酚标准品，用 25 mL 甲醇溶解，转移至 100 mL 容量瓶中，用超纯水定容至刻度，待用。移取上述溶液 10 mL 于 100 mL 容量瓶，用甲醇-水(1∶4，体积比)混合溶剂定容至刻度，制得浓度为 50 $\mu g \cdot mL^{-1}$ 的标准储备液。

【实验步骤】

1. 设置色谱条件

查阅相关文献资料，确定对乙酰氨基酚的检测波长。柱温：室温；流动相：甲醇∶乙酸铵缓冲溶液=15∶85(体积比)；流速：1.0 $mL \cdot min^{-1}$。

2. 对乙酰氨基酚系列标准溶液的设计和配制

查阅相关文献资料，结合实际样品特点，确定对乙酰氨基酚系列标准溶液的浓度。分别移取不同体积的 50 $\mu g \cdot mL^{-1}$ 对乙酰氨基酚标准储备液于 50 mL 容量瓶中，用甲醇-水(1∶4，体积比)混合溶剂稀释至刻度，配制系列标准溶液。

3. 对乙酰氨基酚药物样品溶液的设计和配制

根据标准溶液浓度和药品说明书设计样品溶液。取适量药物样品用 25 mL 甲醇溶解，转移至 100 mL 容量瓶中，用超纯水稀释至刻度。移取上述溶液 5 mL 于 100 mL 容量瓶中，用甲醇-水(1∶4，体积比)混合溶剂稀释至刻度，摇匀后用溶剂过滤头(0.45 μm)过滤。

4. 绘制标准曲线

待液相色谱仪基线稳定后，分别注入 10 μL 对乙酰氨基酚系列标准溶液，重复测定两次，要求两次所得的对乙酰氨基酚色谱峰面积基本一致，记录峰面积与保留时间。

5. 样品测定

分别注入 10 μL 对乙酰氨基酚药物样品溶液，根据保留时间确定样品中对乙酰氨基酚色谱峰的位置，重复测定两次，记录对乙酰氨基酚色谱峰的峰面积。

【数据记录与结果处理】

(1) 设计表格记录数据，绘制标准曲线，得出线性方程。
(2) 根据线性方程计算药品中对乙酰氨基酚的含量。

【思考题】

(1) 为什么实际样品需要用溶剂过滤头(0.45 μm)过滤？
(2) 还有哪些方法能够用于对乙酰氨基酚含量的测定？通过查阅文献，列举两三种对乙酰氨基酚的其他检测方法，并比较这些方法相对于高效液相色谱法的优势和不足之处。

实验 20-5　气相色谱-质谱法分析食用油的脂肪酸组成

【实验目的】

(1) 了解气相色谱-质谱仪的构造及其工作的基本原理。
(2) 了解食用油的脂肪酸组成分析的一般过程。
(3) 熟悉脂肪酸甘油酯甲酯化的方法。
(4) 了解简单有机化合物分子式的推测方法。

【实验原理】

质谱法是将样品转化为运动的气态离子，并按质荷比(m/z)大小进行分离记录，从而确定样品化合物组成和结构的分析方法。

质谱仪的基本构造包括：①进样系统：通过合适的进样装置将样品引入并进行气化；②离

子源：将气化后的样品分子进行电离，离子化后进行适当的加速；③质量分析器：加速后的离子进入质量分析器，按不同的质荷比进行分离；④检测系统：将质量分析结果进行检测、记录，获得一张质谱图。

被分析的样品通过适宜的方式由进样系统引入、气化进入高真空状态质谱仪内部，由离子源离子化后变成带有一定量电荷的离子，这些正离子被加速电场加速后以相同的动能经过质量分析器，按照质荷比由小到大的顺序分离的情况被检测系统记录成质谱图。由于不同结构物质的分子离子化时碎裂规律不同，产生碎片形成的质谱图就成为确定被分析化合物分子结构的重要依据。

质谱法可以用于确定同位素、化合物的相对分子质量、化学式、结构式、混合物组分含量测定。

本实验中，色谱作为进样和分离系统，质谱作为色谱仪的检测器，进行定性和结构分析。食用油的主要成分是不同链长脂肪酸甘油三酯混合物，脂肪酸甘油酯经甲酯化后变成易挥发混合物，通过毛细管气相色谱柱分离成单一组分，再经质谱仪确定每一组分的结构，用面积归一化法计算各组分的相对含量。

【仪器、试剂】

1. 仪器

ISQ7000/TRACE1300 气相色谱-质谱联用仪。

色谱柱：DB-5MS，30 m×0.25 mm×0.25 μm。

载气：He；流速：1 mL · min^{-1}；分流进样约 0.2 μL。

分离条件：柱温：150℃(4 min)～250℃(10 min)；升温速率：4℃ · min^{-1}。

气化室：250℃，接口温度：280℃；离子源：230℃；质量分析器：150℃。

2. 试剂

食用油；KOH-CH_3OH(0.5 mol · L^{-1})；甲醇；BF_3 乙醚溶液；饱和氯化钠水溶液；石油醚(60～90℃)；无水硫酸钠。

【实验步骤】

1. 脂肪酸甲酯的制备

取 50～80 mg 食用油样品于 25 mL 磨口平底烧瓶中，加入 0.5 mol · L^{-1} KOH-CH_3OH 和甲醇各 5 mL，放入搅拌子后连接回流冷凝管，置于加热式磁力搅拌器上，回流搅拌约 15 min 至油珠溶解。停止加热降温后，由冷凝管上方加入 2 mL BF_3 乙醚溶液，加热回流 5 min，放冷后加入约 5 mL 石油醚，继续搅拌 1 min。取下烧瓶加入饱和氯化钠水溶液至有机相低于瓶口约 1 cm 处，稍搅拌后取上层有机相，用无水硫酸钠干燥后供组成分析。

2. 脂肪酸组成分析

将制得的每种食用油脂肪酸甲酯混合物在前述分析条件下分析测定，确定每个样品中脂肪酸甲酯的结构组成和相对含量。

【数据记录与结果处理】

1. 未知物碎片离子组成分析

(1) 氮律：若一个化合物分子含有偶数个氮原子，则其分子质量数和其分子离子的质荷比将是偶数，反之就是奇数。

(2) 常见元素天然同位素丰度值如表 20-1 所示。

表 20-1　常见元素天然同位素丰度值

元素	A		A+1		A+2		元素类型
	质量	丰度/%	质量	丰度/%	质量	丰度/%	
H	1	100	2	0.015			A
C	12	100	13	1.1*			A+1
N	14	100	15	0.37			A+1
O	16	100	17	0.04	18	0.20	A+2
F	19	100					A
Si	28	100	29	5.1	30	3.4	A+2
P	31	100					A
S	32	100	33	0.8	34	4.4	A+2
Cl	35	100			37	32.5	A+2
Br	79	100			81	98	A+2
I	127	100					A

* 1.1 ± 0.02，取决于来源。

(3) 由碎片离子同位素峰信息计算碎片离子元素组成。对于某一特定元素组成的分子离子或碎片离子，各种不同含量天然同位素组成情况相对含量符合二项式展开式$(a+b)^n$，有

$$T_{k+1}=\frac{n!}{k!(n-k)!}a^{n-k}b^k$$

式中，a 为某元素同位素 A 最高丰度值；b 为该元素 A+1 或 A+2 同位素丰度值；n 为分子或碎片中该元素原子个数。

如果一个分子中含有 n 个 A+1 或 A+2 元素的原子，该元素不同同位素原子构成的分子种类应该有 n+1 种。以乙烷分子为例，C 原子有两种同位素原子 ^{12}C 和 ^{13}C，丰度值为 100∶1.1，则乙烷分子应该有三种组成情况：$^{12}C_2H_6$、$^{12}C^{13}CH_6$ 和 $^{13}C_2H_6$。根据以上通式可以计算出三种组成的相对含量，也可以计算某一碎片离子同位素峰信号值之比，反过来也可以根据某一碎片离子同位素峰信号值计算出该碎片离子可能的元素组成情况，再根据此组成信息计算环加双键值。

(4) 环加双键值：在分子式为 $C_xH_yN_zO_m$ 的分子中，按其所含元素价键，环加双键值的总数等于 $x-\frac{1}{2}y+\frac{1}{2}z+1$。其中，$x$ 为四价元素原子数，如 C、Si 等；y 为一价元素原子数，如 H、F、I 等；z 为三价元素原子数，如 N 等；m 为二价元素原子数，如 O、S 等，不参与计算。

(5) 将分析结果记录于表 20-2。

表 20-2　分析结果记录

脂肪酸	含量/%
C14∶0(豆蔻酸)	
C16∶0(棕榈酸)	
C16∶1(棕榈烯酸)	

续表

脂肪酸	含量/%
C18：3-α(α-亚麻酸)	
C18：3-γ(γ-亚麻酸)	
C18：2(亚油酸)	
C18：1(顺-油酸)	
C18：1(反-油酸)	
C18：0(硬脂酸)	
C20：5	
C20：1(花生烯酸)	
C20：0(花生酸)	
C22：6	
C22：1	
饱和酸合计	
不饱和酸合计	

实验 20-6　电位滴定法测定酱油中的含盐量

【实验目的】

(1) 了解电位滴定法测定酱油的基本原理。
(2) 掌握电位滴定法的操作步骤。

【实验原理】

酱油是我国的传统调味品之一，多采用大豆、黑豆、小麦或麸皮等为原料，加入食盐酿造而成。酱油中的含盐量(含有氯化钠的浓度)是决定其品质的重要因素。氯化钠含量过低会降低酱油的调味效果和保存时间，而过高浓度的氯化钠会影响产品的口感，并且导致盐摄入量过高，影响身体健康。因此，酱油中氯化钠含量的测定在食品质量监督、营养卫生等方面具有重要意义。

酱油中氯化钠含量的测定可采用银量法(莫尔法)、电位滴定法、原子吸收光谱法和离子色谱法等。本实验采用电位滴定法分析酱油中氯化钠的含量。其测定原理是依据指示电极和参比电极的电位差确定滴定终点。将指示电极和参比电极插入待测溶液后，用滴定剂对待测溶液进行滴定。电极电位随待测组分浓度的变化而发生改变。到达滴定终点附近时，电极电位发生突变，即可指示滴定终点。

本实验由学生自行选择市售酱油产品，通过查阅文献资料，设计和确定具体实验步骤，包括样品预处理方法、仪器参数、溶液配制等，完成测试，获得分析结果。

【仪器、试剂】

1. 仪器

ZD-3A 型自动电位滴定仪；216-01 型银电极；217 型参比电极；磁力搅拌器。
容量瓶(250 mL)；烧杯(500 mL)；滴定管；移液管。

2. 试剂

氯化钠(分析纯)；硝酸银(分析纯)；硝酸(分析纯)。

【实验步骤】

1. 氯化钠标准溶液的设计和配制

查阅资料，确定实验所需氯化钠标准溶液的浓度。准确称取一定量氯化钠，溶于水中并稀释至 250 mL，摇匀，备用。

2. 硝酸银溶液的标定

确定所需硝酸银溶液的大致浓度。称取一定量硝酸银溶解于 250 mL 水中，储存于棕色试剂瓶。用硝酸银溶液润洗洁净的滴定管 3 次，装液。准确量取 10 mL 氯化钠标准溶液置于 250 mL 烧杯中，加入 100 mL 水和 3 mL 硝酸(1∶5)溶液，放入搅拌子，置于磁力搅拌器上。将电极插入溶液。选择合适的搅拌速度，选择“自动滴定”方式中的“预滴定”方式，按“开始”键，仪器开始自动进行采样、溶液添加、终点判断等过程。滴定结束后，仪器自动给出硝酸银浓度。平行测定三次，计算硝酸银标准溶液的浓度。

3. 样品测定

准确量取 1 mL 酱油，加适量水和硝酸，按硝酸银溶液标定步骤操作，记录滴定终点时消耗硝酸银标准溶液的体积，计算酱油样品中氯化钠的含量。

【思考题】

(1) 简述电位滴定法测定酱油中含盐量的优点和不足之处。
(2) 滴定时加入硝酸的目的是什么？能否换成其他酸性溶液？

附录 20-1　进阶设计性实验参考题目

(1) 含氟牙膏中 F^- 含量的测定
(2) 柠檬中维生素 C 含量的测定
(3) 紫甘蓝中天然色素的提取和分离
(4) 营养补充剂中维生素 E 含量的测定

(5) 蔬菜中有机磷农药残留检测
(6) 大米中痕量重金属元素含量分析
(7) 化妆品中铅含量的测定
(8) 硅酸盐水泥成分分析
(9) 日化用品中山梨酸含量的测定

第 21 章　仪器分析相关信息资源

仪器分析是一门正在飞速发展的学科，其相关研究内容和前沿进展涉及化学、生物、医学、制药、材料、电子、信息、机械、精密制造等多个领域。因此，在学习仪器分析课程的过程中，除了重点掌握课程理论知识和实验技能之外，还可关注与仪器分析有关的工具书、手册、互联网综合性数据库、期刊、专利等相关信息资源。在完成仪器分析设计性实验的过程中，也需要查阅相关信息资源，以制订或完善实验方案，并进行不同分析方法的比较和评价。

21.1　工具书、手册

1.《化学大辞典》

《化学大辞典》(科学出版社)是一部综合性的化学辞典，涵盖无机化学、有机化学、分析化学、物理化学、理论与计算化学、高分子科学、化学生物学、放射化学与辐射化学、环境化学、能源化学等分支学科，以常用、基础和重要的名词术语为基本内容，提供简明扼要的定义或概念解释，并有适度展开。正文后设有便于检索的汉语拼音索引和外文索引。

2.《化工辞典(第五版)》

《化工辞典(第五版)》(化学工业出版社)主要解释化学工业中的原料、材料、中间体、产品、生产方法、化工过程、化工机械和化工仪表自动化等方面词目及有关的化学基本术语词目。

3.《分析化学手册(第三版)》

《分析化学手册(第三版)》(化学工业出版社)共包含 10 分册共 13 册，涵盖了化学分析、仪器分析和化学计量学等方面的内容，并且对各种分析技术的基本概念、基础数据、发展历史、仪器构成、谱图解析、方法与应用做了系统介绍。

4.《兰氏化学手册(第二版)》

《兰氏化学手册(第二版)》(科学出版社)内容包括有机化合物，通用数据，换算表和数学，无机化合物，原子、自由基和键的性质，物理性质，热力学性质，光谱学，电解质、电动势和化学平衡，物理化学关系，聚合物、橡胶、脂肪、油和蜡及实用实验室资料等。本书所列数据和命名原则均取自国际纯粹化学与应用化学联合会最新数据和规定。

5.《化学实验室手册(第三版)》

《化学实验室手册(第三版)》(化学工业出版社)包括七章。第一章汇集了大量必需、常用的理化常数与特性。第二章介绍了化学实验室的仪器、设备、试剂、安全与管理方面的内容。第三章介绍了法定计量单位与非法定计量单位，以及各种计量单位间的换算；提供了新的有关化学的国家标准方法，各行业常用的标准物质。第四章提供了酸、碱、盐溶液、饱和溶液、特殊试剂溶液、指示剂溶液、缓冲溶液等的配制方法及注意事项；还提供了 pH 标准溶液、离子标准溶液、滴定分析标准溶液配制与标定方法。第五章叙述了有关误差、有效数字、数据表达、数据处理、实验方法可靠性的检验等内容。第六章介绍理化常数及物质量的测定方法。第七章涉及分离和富集方法，包括重结晶、升华、沉淀和共沉淀、挥发和蒸馏、冷冻浓缩、萃取、柱色谱、薄层色谱、薄层电泳、毛细管电泳、膜分离、浮选分离法、热色谱法、低温吹捕集法、流动注射分离法等。

6.《化学试剂 · 化学药品手册(第三版)》

《化学试剂 · 化学药品手册(第三版)》(化学工业出版社)收集了国内外常用化学试剂及化学药品产品 10 000 余种，包括中、英文正名和别名、结构式、分子式、相对分子质量、所含元素百分比、性状、理化常数、国家危险物品名编号、国家化学试剂标准编号、行业化学试剂标准号、默克索引第十五版编号、染料索引编号、国际生物化学联合会对酶的编号、参考规格、标准、主要用途及注意事项等内容。

21.2 互联网综合性数据库

1. 中国知网

中国知网(https://www.cnki.net)是中国学术期刊电子杂志社编辑出版的以《中国学术期刊(光盘版)》全文数据库为核心的数据库，目前已经发展成为“CNKI 数字图书馆”。提供 CNKI 源数据库、外文类、工业类、农业类、医药卫生类、经济类和教育类多种数据库。其中，综合性数据库为中国期刊全文数据库、中国博士学位论文数据库、中国优秀硕士学位论文全文数据库、中国重要报纸全文数据库和中国重要会议论文全文数据库。每个数据库都提供初级检索、高级检索和专业检索三种检索功能。数据每日更新，支持跨库检索。

2. 中国科学引文索引

中国科学引文索引(http://csci.istic.ac.cn)是基于期刊引用的检索评价数据库，包括 2000 年以来我国出版的各类学术期刊约 10 000 种(其中连续收录学术期刊 6000 余种)，累计论文约 4800 万篇，引文记录约 2.4 亿条，是目前国内最完备的中文期刊论文引文数据库。CSCI 保持每月更新，通过国家工程技术图书馆可提供文献传递服务，同时对中文学术期刊进行统计(包括期刊相关来源与引用指标数据)。

3. 科学引文索引数据库

美国科技信息研究所的科学引文索引(Science Citation Index，SCI)数据库(http://www.webofknowledge.com)可以检索关于自然科学、社会科学、艺术与人文学科的文献信息，包括国际期刊、免费开放资源、图书、专利、会议录、网络资源等，可以同时对多个数据库进行单库或跨库检索，可以使用分析工具，可以利用书目信息管理软件建立个人文献数据库。Web of Science 核心合集数据库收录了 18 000 多种世界权威的、高影响力的学术期刊，内容涵盖自然科学、工程技术、生物医学、社会科学、艺术与人文等领域，最早回溯至 1900 年。Web of Science

核心合集收录了论文中所引用的参考文献，并按照被引作者、出处和出版年代编成独特的引文索引。

4. 万方数据知识服务平台

万方数据知识服务平台(http://www.wanfangdata.com.cn)是国内一流的品质信息资源出版、增值服务平台。包括中外期刊论文、学位论文、中外学术会议论文、标准、专利、科技成果、新方志等各类信息资源，资源种类全、品质高、更新快，具有广泛的应用价值。万方数据知识服务平台提供检索、多维浏览等多种人性化信息揭示方式。同时，还提供了知识脉络、查新咨询、论文相似性检测、引用通知等特色增值服务。

5. 维普中文期刊服务平台

维普中文期刊服务平台(https://qikan.cqvip.com)累计收录期刊 15 000 余种，现刊近 9000 种，文献总量 6000 余万篇，分为全文版、引文版，是我国数字图书馆建设的核心资源之一。

21.3　专利数据库

1. 国家知识产权局专利检索数据库

国家知识产权局专利检索数据库(http://pss-system.cnipa.gov.cn/sipopublicsearch/portal/uiIndex.shtml)收录 1985 年 9 月 10 日以来公布的全部中国专利信息，包括发明、实用新型和外观设计三种专利的著录项目及摘要，并可浏览各种说明书全文及外观设计图形。

2. 中国知网专利库

中国知网专利库(https://kns.cnki.net/kns8?dbcode=SCOD)包含发明公开、发明授权、实用新型和外观设计四个子库，收集中国最新的专利发明。其中，专利相关的文献、成果等信息来源于 CNKI 各大数据库。用户可以通过申请号、申请日、公开号、公开日、专利名称、摘要、分类号、申请人、发明人、优先权等检索项进行检索，并可以一次性下载专利说明书全文。

3. 美国专利数据库

美国专利数据库(https://www.uspto.gov)可检索到美国专利授权(1790 年至今)、美国专利申请(2001 年 3 月 15 日至今)、专利法律状态、基因序列检索等内容。另外，该网站还提供丰富的其他相关信息，如专利动态、专利公报、专利维持费用、专利法律状态等。

4. 欧洲专利数据库

欧洲专利数据库(http://worldwide.espacenet.com)由欧洲专利局及其成员国提供的免费专利检索数据库。该数据库收录时间跨度大、涉及的国家多，内容包括了欧洲专利局的专利、世界知识产权组织的专利、世界范围内的专利以及日本专利。

5. 日本专利局检索系统

日本专利局(http://www.jpo.go.jp)将自 1885 年以来公布的所有日本专利、实用新型和外观设计电子文献及检索系统通过其网站上的工业产权数字图书馆(IPDL)免费提供给公众查询。该工业产权数字图书馆设计了英文版和日文版两种类型。英文版网页包括日本专利、实用新型和商标数据，日文版网页另有外观设计数据。

21.4 专业期刊数据库

1. 中国化学会期刊平台

中国化学会(Chinese Chemical Society，CCS)是我国从事化学及相关专业的科技、教育和产业工作者及相关企事业单位自愿组成并依法注册登记的学术性、公益性法人社会团体，是中国科学技术协会的组成部分，也是中国发展化学科学技术的重要社会力量。中国化学会是国际纯粹与应用化学联合会(IUPAC)、亚洲化学学会联合会(FACS)等 7 个国际组织的成员。中国化学会期刊集群平台(www.ccspublishing.org.cn)目前收录十余种专业期刊，已实现平台统一、信息共享、数据积累和跟踪分析等各项功能。

2. 美国化学会

美国化学会(American Chemical Society，ACS)成立于 1876 年，现已成为世界上最大的科技协会之一。多年来 ACS 一直致力于为全球化学研究机构、企业及个人提供高品质的文献资讯及服务，在科学、教育、政策等领域提供了多方位的专业支持，成为享誉全球的科技出版机构(http://pubs.acs.org)。目前 ACS 共出版五十余种期刊，每种期刊都回溯到期刊的创刊卷，最早的到 1879 年。ACS 内容涵盖 24 个主要的学科领域：生化研究方法、药物化学、有机化学、普通化学、环境科学、材料学、植物学、毒物学、食品科学、物理化学、环境工程学、工程化学、应用化学、分子生物化学、分析化学、无机与原子能化学、资料系统计算机化学、学科应用、科学训练、燃料与能源、药理与制药学、微生物应用生物科技、聚合物、农业学。

3. 英国皇家化学会

英国皇家化学会(http://www.rsc.org)成立于 1841 年。其出版的期刊及资料库是化学领域的核心期刊和权威性的资料库，包括书籍、期刊、会议信息等，涉及化学、物理、生物、材料、医学、制药等多个学科领域。

4. 英国自然出版集团

英国自然出版集团(Nature Publishing Group，NPG，http://www.nature.com)的出版物包括《自然》周刊(*Nature*)、研究月刊(*Nature Research Journals*)、评论月刊(*Nature Reviews*)、NPG 学术期刊(*NPG Academic Journals*)等，为生物学及物理学等自然基础科学领域的研究人员提供重要的信息资源。

5. 德国施普林格出版集团

德国施普林格(Springer-Verlag，https://link.springer.com)是世界著名的科技出版集团，通过 SpringerLink 系统提供其学术期刊及电子图书的在线服务，这些期刊是科研人员的重要信息源。2002 年 7 月开始，施普林格公司在国内开通了 SpringerLink 服务。SpringerLink 中的期刊及图书等所有资源划分为 12 个学科：建筑学、设计；行为科学；生物医学和生命科学；商业和经济；化学和材料科学；计算机科学；地球和环境科学；工程学；人文、社科和法律；数学和统计学；医学；物理和天文学。

6. 荷兰爱思唯尔出版集团

荷兰爱思唯尔(Elsevier)出版集团(http://www.sciencedirect.com)于 1580 年在荷兰创立，是全球最大的科技与医学文献出版发行商之一。ScienceDirect(SD)数据库是爱思唯尔公司的核心产品，自 1999 年开始向用户提供电子出版物全文的在线服务。ScienceDirect 平台上的资源分为四大学科领域：自然科学与工程、生命科学、医学/健康科学、社会科学与人文科学。包括化学工程，化学，计算机科学，地球与行星学，工程，能源，材料科学，数学，物理学与天文学，农业与生物学，生物化学、遗传学和分子生物学，环境科学，免疫学和微生物学，神经系统科学，医学与口腔学，护理与健康，药理学、毒理学和药物学，兽医科学，艺术与人文科学，商业、管理和财会，决策科学，经济学、计量经济学和金融，心理学，社会科学等学科。研究人员可以通过一个简单直观的界面浏览 2500 多种同行评审期刊，1400 多万篇文章全文，最早回溯至 1823 年。

7. 美国威立出版集团

美国威立(Wiley)出版集团是目前全球最大的学术出版商之一，与超过 650 家学术协会达成合作，共同出版期刊与图书。自 1901 年起，威立公司已为 500 余名诺贝尔奖获得者出版著作。Wiley Online Library(http://onlinelibrary.wiley.com)是最广泛的多学科在线资源平台，涵盖学科涉及数学与统计学、化学、物理学与工程、农业、计算机与信息科学、地球与空间科学、环境科学，法律与犯罪学、生命科学、医学、兽医学、护理学与口腔、心理、商业、经济、社会科学、艺术、人文科学等。

8. 《化学文摘》

美国《化学文摘》(Chemical Abstracts，CA)是世界最大的化学文摘库(https://cassi.cas.org)，也是世界上应用最广泛、最重要的化学、化工及相关学科的检索工具。CA 创刊于 1907 年，由美国化学会化学文摘社(Chemical Abstracts Service，CAS)编辑出版。CA 报道的内容几乎涉及了化学家感兴趣的所有领域，除无机化学、有机化学、分析化学、物理化学、高分子化学外，还包括冶金学、地球化学、药物学、毒物学、环境化学、生物学以及物理学等诸多学科领域。期刊收录多达 9000 余种，另外还包括来自 47 个国家和 3 个国际性专利组织的专利说明书、评论、技术报告、专题论文、会议录、讨论会文集等，涉及世界 200 多个国家和地区 60 多种文字的文献。CA 已收文献量占全世界化工化学总文献量的 98%。

21.5　专 业 期 刊

(1) *Journal of the American Chemical Society*

(2) *ACS Applied Materials & Interfaces*

(3) *ACS Applied Nano Materials*

(4) *Analytical Chemistry*
(5) *ACS Sensors*
(6) *Journal of Agricultural and Food Chemistry*
(7) *Journal of the American Society for Mass Spectrometry*
(8) *Biosensors and Bioelectronics*
(9) *Sensors and Actuators, B: Chemical*
(10) *Angewandte Chemie International Edition*
(11) *Advanced Materials*
(12) *Advanced Functional Materials*
(13) *CCS Chemistry*
(14) *Chemical Communications*
(15) *Lab on a Chip*
(16) *Analyst*
(17) *Analytical Methods*
(18) *Nanoscale*
(19) *Nanoscale Advances*
(20) *Nanoscale Horizons*
(21) *Electrophoresis*
(22) *Journal of Separation Science*
(23) *Critical Reviews in Analytical Chemistry*
(24) *Analytical Biochemistry*
(25) *Analytical and Bioanalytical Chemistry*
(26) *Journal of Chromatography A/B*
(27) *Journal of Liquid Chromatography & Related Technologies*
(28) *Microchimica ACTA*
(29) *Acta Chromatography*
(30) *Biomedical Chromatography*
(31) *Talanta*
(32) *Sensors*
(33) *Journal of Electroanalytical Chemistry*
(34) *Electrochemistry Communications*
(35) *Electrochimica Acta*
(36)《高等学校化学学报》
(37)《分析化学》
(38)《分析测试学报》
(39)《理化检验(化学分册)》
(40)《分析实验室》
(41)《大学化学》
(42)《色谱》
(43)《化学学报》

(44)《应用化学》
(45)《化学通报》
(46)《环境化学》
(47)《药学学报》
(48)《药物分析杂志》
(49)《光谱学与光谱分析》
(50)《冶金分析》

21.6　其他数据库

1. 化学物质索引数据库

化学物质索引数据库(https://www.drugfuture.com/chemdata)为化学物质特性数据库，包含大量具有药理活性及生物活性的物质性质信息数据。检索条件支持模糊查询，各输入条件间的检索关系为逻辑与(AND 关系)。化学结构式为矢量格式图片，可利用系统自带图片预览工具或支持该格式的工具进行无损缩放查看。检索结果包括索引信息[如物质名称、化学结构式图、化学文摘登录号(CAS)、CA 名称、商标名、化学结构式、分子式、相对分子质量、元素组成等]、参考文献(提供公开物质理化性质、制备方法、分析方法、药理药效、临床研究等的重要期刊、专利、综述等极具参考价值的文献)、物质特性(包括理化特性数据，如熔点、沸点、闪点、溶解性、多晶物质状态、光谱吸收特征数据、药物治疗分类等)。

2. 化学专业数据库

化学专业数据库(http://www.organchem.csdb.cn/scdb/default.asp)是中国科学院上海有机化学研究所承担建设的综合科技信息数据库的重要组成部分，也是中国科学院知识创新工程信息化建设的重大专项。上海有机化学研究所的数据库群是服务于化学化工研究和开发的综合性信息系统，可以提供化合物结构与鉴定、天然产物与药物化学、安全与环保、化学文献、化学反应与综合信息。

3. NIST Chemistry WebBook

Chemistry WebBook(http://webbook.nist.gov/chemistry)是美国国家标准与技术研究所(NIST)的标准参考数据库 Standard Reference Data 中的化学部分。该数据库提供了多种检索途径，如分子式、英文名、CA 登录号、作者名、相对分子质量、结构等。数据库包括 4000 多种有机化合物和无机化合物的热化学数据、1300 多个反应的反应热、5000 多种化合物的红外光谱、8000 多种化合物的质谱、12 000 多种化合物离子能量数据等。

4. ChemSpider

ChemSpider(http://www.chemspider.com)是一个免费的化学结构数据库，通过集成和链接来自数百个高质量数据源的化合物，使研究人员通过一次搜索尽可能全面地获取免费可用的化学数据。它主要致力于在网页上收集化学数据，改进公共化学数据源的质量，为数据的添加和保存提供一个发布平台，提高数据的可获得性和可重用性以及与出版物的整合。

参考文献

董慧茹. 2010. 仪器分析. 2 版. 北京: 化学工业出版社
方惠群, 于俊生, 史坚. 2002. 仪器分析. 北京: 科学出版社
高向阳. 2009. 新编仪器分析. 3 版. 北京: 科学出版社
高向阳. 2009. 新编仪器分析实验. 北京: 科学出版社
韩喜江. 2008. 现代仪器分析实验. 哈尔滨: 哈尔滨工业大学出版社
胡坪. 2016. 仪器分析实验. 3 版. 北京: 高等教育出版社
李文友, 丁飞. 2021. 仪器分析实验. 2 版. 北京: 科学出版社
李志富, 干宁, 颜军. 2012. 仪器分析实验. 武汉: 华中科技大学出版社
刘雪静. 2019. 仪器分析实验. 北京: 化学工业出版社
刘约权. 2006. 现代仪器分析. 2 版. 北京: 高等教育出版社
钱晓荣, 郁桂云. 2009. 仪器分析实验教程. 上海: 华东理工大学出版社
首都师范大学《仪器分析实验》教材编写组. 2016. 仪器分析实验. 北京: 科学出版社
宋桂兰. 2012. 仪器分析实验. 北京: 科学出版社
田玉美. 2018. 新大学化学实验. 4 版. 北京: 科学出版社
屠一锋, 严吉林, 龙玉梅, 等. 2011. 现代仪器分析. 北京: 科学出版社
王克让, 李小六. 2017. 圆二色谱的原理及其应用. 北京: 科学出版社
武汉大学. 2018. 分析化学(下册). 6 版. 北京: 高等教育出版社
徐家宁, 朱万春, 张忆华, 等. 2006. 基础化学实验(下册). 北京: 高等教育出版社
俞英. 2008. 仪器分析实验. 北京: 化学工业出版社
袁存光, 祝优珍, 田晶, 等. 2012. 现代仪器分析. 北京: 化学工业出版社
张寒琦, 等. 2020. 仪器分析. 3 版. 北京: 高等教育出版社
张剑荣, 余晓冬, 屠一锋, 等. 2009. 仪器分析实验. 2 版. 北京: 科学出版社
张晓丽. 2006. 仪器分析实验. 北京: 化学工业出版社
张宗培. 2009. 仪器分析实验. 郑州: 郑州大学出版社
中国科学技术大学化学与材料科学学院实验中心. 2011. 仪器分析实验. 合肥: 中国科学技术大学出版社